工业和信息化部"十四五"规划教材建设
重点研究基地精品出版工程

高效毁伤系统丛书

ADVANCES IN THE EVALUATION OF
EXPLOSION HAZARDS

爆炸危险性评估及进展

郭泽荣　薛　琨　王永强　辛大钧　唐　帆●著

北京理工大学出版社
BEIJING INSTITUTE OF TECHNOLOGY PRESS

版权专有　侵权必究

图书在版编目(CIP)数据

爆炸危险性评估及进展 / 郭泽荣等著. -- 北京：北京理工大学出版社，2023.1
ISBN 978-7-5763-2092-3

Ⅰ.①爆… Ⅱ.①郭… Ⅲ.①爆炸-危险性-评估 Ⅳ.①X932

中国国家版本馆 CIP 数据核字(2023)第 023093 号

责任编辑：刘　派　　　　文案编辑：李丁一
责任校对：周瑞红　　　　责任印制：李志强

出版发行 / 北京理工大学出版社有限责任公司
社　　址 / 北京市丰台区四合庄路 6 号
邮　　编 / 100070
电　　话 / (010)68944439(学术售后服务热线)
网　　址 / http://www.bitpress.com.cn

版 印 次 / 2023 年 1 月第 1 版第 1 次印刷
印　　刷 / 三河市华骏印务包装有限公司
开　　本 / 710 mm × 1000 mm　1/16
印　　张 / 23.25
彩　　插 / 12
字　　数 / 458 千字
定　　价 / 108.00 元

图书出现印装质量问题，请拨打售后服务热线，负责调换

高效毁伤系统丛书
编 委 会

名誉主编： 朵英贤　王泽山　王晓锋
主　　编： 陈鹏万
顾　　问： 焦清介　黄风雷
副 主 编： 刘　彦　黄广炎

编　　委（按姓氏笔画排序）

王亚斌　牛少华　冯　跃　任　慧
李向东　李国平　吴　成　汪德武
张　奇　张锡祥　邵自强　罗运军
周遵宁　庞思平　娄文忠　聂建新
柴春鹏　徐克虎　徐豫新　郭泽荣
隋　丽　谢　侃　薛　琨

丛书序

国防与国家的安全、民族的尊严和社会的发展息息相关。拥有前沿国防科技和尖端武器装备优势，是实现强军梦、强国梦、中国梦的基石。近年来，我国的国防科技和武器装备取得了跨越式发展，一批具有完全自主知识产权的原创性前沿国防科技成果，对我国乃至世界先进武器装备的研发产生了前所未有的战略性影响。

高效毁伤系统是以提高武器弹药对目标毁伤效能为宗旨的多学科综合性技术体系，是实施高效火力打击的关键技术。我国在含能材料、先进战斗部、智能探测、毁伤效应数值模拟与计算、毁伤效能评估技术等高效毁伤领域均取得了突破性进展。但目前国内该领域的理论体系相对薄弱，不利于高效毁伤技术的持续发展。因此，构建完整的理论体系逐渐成为开展国防学科建设、人才培养和武器装备研制与使用的共识。

"高效毁伤系统丛书"是一项服务于国防和军队现代化建设的大型科技出版工程，也是国内首套系统论述高效毁伤技术的学术丛书。本项目瞄准高效毁伤技术领域国家战略需求和学科发展方向，围绕武器系统智能化、高能火炸药、常规战斗部高效毁伤等领域的基础性、共性关键科学与技术问题进行学术成果转化。

丛书共分三辑，其中，第二辑共 26 分册，涉及武器系统设计与应用、高能火炸药与火工烟火、智能感知与控制、毁伤技术与弹药工程、爆炸冲击与安全防护等兵器学科方向。武器系统设计与应用方向主要涉及武器系统设计理论与方法，武器系统总体设计与技术集成，武器系统分析、仿真、试验与评估等；高能火炸药与火工烟火方向主要涉及高能化合物设计方法与合成化学、高能固体推进剂技术、火炸药安全性等；智能感知与控制方向主要涉及环境、目标信息感知与目标识别，武器的精确定位、导引与控制，瞬态信息处理与信息对抗，新原理、新体制探测与控制技术；毁伤技术与弹药工程方向主要涉及毁伤理论与方法，弹道理论与技术，弹药及战斗部技术，灵巧与智能弹药技术，新型毁伤理论与技术，毁伤效应及评估，毁伤威力仿真与试验；爆炸冲击与安全防护方向主要涉及爆轰理论，炸药能量输出结构，武器系统安全性评估与测试技术，安全事故数值模拟与仿真技术等。

  本项目是高效毁伤领域的重要知识载体，代表了我国国防科技自主创新能力的发展水平，对促进我国乃至全世界的国防科技工业应用、提升科技创新能力、"两个强国"建设具有重要意义；愿丛书出版能为我国高效毁伤技术的发展提供有力的理论支撑和技术支持，进一步推动高效毁伤技术领域科技协同创新，为促进高效毁伤技术的探索、推动尖端技术的驱动创新、推进高效毁伤技术的发展起到引领和指导作用。

"高效毁伤系统丛书"
编委会

前　言

爆炸对人体的损伤及防护主要研究冲击波、破片单独和联合作用于人体的机理和防护方法，涉及爆炸力学、医学、终点弹道学等多学科。爆炸损伤和其他疾病一样作为医学生态学的问题，但与其他疾病不同，损伤的病因并非微生物或致癌物质，而是以机械形式呈现的能量。根据接受的能量、能量分布、持续时间、速度及人体对能量的反应等可推断损失的发生与否。本书力求用数值模拟方法揭示爆炸对人体损伤与否、损伤机理和防护等问题，对于外科医生，特别是军医来说，有助于更正确地诊断和处置这类损伤；对武器的研究、设计人员来说，可以帮助更科学地设计、试验武器、弹药，使之更加符合战术、技术要求；同样对法医、各种防护装备的研究、设计人员来说也必须了解。

爆炸冲击波损伤及人员防护研究工作始于第一次世界大战，完善于第二次世界大战，成形于20世纪后半叶。爆炸破片损伤及人员防护认识起源于19世纪末。

有鉴于此，作者决定编写此书，希望本书在加深读者对爆炸伤的认识上能有所帮助。

在编写过程中，曾得到许多帮助，参考了前人的成果。在本书即将出版之际，作者怀着感激的心，谨向所有帮助过和提出宝贵意见的专家致以深切的谢意，并诚恳地欢迎读者对本书批评指正！

编著者

2022年9月

目 录

第1章 绪论 ·· 001

    1.1 引言 ·· 002

    1.2 内容安排 ·· 003

第2章 爆炸及其作用 ·· 007

    2.1 爆炸分类 ·· 008

        2.1.1 物理爆炸 ·· 008

        2.1.2 化学爆炸 ·· 009

        2.1.3 核爆炸 ··· 009

    2.2 爆炸的特征及对人体的损伤类型 ··· 010

        2.2.1 爆炸特征 ·· 010

        2.2.2 爆炸损伤类型 ·· 011

    2.3 空气中爆炸冲击波 ·· 012

        2.3.1 机械波 ··· 012

        2.3.2 冲击波的主要特征 ·· 015

        2.3.3 冲击波与声波的异同 ··· 016

        2.3.4 冲击波对人体的损伤机理 ··· 017

        2.3.5 空气冲击波的形成与传播 ··· 019

2.4 空气冲击波的爆炸相似律与参数计算 ·················· 030
2.4.1 量纲理论基础知识 ·················· 031
2.4.2 爆炸相似律 ·················· 035
2.4.3 空气冲击波参数的理论分析 ·················· 037
2.4.4 空气冲击波参数的工程计算 ·················· 040

第3章 爆炸破片场计算 ·················· 045
3.1 引言 ·················· 046
3.2 破片近场信息估计 ·················· 048
3.2.1 破片形成及质量分布 ·················· 048
3.2.2 破片初速分布 ·················· 057
3.2.3 破片空间分布 ·················· 067
3.2.4 Shapiro 公式 ·················· 069
3.2.5 测量方法与数据处理 ·················· 072
3.3 破片远场分散计算 ·················· 074
3.3.1 远场分散计算方法 ·················· 074
3.3.2 破片气动力模型 ·················· 076
3.3.3 破片远场分散计算模型验证 ·················· 099

第4章 爆炸危险性评估 ·················· 105
4.1 破片危险性 ·················· 106
4.2 破片场危险性评估 ·················· 116
4.2.1 破片命中目标概率估计 ·················· 117
4.2.2 破片场危险性估计 ·················· 122
4.3 破片场危险性分析 ·················· 124
4.3.1 单发战斗部破片危险性分析 ·················· 124
4.3.2 堆垛战斗部破片危险性分析 ·················· 128
4.4 爆炸风险评估 ·················· 137

第5章 爆炸损伤判定准则 ·················· 143
5.1 损伤类型及机理 ·················· 144
5.1.1 冲击波对人体的损伤 ·················· 144
5.1.2 破片对人体的损伤 ·················· 147

5.1.3　冲击波和破片对人体的联合损伤 ⋯⋯⋯⋯⋯⋯⋯⋯⋯⋯⋯ 149
　5.2　损伤定级 ⋯⋯⋯⋯⋯⋯⋯⋯⋯⋯⋯⋯⋯⋯⋯⋯⋯⋯⋯⋯⋯⋯⋯ 150
　　　5.2.1　简明损伤定级 ⋯⋯⋯⋯⋯⋯⋯⋯⋯⋯⋯⋯⋯⋯⋯⋯⋯⋯ 150
　　　5.2.2　损伤严重度评分 ⋯⋯⋯⋯⋯⋯⋯⋯⋯⋯⋯⋯⋯⋯⋯⋯⋯ 151
　　　5.2.3　修正创伤评分 ⋯⋯⋯⋯⋯⋯⋯⋯⋯⋯⋯⋯⋯⋯⋯⋯⋯⋯ 151
　　　5.2.4　创伤与损伤严重度评估 ⋯⋯⋯⋯⋯⋯⋯⋯⋯⋯⋯⋯⋯⋯ 152
　5.3　冲击波对人体的损伤准则 ⋯⋯⋯⋯⋯⋯⋯⋯⋯⋯⋯⋯⋯⋯⋯⋯ 153
　　　5.3.1　超压准则、冲量准则及超压 - 冲量准则 ⋯⋯⋯⋯⋯⋯⋯⋯ 153
　　　5.3.2　Bowen 损伤曲线 ⋯⋯⋯⋯⋯⋯⋯⋯⋯⋯⋯⋯⋯⋯⋯⋯⋯ 156
　　　5.3.3　Stuhmiller 损伤模型 ⋯⋯⋯⋯⋯⋯⋯⋯⋯⋯⋯⋯⋯⋯⋯ 162
　　　5.3.4　Axelsson 损伤模型 ⋯⋯⋯⋯⋯⋯⋯⋯⋯⋯⋯⋯⋯⋯⋯⋯ 164
　5.4　破片对人体的损伤判据 ⋯⋯⋯⋯⋯⋯⋯⋯⋯⋯⋯⋯⋯⋯⋯⋯⋯ 168
　　　5.4.1　GJB 1160—1991 钢质球形破片对人员的杀伤判据 ⋯⋯⋯ 169
　　　5.4.2　GJB 2936—1997 钢质自然破片对人员的杀伤判据 ⋯⋯⋯ 171
　　　5.4.3　GJB 4808—1997（GJBz 20450—1997）小质量钢质破片
　　　　　　对人员的杀伤判据 ⋯⋯⋯⋯⋯⋯⋯⋯⋯⋯⋯⋯⋯⋯⋯⋯ 172
　　　5.4.4　动能杀伤判据 ⋯⋯⋯⋯⋯⋯⋯⋯⋯⋯⋯⋯⋯⋯⋯⋯⋯⋯ 174
　　　5.4.5　比动能杀伤判据 ⋯⋯⋯⋯⋯⋯⋯⋯⋯⋯⋯⋯⋯⋯⋯⋯⋯ 175
　　　5.4.6　质量、速度杀伤判据 ⋯⋯⋯⋯⋯⋯⋯⋯⋯⋯⋯⋯⋯⋯⋯ 176
　　　5.4.7　分布密度杀伤判据 ⋯⋯⋯⋯⋯⋯⋯⋯⋯⋯⋯⋯⋯⋯⋯⋯ 177
　　　5.4.8　A - S 杀伤判据 ⋯⋯⋯⋯⋯⋯⋯⋯⋯⋯⋯⋯⋯⋯⋯⋯⋯⋯ 177

第 6 章　爆炸伤的实验研究 ⋯⋯⋯⋯⋯⋯⋯⋯⋯⋯⋯⋯⋯⋯⋯⋯⋯⋯ 179
　6.1　非生物体模拟物和实验动物的选择 ⋯⋯⋯⋯⋯⋯⋯⋯⋯⋯⋯⋯ 180
　　　6.1.1　非生物体模拟物的选择 ⋯⋯⋯⋯⋯⋯⋯⋯⋯⋯⋯⋯⋯⋯ 180
　　　6.1.2　实验动物的选择 ⋯⋯⋯⋯⋯⋯⋯⋯⋯⋯⋯⋯⋯⋯⋯⋯⋯ 182
　6.2　冲击波损伤实验 ⋯⋯⋯⋯⋯⋯⋯⋯⋯⋯⋯⋯⋯⋯⋯⋯⋯⋯⋯⋯ 183
　　　6.2.1　激波管冲击波损伤实验 ⋯⋯⋯⋯⋯⋯⋯⋯⋯⋯⋯⋯⋯⋯ 184
　　　6.2.2　爆炸冲击波损伤实验 ⋯⋯⋯⋯⋯⋯⋯⋯⋯⋯⋯⋯⋯⋯⋯ 187
　6.3　破片损伤实验 ⋯⋯⋯⋯⋯⋯⋯⋯⋯⋯⋯⋯⋯⋯⋯⋯⋯⋯⋯⋯⋯ 188
　　　6.3.1　实验装置 ⋯⋯⋯⋯⋯⋯⋯⋯⋯⋯⋯⋯⋯⋯⋯⋯⋯⋯⋯⋯ 188
　　　6.3.2　速度和压力测量 ⋯⋯⋯⋯⋯⋯⋯⋯⋯⋯⋯⋯⋯⋯⋯⋯⋯ 189
　　　6.3.3　实验材料 ⋯⋯⋯⋯⋯⋯⋯⋯⋯⋯⋯⋯⋯⋯⋯⋯⋯⋯⋯⋯ 189

6.3.4　实验结果 ……………………………………………………………… 189

第7章　人体有限元模型 ……………………………………………………… 191

7.1　人体几何模型 …………………………………………………………… 192
7.2　人体有限元模型的建立 ………………………………………………… 194
　　7.2.1　原始人体模型格式的转换 ……………………………………… 195
　　7.2.2　人体躯干模型的处理 …………………………………………… 195
　　7.2.3　将二维网格模型转换为实体模型与几何编辑 ………………… 196
　　7.2.4　三维网格划分及质量优化 ……………………………………… 196
7.3　人体躯干材料模型及参数 ……………………………………………… 199
7.4　人体冲击波损伤数值模拟分析步骤 …………………………………… 200
　　7.4.1　基于LS – PrePost软件创建几何模型 ………………………… 202
　　7.4.2　基于HyperMesh软件进行前处理 ……………………………… 202
　　7.4.3　基于ANSYS/LS – DYNA软件进行计算求解 ………………… 219
　　7.4.4　基于LS – PrePost软件进行后处理 …………………………… 221

第8章　冲击波对人体的损伤 ………………………………………………… 225

8.1　冲击波损伤模型 ………………………………………………………… 226
　　8.1.1　冲击波损伤模型的建立 ………………………………………… 226
　　8.1.2　冲击波损伤模型的验证 ………………………………………… 229
8.2　冲击波超压和冲量对人体躯干损伤程度的影响 ……………………… 230
　　8.2.1　不同药量爆炸源的冲击波超压计算工况 ……………………… 230
　　8.2.2　入射冲击波特征参数 …………………………………………… 231
　　8.2.3　冲击波压力场分布 ……………………………………………… 236
8.3　人体躯干组织器官的力学响应 ………………………………………… 239
8.4　冲击波对人体损伤的评估 ……………………………………………… 251
　　8.4.1　冲击波超压准则 ………………………………………………… 253
　　8.4.2　修正Bowen损伤曲线 …………………………………………… 253
　　8.4.3　Axelsson损伤模型 ……………………………………………… 253
8.5　冲击波对人体躯干的损伤机理 ………………………………………… 254

第9章　破片对人体的损伤 …………………………………………………… 259

9.1　破片损伤模型 …………………………………………………………… 260

        9.1.1　破片损伤模型的建立 ⋯⋯⋯⋯⋯⋯⋯⋯⋯⋯⋯⋯⋯⋯⋯⋯⋯⋯⋯⋯ 260
        9.1.2　破片损伤模型的验证 ⋯⋯⋯⋯⋯⋯⋯⋯⋯⋯⋯⋯⋯⋯⋯⋯⋯⋯⋯⋯ 262
   9.2　破片对人体躯干的损伤 ⋯⋯⋯⋯⋯⋯⋯⋯⋯⋯⋯⋯⋯⋯⋯⋯⋯⋯⋯⋯⋯⋯ 264
        9.2.1　破片动能（速度）对人体躯干损伤程度的影响 ⋯⋯⋯⋯⋯⋯⋯⋯ 264
        9.2.2　破片动能（质量）对人体躯干损伤程度的影响 ⋯⋯⋯⋯⋯⋯⋯⋯ 268
        9.2.3　破片质量（速度）对人体躯干损伤程度的影响 ⋯⋯⋯⋯⋯⋯⋯⋯ 272
        9.2.4　破片尺寸对人体躯干损伤程度的影响 ⋯⋯⋯⋯⋯⋯⋯⋯⋯⋯⋯⋯ 276
        9.2.5　破片形状对人体躯干损伤程度的影响 ⋯⋯⋯⋯⋯⋯⋯⋯⋯⋯⋯⋯ 279
        9.2.6　破片命中部位对人体躯干损伤程度的影响 ⋯⋯⋯⋯⋯⋯⋯⋯⋯⋯ 282
        9.2.7　手枪弹对人体躯干损伤程度的影响 ⋯⋯⋯⋯⋯⋯⋯⋯⋯⋯⋯⋯⋯ 285
   9.3　人体躯干组织器官的力学响应 ⋯⋯⋯⋯⋯⋯⋯⋯⋯⋯⋯⋯⋯⋯⋯⋯⋯⋯⋯ 288
   9.4　破片对人体躯干的损伤机理 ⋯⋯⋯⋯⋯⋯⋯⋯⋯⋯⋯⋯⋯⋯⋯⋯⋯⋯⋯⋯ 290
        9.4.1　破片的直接损伤 ⋯⋯⋯⋯⋯⋯⋯⋯⋯⋯⋯⋯⋯⋯⋯⋯⋯⋯⋯⋯⋯ 290
        9.4.2　瞬时空腔损伤效应 ⋯⋯⋯⋯⋯⋯⋯⋯⋯⋯⋯⋯⋯⋯⋯⋯⋯⋯⋯⋯ 292
        9.4.3　远达效应 ⋯⋯⋯⋯⋯⋯⋯⋯⋯⋯⋯⋯⋯⋯⋯⋯⋯⋯⋯⋯⋯⋯⋯⋯ 292

第10章　冲击波和破片对人体躯干的联合损伤 ⋯⋯⋯⋯⋯⋯⋯⋯⋯⋯⋯⋯⋯⋯⋯ 295
   10.1　冲击波和破片联合损伤模型 ⋯⋯⋯⋯⋯⋯⋯⋯⋯⋯⋯⋯⋯⋯⋯⋯⋯⋯⋯ 296
   10.2　冲击波和破片对人体躯干的联合损伤 ⋯⋯⋯⋯⋯⋯⋯⋯⋯⋯⋯⋯⋯⋯⋯ 298
        10.2.1　冲击波先于破片作用对人体躯干损伤程度的影响 ⋯⋯⋯⋯⋯⋯ 299
        10.2.2　破片先于冲击波作用对人体躯干损伤程度的影响 ⋯⋯⋯⋯⋯⋯ 300
        10.2.3　冲击波和破片同时作用对人体躯干损伤程度的影响 ⋯⋯⋯⋯⋯ 302
   10.3　不同冲击波和破片作用次序下人体损伤的比较 ⋯⋯⋯⋯⋯⋯⋯⋯⋯⋯⋯ 303
   10.4　冲击波及破片单独损伤与联合损伤的比较 ⋯⋯⋯⋯⋯⋯⋯⋯⋯⋯⋯⋯⋯ 304

第11章　爆炸对人体损伤的防护 ⋯⋯⋯⋯⋯⋯⋯⋯⋯⋯⋯⋯⋯⋯⋯⋯⋯⋯⋯⋯⋯ 307
   11.1　防爆服后钝性损伤 ⋯⋯⋯⋯⋯⋯⋯⋯⋯⋯⋯⋯⋯⋯⋯⋯⋯⋯⋯⋯⋯⋯⋯ 308
        11.1.1　防爆服后钝性损伤模型 ⋯⋯⋯⋯⋯⋯⋯⋯⋯⋯⋯⋯⋯⋯⋯⋯⋯ 309
        11.1.2　软质防爆服的防爆性能 ⋯⋯⋯⋯⋯⋯⋯⋯⋯⋯⋯⋯⋯⋯⋯⋯⋯ 311
        11.1.3　冲击波对人体躯干的钝性冲击过程 ⋯⋯⋯⋯⋯⋯⋯⋯⋯⋯⋯⋯ 311
   11.2　有无防爆服人体躯干组织器官的力学响应 ⋯⋯⋯⋯⋯⋯⋯⋯⋯⋯⋯⋯⋯ 313
   11.3　防弹衣后钝性损伤 ⋯⋯⋯⋯⋯⋯⋯⋯⋯⋯⋯⋯⋯⋯⋯⋯⋯⋯⋯⋯⋯⋯⋯ 316
        11.3.1　防弹衣后钝性损伤模型 ⋯⋯⋯⋯⋯⋯⋯⋯⋯⋯⋯⋯⋯⋯⋯⋯⋯ 316

11.3.2　复合防弹结构的防弹性能 ……………………………………… 318
　　11.3.3　手枪弹对人体躯干的钝性冲击过程 …………………………… 319
　　11.3.4　人体躯干组织器官的力学响应 …………………………………… 325
　11.4　缓冲层对防弹衣后钝性损伤的影响 ………………………………… 330

参考文献 ……………………………………………………………………… 333

索　引 ………………………………………………………………………… 345

第 1 章

绪 论

1.1 引　　言

　　爆炸是自然界中经常发生的物理或化学的一种极为迅速的能量释放过程。在此过程中，爆炸做功使系统原有的高压气体或者爆炸瞬间形成的高温、高压气体骤然膨胀，引起周围介质的状态参数变化和运动。纵观人类发展历史，爆炸能量被广泛应用于工业生产和国防军事等领域，爆炸既可造福人类也可威胁人类。爆炸应用于国民经济（如开山凿石、劈山修路、移山填海和抛石筑坝等基础建设，围湖造田、行洪开挖、航道疏通、爆炸夯实和破冰凌等水利方面，拆除房屋和开挖地基等建筑方面，爆炸焊接、爆炸复合、爆炸切割、爆炸加工、材料表面硬化和爆炸合成金刚石等机械加工，星箭分离、发动机点火、救生逃逸和降落伞切割等航空航天，防雹和降雨的气象方面，开采掘进等矿业开采，爆炸消除结石等医学方面，地震勘探，烟花娱乐等）建设造福人类；应用于战争也是恐怖分子常用的破坏方式之一。

　　医生和武器研制人员的各自任务似乎是矛盾的，但是却有一个共同的目标：消灭敌人和保存自己。爆炸毁伤就是一对矛盾的统一体，它既是爆炸损伤的理论基础，又是武器研制的重要依据，因而也是医学界和兵工界共同关心和共同研究的课题。

　　在工业事故、战争、冲突和恐怖袭击中爆炸产生的高温、高压气体及其所形成的巨大冲击波和破片，对人民生命财产会造成难以估量的巨大损失，严重威胁着国民经济的持续发展，工人、无辜平民、安保人员及士兵等均是爆炸物的受害者。

据统计，医疗部门收治的军事行动中的伤员大部分是与爆炸有关，爆炸损伤救治已经成为迫切需要解决的问题。尽管爆炸的损伤形态难以预测，但是随着对爆炸作用机理的研究和人体防护装备的改善，爆炸事件中的伤员救治更加完善，生还概率得到大大提高。

爆炸损伤取决于多种因素，包括爆炸类型和装载、反应范围和保护性屏障，受害者与爆炸距离，周围环境及破片或其他抛射物的散射。爆炸发生的物理环境对损伤的类型和程度至关重要。封闭空间的爆炸（如密室、公共汽车或地铁车厢等）可强化冲击波效应，所致损伤比露天爆炸（如广场、开放市场、火车站台）更为严重。此外，爆炸导致建筑倒塌可造成较高的伤亡率。

爆炸对人体的致命损伤主要是冲击波及破片造成的，冲击波对人体的损伤是由冲击波超压、冲量和正压持续时间等因素决定的。损伤器官主要集中在含有空气的组织器官，如耳膜、肺脏、肠胃及消化道等，尤其是内脏器官的损伤最为严重，并且肺损伤是使人致命的关键。破片对人体的损伤是由破片释放的动能造成的，损伤程度与破片速度、质量和形状等因素有关，破片在组织内的翻滚和变形情况也会影响破片对人体的损伤。破片对人体的致命损伤主要出现在人体的心脏、颅脑等关键器官。冲击波与破片对人体损伤作用机理的不同，其防护措施也不同，因此开发了不同应用场所的防爆服和防弹衣。

爆炸对人体损伤的评价准则分为冲击波损伤准则和破片损伤准则。冲击波损伤准则主要为冲击波超压准则、冲击波动量准则和冲击波超压-动量准则，破片损伤准则为动能杀伤判据。

爆炸对人体的损伤与人体防护包含高温、高压、高能量气-流-固耦合及高速撞击、高应变率破裂等强非线性行为的动力学问题，涉及理论和应用力学的几乎所有分支及人体医学等。研究物理、力学机理、生理学机理和模型，试验和统计测量技术，以及数值模拟方法等，都存在诸多的科学和技术难题。为了能更好地揭示爆炸对人体损伤的作用机理、作用过程和防护措施，主要采用数值模拟的方法。

1.2 内容安排

第 2 章首先介绍了常见的爆炸类型，包括物理爆炸、化学爆炸及核爆炸；

然后根据爆炸损伤的类型及爆炸发生的环境对爆炸的特征进行了区分。2.3 节介绍了冲击波的形成及在空气中的传播规律，特别给出了描述大多数应用的潜在危险的参数，如冲击波超压和冲量。2.4 节介绍了如何制定爆炸冲击波的相似律，相似律的重要性在于既可以用于情景评估的规模化实验测试，也可以用于验证计算方法，并以此为依据进行冲击波参数的工程计算。

第 3 章介绍了如何在一个典型的爆炸事故场景下分析破片场的形成和传播规律。破片场的形成和传播过程主要包括近场阶段和远场阶段。3.2 节主要介绍破片场近场阶段的评估方法，包括金属壳体的破裂过程，形成破片场的质量分布，速度分布及空间分布规律的评估过程。3.3 节主要介绍破片远距离飞散直到落地阶段的计算方法，并提供了其中的关键问题的解决方案，即如何估计不规则破片飞散过程中的气动力，并针对远场分散给出了实验验证。

第 4 章主要根据第 2 章和第 3 章介绍的冲击波和破片场的传播规律评估爆炸事故场景下不同空间位置的危险性。危险性可以用发生危险的概率表示，其中冲击波危险概率的评估可通过冲击波超压在远场的衰减规律确定，而破片的危险概率的评估则较为复杂。4.1 节介绍了破片对于不同目标危险性的定义。4.2 节介绍如何通过第 3 章介绍的破片形成及飞散过程的计算确定破片命中目标的概率，进而结合破片损伤的判定准则确定发生破片危险的概率。4.3 节给出了储存单发及多发弹丸发生爆炸事故的危险性分析实例。4.4 节结合人员的空间分布信息可以实现对一个包含爆炸危险源的场景的风险评估，计算得到的风险将与国家法规确定的风险标准做对比，从而指导企业调整生产策略或增减安全措施。

第 5 章详细介绍了爆炸对于人体的损伤判定准则，爆炸对于人体损伤的类型主要包括冲击波损伤、破片损伤及冲击波—破片的联合损伤。5.1 节介绍了不同损伤类型作用于人体的机理。5.2 节介绍了目前通用的损伤严重程度的评估方法。5.3 节和 5.4 节分别介绍了国内外相关科研机构和研究人员基于动物试验、理论分析与战（事故）伤统计，提出的多种冲击波及破片损伤准则。

第 6 章介绍了爆炸损伤过程的实验研究。对于爆炸损伤过程的研究，由于不能用人体来研究爆炸引起人体的迅速变化及其对人体的影响，研究人员一般采取的代替研究方法包括爆炸伤统计、软组织模拟物、动物或假人等。爆炸伤统计包括对伤亡者尸检和对伤口、伤道及组织、器官的详细调查及对爆炸伤调查资料的研究。软组织模拟物包括水、肥皂、明胶等。6.1 节介绍了如何选取代替的模拟物或实验动物。6.2 节及 6.3 节分别介绍了冲击波和破片损伤模拟物的实验过程及结果。

第 7~10 章主要介绍如何通过数值模拟的方法研究爆炸对人体的损伤过

程，由于爆炸损伤过程的实验研究通常用动物或假人代替人体，受伦理道德限制，存在实验成本高、测试效果不佳、精度差、试验对象受限等缺点。随着计算机技术和数值模拟技术的飞速发展，生物逼真度更高、组织器官更为完善的人体模型相继被开发出来，为人体研究提供了可行的方法，填补了人体实验研究的空白，同时也降低了实验成本。有限元方法对复杂几何构形的适应性强并可根据实际情况改变载荷和边界条件。对于边界条件和结构形状都不规则的复杂力学问题，有限元方法是一种行之有效的现代分析方法。第7章介绍了人体有限元模型的构建过程。第8章介绍了冲击波作用于人体有限元模型的毁伤作用，研究内容包括：冲击波损伤模型的建立及验证；冲击波特征参数的分析与理论公式的推导；冲击波超压和冲量对人体躯干损伤程度的影响；冲击波的直接损伤机理及人体躯干组织器官的力学响应；人体损伤概率的比较以及冲击波损伤准则的分析和提出。第9章介绍了破片作用于人体有限元模型的毁伤作用，研究内容主要包括：破片损伤模型的建立及验证；破片动能、速度、质量、尺寸、形状、命中部位及手枪子弹对人体躯干损伤程度的影响；破片对人体的损伤机理及组织器官的力学响应规律；破片杀伤判据的分析。第10章主要分析冲击波和破片对人体的联合损伤，具体内容包括：冲击波和破片联合损伤模型的建立；冲击波和破片对人体躯干的联合损伤过程；冲击波和破片作用顺序（冲击波先于破片、破片先于冲击波、冲击波和破片同时）对人体躯干损伤程度的影响；冲击波和破片联合作用下人体躯干组织器官的力学响应；冲击波和破片对人体躯干的联合损伤机理。

第11章主要研究爆炸对人体损伤的防护。爆炸对人体的主要损伤为冲击波损伤和破片损伤，对不同的损伤采用不同的防护方法，对冲击波防护采用防爆服，破片防护采用防弹衣。第11章主要从防爆服对冲击波的衰减规律、人体躯干穿防爆服时组织器官的力学响应、防爆服后钝性伤的产生机制等研究冲击波的防护；介绍了复合防弹结构的防弹性能及防弹机理、有防弹结构防护时组织器官的力学响应、防弹后钝性伤的产生机制等。

第 2 章

爆炸及其作用

2.1 爆炸分类

爆炸可以由不同的原因引起，但不管是何种原因引起的爆炸，归根结底，必须具有一定的能量。按照能量的来源，爆炸可分为物理爆炸、化学爆炸和核爆炸三类。

2.1.1 物理爆炸

物理爆炸是由物理变化（温度、体积和压力等因素）引起的，在爆炸的前后，爆炸物质的性质及化学成分均不改变。

锅炉爆炸是典型的物理爆炸，其原因是过热的水迅速蒸发出大量蒸汽，使蒸汽压力不断提高，当压力超过锅炉的极限强度时就会发生爆炸。又如，氧气钢瓶受热升温，引起气体压力增高，当压力超过钢瓶的极限强度时即发生爆炸。发生物理性爆炸时，气体或蒸汽等介质潜藏的能量在瞬间释放出来，会造成巨大的破坏和伤害。上述这些物理性爆炸是蒸汽和气体膨胀力作用的瞬时表现，它们的破坏性取决于蒸汽或气体的压力。强火花放电（闪电）或高压电流通过细金属丝所引起的爆炸现象也是一种物理爆炸现象，这时的能源是电能，强放电时，能量在 $10^{-6} \sim 10^{-7}$ s 内释放出来，使放电区达到巨大的能量密度和数万摄氏度的高温，因而导致放电区的空气压力急剧升高，并在周围形成很强的冲击波。金属丝爆炸时，温度高达 2 万多摄氏度，金属迅速化为气态引起爆炸。物体的高速撞击（陨石落地、高速火箭撞击目标等）、水的大量骤然激化等引起的爆炸都属于物理爆炸。

2.1.2 化学爆炸

化学爆炸是由化学变化造成的，物质在极短的时间内完成化学反应，生成其他物质，同时产生大量气体和能量。化学爆炸的物质不论是可燃物质与空气的混合物，还是爆炸性物质（如炸药），都是一种相对不稳定的系统，在外界一定强度的能量作用下，能产生剧烈的放热反应，产生高温高压和冲击波，从而引起强烈的破坏作用。爆炸性物品的爆炸与气体混合物的爆炸有下列异同。

（1）爆炸的反应速度非常快。爆炸反应一般在 $10^{-5} \sim 10^{-6}$ s 完成，爆炸传播速度（简称爆速）一般为 2 000 ~ 9 000 m/s。由于反应速度极快，瞬间释放出的能量来不及散失而高度集中，所以具有极大的破坏作用。气体混合物爆炸时的反应速度比爆炸性物品的爆炸速度要慢得多，数百分之一至数十秒内完成，所以爆炸功率要小得多。

（2）反应放出大量的热。爆炸时反应热一般为 2 900 ~ 6 300 kJ/kg，可产生 2 400 ~ 3 400 ℃ 的高温。气态产物依靠反应热被加热到数千摄氏度，压力可达数万兆帕，能量最后转化为机械功，使周围介质受到压缩或破坏。气体混合物爆炸后，也有大量热量产生，但温度很少超过 1 000 ℃。

（3）反应生成大量的气体产物。1 kg 炸药爆炸时能产生 700 ~ 1 000 L 气体，由于反应热的作用，气体急剧膨胀，但又处于压缩状态，数万兆帕压力形成强大的冲击波使周围介质受到严重破坏。气体混合物爆炸虽然也放出气体产物，但是相对来说气体量要少，而且因爆炸速度较慢，压力很少超过 2 MPa。

化学爆炸按爆炸时的化学变化不同又可分为简单爆炸、分解爆炸和燃爆性混合物的爆炸三类。

化学爆炸按反应相的不同可分为气相爆炸、液相爆炸、固相爆炸和混合相爆炸四类。

2.1.3 核爆炸

核爆炸是剧烈核反应中能量迅速释放的结果，可能是由核裂变、核聚变或者是这两者的多级串联组合所引发。

核爆炸反应释放的能量比炸药爆炸时放出的化学能大得多，核爆炸中心温度可达到 10^7 K，压力可达 10^{15} Pa 以上，同时产生极强的冲击波、光辐射和粒子的贯穿辐射等，比炸药爆炸具有更大的破坏力。化学爆炸和核爆炸都是在微秒量级的时间内完成。

爆炸使爆炸点及其周围压力急剧升高，由于周围空气初始的大气压远远小于爆炸所产生的压力，所以周围的空气会急剧压缩，此时，密度和压强都会有跳跃式的升高，会立刻迫使空气离开它原来的位置，在空气的前沿产生一个压缩状态的空气层，其压力、密度和速度等参数发生急剧变化产生陡立的波阵面即冲击波，形成非周期性的脉冲，并以超声速传播，对生物和建筑造成巨大的伤害。

化学爆炸是接触最多，应用最广，生产实践、战争和恐怖活动等对人体损伤最多的爆炸。后续谈到的爆炸如没有特殊说明，则指的是化学爆炸。

2.2 爆炸的特征及对人体的损伤类型

2.2.1 爆炸特征

爆炸体系和它周围的介质之间发生急剧的压力突变是爆炸的最重要特征，这种压力差的急剧变化是产生爆炸破坏作用的直接原因。

一般爆炸现象具有下列特征：爆炸过程高速进行；爆炸点附近压力急剧升高，伴有温度升高；发出或大或小的响声；周围介质发生震动或邻近的物质遭到破坏。

爆炸最主要的特征是爆炸点及其周围压力急剧升高，是造成事故的主要原因之一。

爆炸产生冲击波，冲击波在空气中运动形成了类似双层球形的两个区域，外层为压缩区，内层为稀疏区。压缩区内，因空气受到压缩，因此压力超过正常大气压，同时空气向前流动。超过正常大气压的那部分压力称为超压，空气流动所产生的冲击压力称为动压。波阵面上的超压和动压最大，分别称为超压峰值和动压峰值。压缩区通过作用点（如人体）所持续的时间，称为正压作用时间，单位为毫秒（ms）或秒（s）。冲击波对人体的杀伤，主要是正压作用时间内超压和动压作用的结果。

在稀疏区内，空气稀薄，低于正常大气压，空气向相反方向（向爆心一侧）流动。低于正常大气压的那部分压力称为冲击波的负压，最大负压称为负压峰值，稀疏区通过某一点所持续的时间为负压作用时间。稀疏区内，因空气流速较小，故动压很小，一般负压的破坏作用较超压和动压小得多。

冲击波到达某一点时，该点的空气因突然受到压缩而瞬间到达最大值，同时空气向前迅速运动。波阵面通过该点后，空气压力和流速均逐渐降低，当压缩区尾部经过该点时，空气压力已降至正常大气压，空气停止流动。紧接着稀疏区通过该点，空气压力此时降至正常大气压之下，形成负压，同时空气向爆心侧流动。当稀疏区通过该点后，该点的空气恢复正常。

起初冲击波以极高的速度向四周传播，随着传播距离的增加，波阵面的压力值迅速下降。当其速度降至声速时，冲击波就变成了声波。

2.2.2 爆炸损伤类型

爆炸损伤依据其发生机制分为第一、二、三、四级。

1. 第一级爆炸伤（冲击伤）

冲击伤是冲击波作用于人体的直接结果，典型特征为冲击波作用于人体表面组织和空腔器官，导致组织和生理上的改变。外在损伤形态不典型，尤其以肺爆炸伤伤害最为严重。

冲击波作用于人体表面产生的压力差使体表迅速加速移动，导致剪切压力波通过体表传播。损伤机理很可能是组织压力导致的机械性衰竭所致损伤或功能不可逆。冲击波可直接导致组织损伤并作用于含气组织，如耳、胃肠和肺等。

鼓膜是爆炸后最易受损伤的身体结构，鼓膜破裂可在相对低压下发生，受伤者表现为耳痛、耳内出血、耳鸣、听力丧失和耳漏等。大多数鼓膜爆炸性破裂可自然痊愈。

腹部爆炸冲击伤包括挫伤、出血、肠穿孔和缺血，根据具体损伤可能出现延迟。受伤者可出现腹痛、恶心、呕吐、腹泻和直肠出血。

肺爆炸冲击伤是冲击波作用于胸部的结果，为爆炸现场及最初的幸存者中致死的重要原因。肺爆炸冲击伤包括肺挫伤、出血、肺泡水肿和血管损伤，可能由于组织表面密度不同，形成的压力亦不同，可造成气胸、血胸、支气管瘘、肺泡性肺静脉瘘致空气栓塞、脂肪栓塞和其他胸部损伤。受伤者表现为胸痛、咯血、呼吸困难、咳嗽、呼吸急促、低通气、呼吸暂停和缺氧等。

2. 第二级爆炸伤（破片伤）

破片伤泛指子弹和爆炸物破片击中受害者造成穿透伤和钝挫伤，可导致撕裂伤、骨折和挫伤等。主要影响因素为抛射物的速度、质量、大小、形状组成和密度以及抛射物撞击的人体特定部位的性质。

3. 第三级爆炸伤

爆炸冲击波动压对人体直接撞击和作用于人体后，可使人员发生位移或被抛掷至空中再摔向地面而造成各种损伤，即爆炸风（大量高热气体）冲击肌体导致骨折、创伤性肢体断离、闭合或开放性颅脑损伤和其他钝器伤或穿透伤，如突然加速或减速作用导致受害者身体位移的结果，爆炸引起的人员抛掷并与物体碰撞而造成的损伤等。

为什么肌体在动压作用下会被抛掷？这是因为，肌体受到冲击波作用时，朝向爆心侧的体表承受的压力相当于超压和动压的总和，两侧所受到的压力相当于波阵面的超压，而反向一侧所受到的压力就更小了。由于肌体四周出现这种压力差，因而产生了与地面平行而背离爆心的位移力。在肌体被"吹动"的过程中，其上方空气的稀散性较下方为高，因此形成了一种向上举起的力量。向上和向前的力复合作用后，就使人体被抛掷。

冲击波可对 75 kg 成人产生 15 g 的加速度。人体可相对抵抗加速作用，以致损伤多发于减速作用时。此时，摔倒或锐器冲击可造成多种伤害，包括闭合性头部损伤和骨折。

爆炸冲击波的动压还可通过对人体的直接作用而致伤，其中炸药爆炸时较为多见。例如，炸药包或手榴弹爆炸时，近距离的人员可因动压的直接撞击作用而造成肢体断离等损伤，而其他部位损伤很轻或无明显损伤。

4. 第四级爆炸伤

第四级爆炸伤即热或化学烧伤以及辐射、粉尘或有毒气体导致的损伤。

爆炸引起的闪光电弧温度可达 3 000 ℃，可灼伤皮肤。因衣服可提供一定保护，所以损伤主要是暴露区域的表面损伤。接近爆炸区可致 3 级烧伤和死亡。

第一级和第二级爆炸伤是爆炸事故中造成人员伤亡和财产损失的主要原因，其传播机理和安全防护是爆炸损伤的主要研究内容。

2.3 空气中爆炸冲击波

2.3.1 机械波

1. 波

从物理本质上，人们往往将波分为两大类。一类是电磁波，如无线电台及电视台发出的电磁波、太阳辐射出的光波等；另一类是机械力学波，如说话时发出的声波、石子投入水中形成的水波、地震时出现的地震波、爆炸在空气中形成的冲击波等。

机械波的形成是与扰动分不开的。如人说话时声带振动给空气以扰动，形成一种气体疏密相间的状态由近及远地传播出去，造成声波的传播。爆炸时所形成的高压高温气体产物急骤膨胀对周围介质冲击压缩，从而形成了爆炸冲击波。可见，扰动就是在受到外界作用（振动、冲击等）时介质的局部状态变化。而波就是扰动的传播，换言之，介质局部状态变化的传播称为波。介质就是可以传播扰动的物质。按波的传播方向与波所到之处引起的介质运动方向的不同，波可分为横波与纵波两类，横波是指介质因扰动而引起的运动速度改变、方向与传播方向垂直的波，如地震横波；纵波是指介质因扰动而引起的运动速度改变、方向与传播方向平行的波，如声波、空气中传播的冲击波。

如图2.1所示，在初始时刻，管子左侧的活塞尚未运动，当活塞突然向右移动，与活塞右端紧贴着的一薄层空气受到扰动，便立即由近及远地传播出去。在扰动或波传播过程中，总存在着已扰动与未受扰动区的分界面，此分界面称为波阵面。这一薄层空气受到推压，压力升高，密度增大，随后这层已受压缩的气体又压缩其邻接的一层气体并使其压力也升高。这样，压力有所升高的这种压缩便逐层传播出去，形成了压缩扰动的传播。

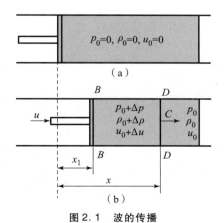

图2.1　波的传播

（a）$t=0$ 时刻；（b）$t=t_1$ 时刻

波在介质中的传播速度，即波阵面相对未扰动介质的运动速度称为波速，它以单位时间内波阵面沿介质移动的距离来度量。波的传播速度不可与受扰动介质质点运动混淆。例如，声带扰动形成声波，它在空气中以声速传到耳膜，但不是声带附近的空气质点也移动到耳膜处。

2. 声波

声波是机械波，频率低于 20 Hz 的称为次声波，20～20 000 Hz 的为可闻声波（简称声波），频率高于 20 000 Hz 的称为超声波。

声波属于弱扰动传播，这种弱扰动相对未扰动介质的传播速度即为声速，以 c 表示。

3. 压缩波与稀疏波

如图 2.1 所示，介质质点因扰动而引起的运动增速方向与波的传播方向相同的波称为压缩波。经由压缩波作用后，压力、密度、温度等部分状态参数增加，介质质点所获得的流动速度增加方向与波的传播方向相同。

介质质点因扰动而引起的运动增速方向与波的传播方向相反的波称为稀疏波。经由稀疏波作用后，扰动过后，压力、密度、温度等部分状态参数下降。如图 2.2 所示，管中有高压静止气体，当活塞突然向左抽动，在活塞表面与高压气体之间就会形成低压（稀疏）状态，这种低压状态便逐层地向右扩展，此即为稀疏波的传播现象。稀疏波波阵面传到哪里，哪里的压力便开始降低，密度开始变疏。由于波前面为原有的高压状态，波后为低压状态，高压区的气体必然要向低压区膨胀，气体质点便依次向左飞散。因此，稀疏波的传播过程总是伴随着气体的膨胀运动，故稀疏波又称为膨胀波。

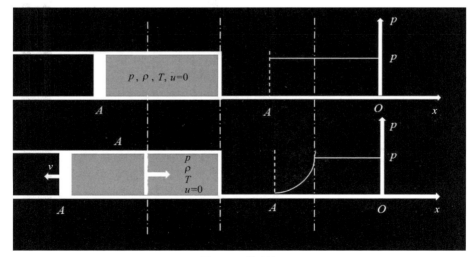

图 2.2　稀疏波

4. 冲击波

冲击波是一种强烈的压缩波，其波阵面通过前后介质的参数变化不是微小量，而是一种有限量的跳跃变化，冲击波是一种状态突变的传播。

冲击波可以用多种方法产生。例如，爆炸时，高压、高密度的产物高速膨胀，压缩周围介质，从而在其中形成冲击波的传播；飞机及导弹在超声速飞行时会在空气中形成冲击波等。

冲击波与弱扰动波传播具有如下特点：波阵面通过前后介质时是突跃变化的；传播过程是绝热的，但不等熵；传播速度相对于未扰动介质是超声速的；传过介质后获得了一个与传播方向相同的流动速度；传播速度相对于波阵面后已受扰动的介质是亚声速，即冲击波对已扰动介质的后续影响属于弱扰动。

2.3.2 冲击波的主要特征

冲击波的特征参数主要包括正压峰值、负压峰值、正压区冲量、稳态冲量、正压持续时间、负压持续时间、正压上升时间和冲击波平均传播速度。正压峰值是指位于冲击波正压区的压力－时间曲线的最大值。负压峰值是指位于冲击波负压区的压力－时间曲线的最小值。正压区冲量（或最大冲量）是指冲击波正压区的冲量，即正压区的面积。稳态冲量（或总冲量）是指冲击波正压区和负压区的冲量之和。压力从高于环境压力回到环境压力所需的时间称为正压持续时间 T_+。压力从低于环境压力回到环境压力所需的时间称为负压持续时间 T_-。正压上升时间是指冲击波压力开始从环境压力上升到正压峰值所需的时间。冲击波平均传播速度是指冲击波在爆炸物与目标之间的空气中传播的速度，即目标到爆炸物的距离与爆炸物由起爆到冲击波作用于目标时所用时间的比值。

理想冲击波压力和冲量曲线如图 2.3 所示。由图 2.3（a）可以看出，理想冲击波压力在 t_a 时间内由环境压力 p_0 上升到正压峰值 $p_0 + p_s^+$，随后在 T_+ 时间内衰减到环境压力 p_0。当压力降到环境压力 p_0 后，会继续衰减到出现负压，在达到负压峰值 $p_0 - p_s^-$ 后，压力开始升高并最终回到环境压力 p_0。由图 2.3（b）可以看出，理想冲击波冲量在 $t_a + T_+$ 时间内由环境冲量 I_0 上升到最大冲量 $I_0 + I_s^+$，由于冲击波负压区的影响，随后在 T_- 时间内衰减到稳态冲量 $I_0 + I_s^+ + I_s^-$，并最终保持稳定。

冲击波压力的变化规律可以通过理论模型进行概括。国内外很多学者提出用数学表达式分别描述冲击波正压区压力和负压区压力随时间的变化，其中被广泛认可的是 Friedlander 方程。

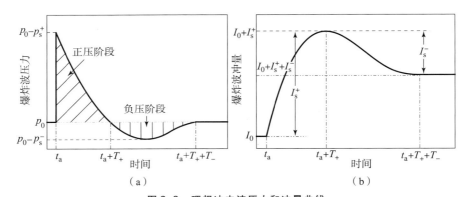

图 2.3 理想冲击波压力和冲量曲线
（a）压力–时间曲线；（b）冲量–时间曲线

Friedlander 冲击波正压相的数学表达式为

$$p(t) = p_0 + p_s^+\left(1 - \frac{t}{T_+}\right)e^{-\frac{bt}{T_+}} \qquad (2.1)$$

Friedlander 冲击波负压相的数学表达式为

$$p(t) = p_0 - p_s^-\left(\frac{t}{T_-}\right)\left(1 - \frac{t}{T_-}\right)e^{-\frac{4t}{T_+}} \qquad (2.2)$$

式中：$p(t)$ 为冲击波压力；p_0 为环境压力；p_s^+ 为正压峰值；p_s^- 为负压峰值；T_+ 为正压持续时间；T_- 为负压持续时间；t 为时间。

2.3.3 冲击波与声波的异同

2.3.3.1 共同点

（1）两者都是弹性压力纵波，即纵向传导的疏密波。

（2）在传播过程中，遇到障碍物或不同密度的介质时，可发生折射、反射或绕射等现象，两种来源的冲击波将汇于同一点时，像声波一样，可出现加强或削弱的干涉现象。

（3）在不同的介质中传播时，其传播速度和阻抗均为：固体 > 液体 > 气体。

（4）两者都有响声。

（5）都有一定的压强、频谱、波长和波形，两者的压强可以相互换算。

广义地说，冲击波可看作大振幅、非线性的声波，而一般的声波则属于小振幅的线性声波。

2.3.3.2 不同点

（1）冲击波的传播速度永远大于未被扰动介质中的声速。

（2）在冲击波的前界，即波阵面上，介质的压力、密度、温度等发生突跃性变化；而声波的这些状态参数却接近于零，仅脉冲噪声可出现一个与冲击波相似的压力间断面。

（3）冲击波在空气中传播时，空气质点随着波阵面前进一段距离后因负压的吸引而向爆心方向移动，并大致回复到原先的位置；而声波只在原位上振动。

（4）冲击波的速度与其强度有很大关系，强度越大，速度越快，冲击波在向四周传播的过程中，其强度逐渐减弱，速度也相应地减慢，最后变为声波；而声波的传播速度与其强度无关。

（5）冲击波在介质中传播时会发生能量消耗，物理学上称为介质的熵渐增；而声波则不消耗热能，即为等熵过程。

（6）冲击波无周期性，而声波则具有明显的周期性。

2.3.4 冲击波对人体的损伤机理

冲击波损伤往往是多脏器损伤，一部分脏器伤的症状、体征常被掩盖，因而易发生漏诊，时有误诊出现；冲击波损伤若合并有严重创伤或休克，常需要大量静脉补液，如处理不当，易促发或加重肺水肿，因此深入了解冲击波损伤机理具有重要意义。关于冲击波对人体损伤的分类，按照损伤部位的不同，冲击伤可以分为颅脑伤、胸部伤、腹部伤、脊柱四肢伤和听觉器官损伤等；按作用方式的不同，冲击伤可以分为直接伤和间接伤；按照致伤因素的不同，冲击伤可以分为超压伤和动压伤；按照传导介质的不同，冲击伤可以分为气体冲击伤、水下冲击伤和固体冲击伤。

冲击波对人体的损伤情况主要受冲击波超压、冲量和正压持续时间的影响，损伤效应主要包括碎裂效应、内爆效应、惯性效应、压力差效应、血液动力效应、负压与肺泡扩张效应和生物力学效应等。

1. 碎裂效应

碎裂效应是指压力波从致密组织向疏松组织传播的过程中，会在两组织界面处发生反射，从而导致致密组织因局部压力的突然增高而出现损伤。如冲击波在含有空气的肺泡腔与肺泡壁间界面处发生反射，将会引起肺泡壁的损伤。

2. 内爆效应

内爆效应是指冲击波通过含有气泡或气腔的液体介质时，液体不会被压缩，但气体会受到强烈的压缩作用，故液体介质中的气泡会迅速膨胀，从而形成许多新的压力波源，致使含气的周围组织（肺脏、胃肠道）出现损伤。

3. 惯性效应

压力波在密度不同的组织中的传播速度有很大的差异，表现为疏松组织传递较快，而致密组织传递较慢。由于两组织速度的差异性，就容易造成两组织接触处产生分离性损伤，这种损伤效应就是惯性效应。

4. 压力差效应

由于组织器官两侧的压力差而造成的损伤效应称为压力差效应。鼓膜破裂就是由鼓膜两侧巨大的冲击波压力差造成的。

5. 血液动力效应

血液动力效应是由于心脏血压的急剧升高而造成心脏损伤。人体受到冲击波的作用后，其心腔和肺血管腔内的压力可净增 $26.0 \sim 57.6$ kPa，甚至高达 86.7 kPa。原因是超压作用于体表后，一方面压迫腹壁，使腹压增加，膈肌上顶，上腔静脉血突然涌入心、肺，使心、肺血容量急剧增加；另一方面又压迫胸腔容积使其缩小，胸腔内压急剧上升。超压作用后，紧接着就是负压的作用，这时因减压的牵拉作用又使胸廓扩大，这样急剧的压缩和扩张，使胸腔内发生一系列血液动力学的急剧改变，从而造成心肺损伤。

6. 负压与肺泡扩张效应

冲击波对人体的损伤主要来源于冲击波正压，但冲击波负压也会造成严重的肺损伤，其损伤特点为肺组织的过度扩张而导致肺泡破裂。

7. 生物力学效应

原发性冲击伤的发生机制与生物的力学效应有关，Stuhmiller 提出了人体响应过程的三个阶段：体表对冲击波载荷的迅速响应、组织器官的变形和应力的出现、应力造成的组织器官损伤。

8. 声强度（声阻抗）效应

声强度是指介质密度与冲击波纵波扩散速度的乘积。声强度越大的组织，通过其中的冲击波能量越小，反射回来的能量越多，局部引起的破坏越严重。脑、骨骼肌、腹腔实质脏器等均质性的组织结构，声强度较小，冲击波易于通过，故很少受到压缩和向内移位，损伤较轻。例如，在内耳发生损伤时，鼓膜却可能是完整的；又如，当坚固的混凝土建筑、铁器等物体已受到冲击波的破坏时，处于该地区的人员损伤却很轻，原因就在于前者的声强度较后者大。

9. 纵波与横波效应

冲击波进入肌体后，实际上形成了两种各自独立的扩散系统——纵波与横波。在纵波内，组织移位是沿着本身的扩散方向进行的，并伴有肌体的受压与扩张；在横波内，组织按水平方向位移，与纵波扩散的方向垂直，而与肌体各部分体积的变化无关。纵波的扩散速度总是比横波大，组织的压缩与扩张程度随着纵波的向前推进而逐渐消失。在冲击波的作用下，向爆心侧的损伤更为严重。

2.3.5　空气冲击波的形成与传播

2.3.5.1　空气冲击波的形成

1. 形成过程

为了便于理解冲击波的形成过程，我们以一维平面流动为例。爆轰波到达炸药与空气的分界面之前及其初始阶段的压力分布如图2.4所示。

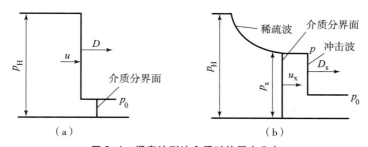

图2.4　爆轰波到达介质时的压力分布

（a）爆轰波到达前；（b）爆轰波到达的初始阶段

图 2.4 中，p_0 为未经扰动时的空气压力；p 为空气冲击波波阵面的压力；p_x 为爆轰产物和压缩空气层界面处的压力；p_H 为爆轰波压力。

图 2.4（a）表示炸药爆轰尚未结束，此时的介质分界面是指尚未受到爆轰波作用前的空气初始界面，即炸药端面的空气层。

图 2.4（b）表示爆轰波到达空气初始界面后的初始阶段，此时，整个爆轰已经结束，爆轰波不复存在，初始爆轰产物最先与空气接触。由于初始爆轰产物的流速 $u_j = D/4$ 远大于一般空气中的声速（常温下约为 340 m/s），因而以超声速方式强烈压缩空气（强扰动），必将在空气中形成初始空气冲击波，并以 D_s 的速度向前传播，波阵面处空气压力由 p_0 上升为 p；同时，空气形成稀疏波向爆轰产物中传播，使爆轰产物压力由 p_H 下降，爆轰产物与空气的分界面以 u_x 的速度向前运动，压力为 p_x。

由于受冲击波扰动后的空气声速大于 D_s，而爆轰产物后续的膨胀速度要小于最初的膨胀速度和受扰动空气介质的当地声速，所以，后续爆轰产物的膨胀不会产生新的空气冲击波（在受到空气反向压缩以前）。同时，随着空气冲击波传播距离的增大，消耗爆源能量增多，表现为冲击波传播速度 D_s 不断减小，直至衰减为未受扰动空气的声速，之后呈声波传播。需要注意的是，除了初始瞬间外，空气冲击波的波阵面不是空气与爆轰产物的分界面，波阵面前后都是空气，分界面前是空气、后是爆轰产物。

因此，空气冲击波的形成，直接原因是爆轰产物高压和高速流动产生的膨胀，根本原因是炸药爆炸能量在空气中的释放。

2. 爆轰产物的膨胀

假设装药在无限空气介质中爆炸，在爆轰产物膨胀的最初阶段，压力下降很快。对中等威力的炸药，压力 $p \geqslant p_K \approx 200$ MPa 时，爆轰产物的膨胀规律近似为

$$pV^3 = \text{const} \tag{2.3a}$$

或

$$\bar{p}_H V_0^3 = p_K V_K^3 \tag{2.3b}$$

式中：$\bar{p}_H$ 为爆轰产物的平均初始压力，按瞬时爆轰估算；V_0 为装药的初始体积；K 表示某个中间状态；p_K、V_K 为该状态时的爆轰产物的压力和体积。

若装药为球形，则 $V \propto r^3$ 或 $p \propto r^{-9}$。假如爆轰产物的半径 r 膨胀到 $1.5 r_0$（r_0 为装药半径），那么，压力变化为

$$p_t = \bar{p}_H \left(\frac{r_0}{r}\right)^9$$

当爆轰产物膨胀至原半径的 1.5 倍时，则有

$$p_t = \bar{p}_H \left(\frac{r_0}{1.5 r_0}\right)^9 \approx 0.026 \bar{p}_H$$

式中：$\bar{p}_H = \frac{1}{8}\rho_0 D^2$。

对中等威力炸药，有 $\rho_0 = 1.60 \times 10^3$ kg/m³，$D = 7\,000$ m/s，则 $\bar{p}_H \approx 10^4$ MPa，故

$$p_{r=1.5r_0} = \left(\frac{r_0}{1.5 r_0}\right)^9 \times 10^4 = 260 \text{ (MPa)}$$

由此可见，爆轰产物膨胀的最初阶段压力下降很快。在 $r \geq 1.5\, r_0$ 以后，由于爆轰产物内的压力仍很高，它还将继续膨胀，一直到其运动惯性被空气介质阻力耗尽为止。通常把爆轰产物压力下降为 p_0 时的体积称为爆轰产物的极限体积 V_1，可以用下面的方法粗略估算。由于爆轰产物的压力 $p < p_K$，爆轰产物的膨胀规律不能再用多方指数的等熵方程，而应采用理想气体绝热等熵方程

$$pV^k = \text{const} \tag{2.4a}$$

式中：k 为爆轰产物的绝热指数，一般取 1.2～1.4，则式（2.4a）可改写为

$$p_0 V_1^k = p_K V_K^k \tag{2.4b}$$

$$\frac{V_1}{V_0} = \frac{V_K V_1}{V_0 V_K} = \left(\frac{\bar{p}_H}{p_K}\right)^{1/3} \left(\frac{p_K}{p_0}\right)^{1/k} \tag{2.4c}$$

将 $\bar{p}_H = 10^4$ MPa、$p_K = 200$ MPa、$p_0 = 0.1$ MPa、$k = \frac{7}{5}$ 代入式（2.4c）得

$$\frac{V_1}{V_0} = 50^{1/3} \times 2\,000^{5/7} = 800, \text{ 膨胀比 } \frac{r_1}{r_0} = \left(\frac{V_1}{V_0}\right)^{\frac{1}{3}} = 9.283$$

当 $k = \frac{5}{4}$ 时，$\frac{V_1}{V_0} = 1\,600$，膨胀比 $\frac{r_1}{r_0} = \left(\frac{V_1}{V_0}\right)^{\frac{1}{3}} = 11.70$。

因此，对中等威力炸药，爆轰产物膨胀到 p_0 时的极限体积为原体积的 800～1 600 倍，此时爆轰产物的半径约为原来半径的 10 倍（球形装药）或 30 倍（柱形装药）。但是，爆轰产物最初膨胀到 p_0 时并没有立即停止运动，由于惯性将继续运动，即继续膨胀（又称过度膨胀）。这种膨胀一直延续到惯性消失为止。这时，爆轰产物膨胀的体积达到最大（比极限体积大 30%～40%），其平均压力低于未经扰动介质的压力 p_0。由于爆轰产物内部压力低于 p_0，就出现周围介质反过来对爆轰产物进行第一次压缩，使其压力不断回升。同样，惯性运动的结果，产生过度压缩，爆轰产物的压力又稍大于 p_0，并开始第二次膨胀和压缩的脉动过程。如此反复，直至爆轰产物的再次膨胀速度小于空气声速。

■ **爆炸危险性评估及进展**

图 2.5 所示为球形装药爆炸后，某固定时刻在不同位置处测得的空气压力。中心为炸药爆炸前的位置，中间是爆轰产物，其外是空气介质，最外面为空气冲击波波阵面，其压力最大，又称峰值压力。波阵面后压缩区压力衰减很快，在压缩空气层的后面有一负压区（又称稀疏区），其压力低于未经扰动介质的压力 p_0。

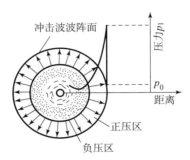

图 2.5　冲击波波阵面后压力分布示意图

如果我们在距炸心 r 处（注意：此 r 不是爆轰产物半径）进行压力测定，冲击波通过后可测得该点空气冲击波超压随时间变化的 $\Delta p(t)$ 曲线。对 1 kg 梯恩梯（TNT）的爆炸，在 5 m 远处得到实验结果如图 2.6 所示。空气冲击波到达该点的瞬间，介质压力由 p_0 突跃到 p_1，随后压力很快衰减，经过 t_+ 时间后压力低于未扰动介质的压力。通常把这种冲击波称为理想空气冲击波，其中 AB 经过 t_+ 时间后压力低于未扰动介质的压力。通常将 AB 段称为正压区，BC 段称为负压区。对于带壳装药来说虽然空气冲击波曲线存在细节不同，但变化规律基本与无壳装药相同。

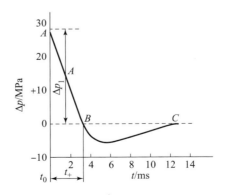

图 2.6　1 kg 梯恩梯爆炸后在 5 m 远处的 $\Delta p(t)$ 曲线

3. 炸药爆炸传给冲击波的能量

炸药爆炸时，传给空气冲击波的能量可以根据热力学的结果进行简单估算。爆轰产物膨胀到极限体积 V_1 时所具有的内能为

$$E_1 = \frac{p_0 V_1}{k-1} \qquad (2.5)$$

炸药爆炸释放出的初始能量为

$$E = mQ_v = \rho_0 V_0 Q_v \qquad (2.6)$$

式中：m 为炸药的质量；Q_v 为单位质量炸药的爆热；ρ_0 为炸药密度；V_0 为爆炸前炸药的体积。

注意：式（2.5）隐含表示产物内部压力处处相等，这种前提将产生问题。

如果忽略爆轰产物剩余动能和其他能量损耗，则炸药爆炸传给冲击波的能量为

$$E_s = E - E_1$$

将式（2.5）和式（2.6）代入，可得

$$E_s = m\left[Q_v - \frac{p_0 V_1}{(k-1)\rho_0 V_0}\right] \qquad (2.7)$$

将式（2.6）代入，式（2.7）可改写为

$$\frac{E_s}{E} = 1 - \frac{p_0 V_1}{(k-1)\rho_0 Q_v V_0} \qquad (2.8)$$

对于中等威力的炸药，取 $Q_v \approx 4\,200 \text{ kJ/kg}$，$\rho_0 = 1.60 \times 10^3 \text{ kg/m}^3$，若 $\frac{V_1}{V_0} = 1\,600$，$p_0 = 0.1 \text{ MPa}$，$k = 1.25$，将其代入式（2.8）可得

$$\frac{E_s}{E} = 1 - \frac{0.1 \times 10^6 \times 1\,600}{(1.25-1) \times 1.6 \times 10^3 \times 4\,200 \times 10^3} = 90.5\%$$

若 $k = 1.4$ 时，则 $\frac{E_s}{E} = 0.97$。

由上述估算可知，裸露装药爆炸时大约有 90% 以上的能量传给了冲击波，而留在爆轰产物中的能量不到 10%。实际上传给冲击波的能量要少得多，这是由于爆轰产物膨胀过程的不稳定性和炸药爆炸时不能释放全部能量（以标准条件下的定容爆热衡量）所致。一般来说，传给冲击波的能量大约占炸药总能量的 70%。在空气中进行核爆炸时，大约有 50% 的总能量是以空气冲击波形式传出的。

2.3.5.2 空气冲击波的传播

为简化起见，把弹丸装药看成球形装药，从中心起爆。如图2.7所示，弹丸爆炸后，炸药变为一团高温高压气体——爆轰产物。在爆轰波传至装药表面以前，空气不受扰动。装药全部爆轰完毕后，区域1内的爆轰产物开始向外膨胀，并压缩与之邻接的空气层。爆轰完成瞬间，爆轰产物外层的流动速度 $u_H = \frac{1}{\gamma+1}D$（在 $\gamma=3$、$D=7\,000$ m/s 时，高达 $1\,750$ m/s），远大于初始空气声速，故被压缩的空气层（区域2）在未被压缩的空气（区域3）中产生冲击波，形成一个介质状态突变的

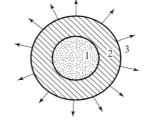

图2.7 空气冲击波产生示意图
1—爆轰产物区域；2—空气冲击波区域；3—未扰动的空气区域

界面，这个突变界面即为空气冲击波波阵面。这时各区域内的压力分布如图2.8所示。

图2.8（a）表示：在炸药爆轰完毕瞬间，爆轰产物初始压力极大，强烈压缩与其接触的空气，在空气中形成初始冲击波，使空气压力跃升一个超压

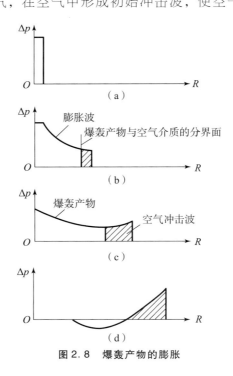

图2.8 爆轰产物的膨胀

Δp。图中 Δp 的宽度等于装药半径。

图2.8（b）表示：空气冲击波波阵面脱离爆轰产物向前传播，空气冲击波波阵面不断地向已受扰动的空气（图中阴影部分）传入膨胀波。同时，空气稀疏波传入爆轰产物，使爆轰产物与空气分界面上的压力下降，表现为爆轰产物的膨胀。

图2.8（c）表示：爆轰产物继续膨胀，空气冲击波继续前传，爆轰产物与空气（已受扰动）分界面上的压力继续下降。

图2.8（d）表示：当爆轰产物分界面超压下降为零时（等于空气初始压力），由于惯性继续膨胀，直至惯性耗尽、停止膨胀。此时，爆轰产物外层一定区域内形成负压区，出现受扰动空气反向压缩爆轰产物。当这种压缩"过度"时，受扰动空气尾部也会出现一个负压区。

上述空气冲击波的形成和传播过程还可以用图2.9表示。图中分别画出了在爆炸以后不同瞬间（t_1，t_2，…）冲击波的压力、位置与厚度，在 t_4 时刻出现爆轰产物过度膨胀，t_5 时刻因过度膨胀出现负压区。

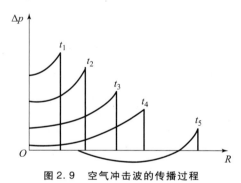

图2.9 空气冲击波的传播过程

对于某个确定位置（如固定目标）来说，它所遭受冲击波作用的超压-时间曲线 $\Delta p(t)$ 如图2.6所示。由图2.6可见，冲击波波阵面在时刻 t_0 到达此点，经历 t_+ 的时间称为正压作用时间。此阶段的压力冲量为

$$i_+ = \int_{t_0}^{t_0+t_+} \Delta p(t)\,\mathrm{d}t$$

在中等距离上还存在负压阶段。当距离较大时，负压阶段不明显甚至消失。

2.3.5.3 空气冲击波在刚性壁面上的反射

1. 正反射

当空气冲击波遇到刚性壁面时，质点速度骤然降为零，壁面处质点不断聚

集，使压力和密度增加，于是形成反射冲击波。平面定常冲击波在无限刚壁表面上的正反射如图 2.10 所示。

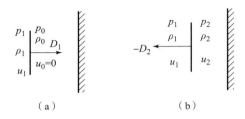

图 2.10　平面定常冲击波在无限刚壁表面上的正反射
（a）入射波；（b）反射波

令 $\Delta p_1 = p_1 - p_0, \Delta p_2 = p_2 - p_0$。

对入射波，有质量守恒方程

$$\rho_0(D_1 - u_0) = \rho_1(D_1 - u_1)$$

由于 $u_0 = 0$，故有 $\rho_0 D_1 = \rho_1(D_1 - u_1)$，由此可得

$$D_1 = \frac{u_1}{1 - \dfrac{\rho_0}{\rho_1}} \tag{a}$$

由动量方程得

$$p_1 - p_0 = \rho_0 D_1 (u_1 - u_0) = \rho_0 D_1 u_1$$

将上式代入式（a）后，可得

$$p_1 - p_0 = \rho_0 \frac{u_1^2}{1 - \dfrac{\rho_0}{\rho_1}} \tag{b}$$

由能量方程可得

$$e_1 - e_0 = \frac{p_1}{(k-1)\rho_1} - \frac{p_0}{(k-1)\rho_0} = \frac{1}{2}(p_1 + p_0)\left(\frac{1}{\rho_0} - \frac{1}{\rho_1}\right)$$

将上式整理后，可得

$$\frac{p_1}{\rho_1} - \frac{p_0}{\rho_0} = \frac{k-1}{2}(p_1 + p_0)\left(\frac{1}{\rho_0} - \frac{1}{\rho_1}\right)$$

$$\frac{2p_1 + (k-1)(p_1 + p_0)}{2} \cdot \frac{1}{\rho_1} = \frac{2p_0 + (k-1)(p_1 + p_0)}{2} \cdot \frac{1}{\rho_0}$$

$$\frac{\rho_0}{\rho_1} = \frac{(k-1)p_1 + (k+1)p_0}{(k+1)p_1 + (k-1)p_0} \tag{c}$$

对反射波，有质量守恒方程

$$\rho_1(-D_2 - u_1) = \rho_2(-D_2 - u_2)$$

此处 D_2 取负号,表示其运动方向与 D_1 或 u_1 相反。

由于 $u_2 = 0$,则
$$\rho_1(D_2 + u_1) = \rho_2 D_2$$
$$D_2 = \frac{u_1}{\frac{\rho_2}{\rho_1} - 1} \tag{d}$$

由动量方程可得
$$p_2 - p_1 = (-\rho_2 D_2)(u_2 - u_1) = \rho_2 D_2 u_1$$

将上式代入式(d)可得
$$p_2 - p_1 = \rho_2 \frac{u_1^2}{\frac{\rho_2}{\rho_1} - 1}$$

$$u_1^2 = \frac{p_2 - p_1}{\rho_2}\left(\frac{\rho_2}{\rho_1} - 1\right) \tag{e}$$

由能量方程可得
$$\frac{\rho_1}{\rho_2} = \frac{(k-1)p_2 + (k+1)p_1}{(k+1)p_2 + (k-1)p_1} \tag{f}$$

比较式(b)和式(e)可得
$$\frac{p_2 - p_1}{\rho_2}\left(\frac{\rho_2}{\rho_1} - 1\right) = \frac{p_1 - p_0}{\rho_0}\left(1 - \frac{\rho_0}{\rho_1}\right)$$

$$\frac{p_2 - p_1}{p_1 - p_0} = \frac{\frac{\rho_1}{\rho_0} - 1}{1 - \frac{\rho_1}{\rho_2}} \tag{g}$$

由式(c)可得
$$\frac{\rho_0}{\rho_1} - 1 = \frac{2(p_1 - p_0)}{(k+1)p_1 + (k-1)p_0} \tag{h}$$

由式(f)可得
$$1 - \frac{\rho_1}{\rho_2} = \frac{2(p_2 - p_1)}{(k+1)p_2 + (k-1)p_1} \tag{i}$$

将式(h)及式(i)代入式(g),可得反射冲击波的峰值超压为
$$\Delta p_2 = 2\Delta p_1 + \frac{(k+1)\Delta p_1^2}{(k-1)\Delta p_1 + 2kp_0} \tag{2.9}$$

对空气来说,取绝热指数 $k = 1.4$,代入式(2.9)后得
$$\Delta p_2 = 2\Delta p_1 + \frac{6\Delta p_1^2}{\Delta p_1 + 7p_0} \tag{2.10}$$

由式（2.10）可知，对于弱冲击波，即 $\Delta p_1 \ll p_0$ 时，有 $\dfrac{\Delta p_2}{\Delta p_1} = 2$，这种情况与声波反射一致；对于很强的冲击波，即 $\Delta p_1 \gg p_0$ 时，有 $\dfrac{\Delta p_2}{\Delta p_1} = 8$。

2. 斜反射

当空气冲击波传播方向与障壁表面成 φ_0 角时，就会发生冲击波的斜反射。

裸装药在空中爆炸时，不同位置空气冲击波超压变化情况如图 2.11 所示。空气冲击波通过 B 点时不发生反射，通过压电传感器测得一条典型的 $p(t)$ 曲线，如图 2.11 中曲线 1 所示。地表面 C、E、F、G、K 各点与爆炸中心构成不同的入射角 φ_0，得到不同的 $p(t)$ 曲线。对于 C 点，$\varphi_0 = 0°$ 时，产生正反射，记录的 $p(t)$ 曲线如图 2.11 中曲线 2 所示，反射压力要比 B 点的高很多。E 和 F 点由于入射波阵面的 $\varphi_0 < \varphi_{0c}$，只发生正规反射，其上面各点的反射压力与时间的关系如曲线 3 所示。G 和 K 点 $\varphi_0 > \varphi_{0c}$ 时，产生马赫反射波。马赫反射的 $p(t)$ 如曲线 4 所示，反射压力比入射的更高。因此，装药在空中爆炸时，地表面不同位置处发生各种反射，而且使压力提高很多，这一点已为实验所证实。

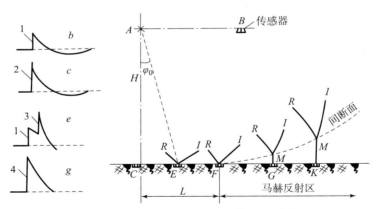

图 2.11　空中爆炸时不同位置的 $p(t)$ 曲线
1—入射波；2—正反射；3—正规反射；4—马赫反射

空气冲击波反射后的压力与冲量计算如下。

正反射（$\varphi_0 = 0°$）时，有

$$\Delta p_m = 2\Delta p_{mG} + \dfrac{6\Delta p_{mG}^2}{\Delta p_{mG} + 7p_0} \qquad (2.11)$$

式中：Δp_{mG} 为爆炸时空气冲击波在地面的峰值超压，即入射波压力；p_0 为空气压力。

对于正规反射（$0° < \varphi_0 \leqslant \varphi_{0c}$），由实验可知，入射冲击波压力小于 0.294 3 MPa 时，反射波的压力与入射角无关，仍可用式（2.11）计算。

马赫反射（$\varphi_{0c} < \varphi_0 \leqslant 90°$）时，有

$$\Delta p_m = \Delta p_{mG}(1 + \cos\varphi_0) \tag{2.12}$$

冲量的实验结果为

$$i = i_{+G}(1 + \cos\varphi_0), 0° < \varphi_0 < 45° \tag{2.13}$$

$$i = i_{+G}(1 + \cos^2\varphi_0), \quad 45° < \varphi_0 < 90° \tag{2.14}$$

式中：i_{+G} 为地面爆炸时的冲量（N·s/m²）。

爆炸高度对地面的反射波压力有显著的影响。从图 2.11 可以看到，爆炸高度对地面反射波压力产生双重影响。高度增加，离爆炸中心越远，入射波压力减小，但是又引起入射角的减小，反而使反射波压力增高。因此，要获得预定的反射波压力（如破坏目标所需压力），存在一个最有利的爆炸高度，即

$$H_{ur} = 1.476 \cdot \sqrt[3]{\frac{m}{\Delta p_2}} \tag{2.15}$$

式中：H_{ur} 为产生一定反射波压力 Δp_2 时的最有利高度（m）；Δp_2 为预定的反射波压力（MPa）；m 为装药质量（kg）。

在最有利高度爆炸时，与产生 Δp_2 所对应的水平距离为

$$L = 0.513\,6\frac{H_{ur}}{\Delta p_2^{0.4}} \text{（m）} \tag{2.16}$$

2.3.5.4 空气冲击波的环流作用

冲击波在传播时遇到的目标往往是有限尺寸，这时除了有反射冲击波外，还发生冲击波的环流作用，又称绕流作用，如图 2.12、图 2.13 所示。

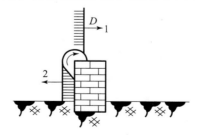

图 2.12　冲击波与障壁下反射的初始情况（用 AUTODYN 计算结果代替）
1—入射冲击波；2—反射冲击波

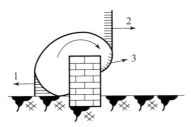

图 2.13　冲击波绕过障壁物后的环流（用 AUTODYN 计算结果代替）
1—反射冲击波；2—入射冲击波；3—环流

假设平面冲击波垂直作用于一面很坚固的墙，这时就发生正反射，反射结果壁面压力增高为 Δp_2。与此同时，入射冲击波沿着墙顶部传播，显然，并不发生反射，其波阵面上压力为 Δp_1。由于 $\Delta p_1 < \Delta p_2$，因此稀疏波向高压区内传播。在稀疏波的作用下，壁面处空气向上运动，但在其运动过程中，由于受到墙顶部入射波后运动的空气影响而改变了运动方向，形成顺时针方向运动的旋风。旋风形成后，一方面使反射波后面的压力急剧下降；另一方面又和相邻的入射波一起作用，变成环流向前传播。

环流进一步发展，绕过墙顶部沿着墙后壁向下运动，这时墙后壁受到的压力逐渐增加，而墙的正面则由于稀疏波的作用，压力逐渐下降。即使如此，降低后的压力还要比墙后壁的大。环流波继续沿着墙后壁向下运动，经某一时刻到达地面，并从地面反射，使压力升高，这和空中爆炸时的冲击波从地面反射的情况相似。环流沿地面运动，大约在离墙后壁 2 倍墙高处的地面形成马赫反射，这时的冲击波压力大为增强。如果冲击波对高而不宽的障碍物（如烟囱等建筑物）作用，则在墙的两侧同时产生环流，当两个环流绕到墙后继续运动时就发生相互碰撞现象，碰撞区的压力骤然升高。高、宽都不大的墙壁受到冲击波作用后，环流同时产生于墙的顶端和两侧。这时在墙后壁某处会出现 3 个环流波汇聚作用的合成区域，该区域压力很高。因此，在利用墙作防护时，必须注意到墙后某处冲击波的破坏作用可能比无墙时更加严重。

2.4　空气冲击波的爆炸相似律与参数计算

由于空气冲击波初始参数的计算理论还不成熟，即使知道初始参数，如何确定其后的空气冲击波参数也仍然难以获得解析解，对于数值计算或仿真计算，其物理描述和数学模型也很难确定。空气中爆炸是一个十分复杂的过程，不论在理论研究还是实验技术方面都广泛使用相似原理。相似原理和量纲分析法为我们提供了一个既合理又简便的分析问题和解决问题的方法。它能够把多变量的函数关系通过量纲变换归纳为数量较少而又能反映基本关系的无量纲量，从而给理论分析和实验研究提供了有力指导。为此，有必要学习一些量纲理论的基础知识。

2.4.1 量纲理论基础知识

2.4.1.1 量纲与单位

1. 基本物理量

凡是独立地规定其测量单位的物理量，称为基本物理量。目前，国际上规定的基本物理量有 7 个，即长度、质量、时间、电流、热力学温度、物质的量和发光强度。

在力学领域，所用基本物理量只有长度、质量和时间 3 个，如果考虑热效应，则增加一个热力学温度。

2. 基本测量单位与基本测量单位系统

基本物理量的测量单位称为基本测量单位，如：长度的测量单位有 km、m、cm、mm 等。

基本测量单位系统是指由约定的基本测量单位所构成的组合，如 CGS 制（长度基本测量单位为 cm，质量基本测量单位为 g，时间基本测量单位为 s）等。

3. 量纲

基本物理量的约定标示符号称为基本量纲，如一般力学的基本量纲有 4 个，即长度、质量、时间和温度。

其他物理量的量纲称为导出量纲或派生量纲，可以通过上述基本量纲的幂函数及其乘积来表示。

由此可见，单位和量纲不能混为一谈。同时，检验一个公式正确与否，必要条件是等式两边量纲相等，求和项之间量纲相等。

2.4.1.2 有量纲量与无量纲量

测量数值随测量单位改变而改变的物理量称为有量纲量，测量数值不随测量单位改变而改变的物理量称为无量纲量。

2.4.1.3 量纲相关性

1. 量纲无关与量纲相关

在 n 个物理量中,凡是其中量纲不能表达成其余物理量量纲的幂积形式的物理量,则称该物理量与其余物理量的量纲无关,或称量纲独立;否则,称为量纲相关或量纲不独立。

2. 量纲无关量的最大个数

在一组物理量中,如果 k 个物理量量纲无关,而任何 $k+1$ 个物理量都是量纲相关的,则称该组物理量量纲无关的最大个数为 k。

显然,k 不能大于基本物理量的个数,更不能超过该组所有物理量的个数。

2.4.1.4 量纲基本定律

1. 主定量与被定量

在描述一个物理过程的一组物理量中,凡是对描述过程起主要和决定作用的物理量,称为主定量;由主定量所决定的其余物理量称为被定量。

2. 量纲基本定律（π 定律）

若被定量 ψ 依赖于主定量 $\psi_1, \psi_2, \cdots, \psi_{k-1}, \psi_k, \psi_{k+1}, \psi_{k+2}, \cdots, \psi_{k+l}$,记为

$$\psi \| \psi_1, \psi_2, \cdots, \psi_{k-1}, \psi_k, \psi_{k+1}, \psi_{k+2}, \cdots, \psi_{k+l}$$

式中:$\psi_1, \psi_2, \cdots, \psi_k$ 为量纲独立最大个数的主定量。

被定量和相关主定量的量纲可以用独立主定量量纲的幂积表示,即可构建下列 $l+1$ 个无量纲量:

$$\begin{cases} \pi = \dfrac{\psi}{\psi_1^{\alpha_1} \psi_2^{\alpha_2} \cdots \psi_k^{\alpha_k}} \\ \pi_1 = \dfrac{\psi_{k+1}}{\psi_1^{\alpha_{11}} \psi_2^{\alpha_{12}} \cdots \psi_k^{\alpha_{1k}}} \\ \pi_2 = \dfrac{\psi_{k+2}}{\psi_1^{\alpha_{21}} \psi_2^{\alpha_{22}} \cdots \psi_k^{\alpha_{2k}}} \\ \quad\quad\quad \vdots \\ \pi_l = \dfrac{\psi_{k+l}}{\psi_1^{\alpha_{l1}} \psi_2^{\alpha_{l2}} \cdots \psi_k^{\alpha_{lk}}} \end{cases} \quad (2.17)$$

且存在下列函数关系：
$$\pi = f(\pi_1, \pi_2, \cdots, \pi_l) \tag{2.18}$$

[例1] 爆炸或火灾产生的瞬变火球的成长研究。

影响瞬变火球成长的主要物理参数有：爆炸释放出的能量 E（假设它是瞬时释放出来的）、作为时间 t 的函数的火球直径 D、火球温度 θ（取决于燃料的种类）、火球中空气的热容量 ρc_p，以及斯忒藩 – 玻耳兹曼（Stefan – Boltzmann）常数 σ（它是说明热量向周围辐射的特性常数）。与辐射和暂时储存在火球内的热量对比，可以将热传导过程和热对流过程视为次要过程而予忽略。上述 6 个参数已列于表 2.1 中，它们采用的基本量纲体系为：力 F，长度 L，时间 T，温度 θ。

表 2.1 确定火球大小的参数

参数符号	物理含义	量纲
E	释放的能量	FL
D	火球直径	L
t	时间	T
θ	火球温度	θ
ρc_p	火球内空气的热容量	$\dfrac{F}{L^2 \theta}$
σ	斯忒藩 – 玻耳兹曼常数	$\dfrac{F}{LT\theta^4}$

在表 2.1 中共有 6 个物理量，取其中火球直径 D 为被定量，即 $D \parallel E, \theta, \rho c_p, \sigma; t$。则主定量总数为 $n = 5$。由于其中独立量纲量数 $k = 4$，故相关量纲量个数为 $l = n - k = 1$。取 $E, \theta, \rho c_p$ 和 σ 为独立量纲主定量，t 为相关量纲量，则由量纲定律可知，有

$$\pi = f(\pi_1) \tag{a}$$

其中，

$$\pi = \frac{D}{E^{\alpha_1} \theta^{\alpha_2} (\rho c_p)^{\alpha_3} \sigma^{\alpha_4}} \tag{b}$$

$$\pi_1 = \frac{t}{E^{\beta_1} \theta^{\beta_2} (\rho c_p)^{\beta_3} \sigma^{\beta_4}} \tag{c}$$

将表 2.1 中有关量纲代入式（b）可得

$$[\pi] = \frac{L}{(FL)^{\alpha_1} \theta^{\alpha_2} \left(\dfrac{F}{L^2\theta}\right)^{\alpha_3} \left(\dfrac{F}{LT\theta^4}\right)^{\alpha_4}} = \frac{L^{1-\alpha_1+2\alpha_3+\alpha_4} \cdot T^{\alpha_4}}{F^{\alpha_1+\alpha_3+\alpha_4} \cdot \theta^{\alpha_2-\alpha_3-4\alpha_4}}$$

■ 爆炸危险性评估及进展

由于 $[\pi] = 1$，则

$$\begin{cases} 1 - \alpha_1 + 2\alpha_3 + \alpha_4 = 0 \\ \alpha_4 = 0 \\ \alpha_1 + \alpha_3 + \alpha_4 = 0 \\ \alpha_2 - \alpha_3 - 4\alpha_4 = 0 \end{cases}$$

解得

$$\begin{cases} \alpha_1 = \dfrac{1}{3} \\ \alpha_2 = -\dfrac{1}{3} \\ \alpha_3 = -\dfrac{1}{3} \\ \alpha_4 = 0 \end{cases}$$

将上式代入式（b）可得

$$\pi = \frac{\theta^{\frac{1}{3}} D}{E^{\frac{1}{3}}} (\rho c_p)^{\frac{1}{3}} \quad\quad (d)$$

同理可得

$$[\pi_1] = \frac{T}{(FL)^{\beta_1} \theta^{\beta_2} \left(\dfrac{F}{L^2 \theta}\right)^{\beta_3} \left(\dfrac{F}{LT\theta^4}\right)^{\beta_4}} = \frac{T^{1+\beta_4}}{F^{\beta_1+\beta_3+\beta_4} \cdot L^{\beta_1-2\beta_2-\beta_4} \cdot \theta^{\beta_2-\beta_3-4\beta_4}}$$

由于 $[\pi_1] = 1$，则

$$\begin{cases} 1 + \beta_4 = 0 \\ \beta_1 + \beta_3 + \beta_4 = 0 \\ \beta_1 - 2\beta_2 - \beta_4 = 0 \\ \beta_2 - \beta_3 - 4\beta_4 = 0 \end{cases}$$

解得

$$\begin{cases} \beta_1 = \dfrac{1}{3} \\ \beta_2 = -\dfrac{10}{3} \\ \beta_3 = \dfrac{2}{3} \\ \beta_4 = -1 \end{cases}$$

将上式代入式（c）可得

$$\pi_1 = \frac{\theta^{\frac{10}{3}} t}{E^{\frac{1}{3}}} (\rho c_p)^{-\frac{2}{3}} \sigma \tag{e}$$

将式（d）和式（e）代入式（a），可得

$$\frac{\theta^{\frac{1}{3}} D}{E^{\frac{1}{3}}} (\rho c_p)^{\frac{1}{3}} = f\left[\frac{\theta^{\frac{10}{3}} t}{E^{\frac{1}{3}}} (\rho c_p)^{-\frac{2}{3}} \sigma \right] \tag{f}$$

在空气初始条件基本相同的情况下，ρc_p 和 σ 为常数，故式（f）可改写为

$$\frac{\theta^{\frac{1}{3}} D}{E^{\frac{1}{3}}} = \psi\left[\frac{\theta^{\frac{10}{3}} t}{E^{\frac{1}{3}}} \right]$$

2.4.2 爆炸相似律

2.4.2.1 问题的提出与解决

问题：质量为 m 的炸药爆炸后，求距炸点 r 处的空气冲击波峰值超压 Δp_m。

分析与解决：根据前述爆炸理论，如果忽略介质的黏性和热传导，可知影响 Δp_m 的主要因素有：炸药方面，质量 m、密度 ρ_0 和爆速 D；空气介质方面，初始压力 p_0、密度 ρ_{a0}；冲击波传播的距离 r。

因此，可以认为 Δp_m 是被定量，而 m、ρ_0、D、p_0、ρ_{a0} 和 r 都是主定量，即

$$\Delta p_\mathrm{m} \parallel m, \rho_0, D, p_0, \rho_{a0}, r$$

由于各主定量的量纲分别为

$$[m] = \mathrm{M}, [\rho_0] = \mathrm{ML}^{-3}, [D] = \mathrm{LT}^{-1}$$

$$[p_0] = \mathrm{ML}^{-1}\mathrm{T}^{-2}, [\rho_{a0}] = \mathrm{ML}^{-3}, [r] = \mathrm{L}$$

因此，在 6 个主定量中，量纲独立的最大主定量个数为 $k=3$。可以选择其中任意 3 个，如：m, p_0, r。

根据 π 定理，其余主定量为 ρ_0、D 和 ρ_{a0}，对应的 π 个数 $l = n - k = 6 - 3 = 3$，分别如下。

对应 ρ_0，有

$$\pi_1 = \frac{\rho_0}{m^{\alpha_{11}} p_0^{\alpha_{12}} r^{\alpha_{13}}}$$

因为

$$[\pi_1] = \frac{\mathrm{ML}^{-3}}{\mathrm{M}^{\alpha_{11}} \mathrm{M}^{\alpha_{12}} \mathrm{L}^{-\alpha_{12}} \mathrm{T}^{-2\alpha_{12}} \mathrm{L}^{\alpha_{13}}} = 1$$

则

$$\begin{cases} \alpha_{11} + \alpha_{12} = 1 \\ -2\alpha_{12} = 0 \\ -\alpha_{12} + \alpha_{13} = -3 \end{cases}$$

解得

$$\begin{cases} \alpha_{11} = 1 \\ \alpha_{12} = 0 \\ \alpha_{13} = -3 \end{cases}$$

则

$$\pi_1 = \frac{\rho_0}{mr^{-3}}$$

对应 D，同理可得

$$\pi_2 = \frac{D}{m^{-\frac{1}{2}} p_0^{\frac{1}{2}} r^{\frac{3}{2}}}$$

对应 ρ_{a0}，有

$$\pi_3 = \frac{\rho_{a0}}{mr^{-3}}$$

对于被定量 Δp_m，有

$$\pi = \frac{\Delta p_m}{m^{\alpha_1} p_0^{\alpha_2} r^{\alpha_3}}$$

故

$$[\pi] = \frac{ML^{-1}T^{-2}}{M^{\alpha_1} M^{\alpha_2} L^{-\alpha_2} T^{-2\alpha_2} L^{\alpha_3}} = 1$$

则

$$\begin{cases} \alpha_1 + \alpha_2 = 1 \\ -\alpha_2 + \alpha_3 = -1 \\ -2\alpha_2 = -2 \end{cases}$$

故

$$\begin{cases} \alpha_1 = 0 \\ \alpha_2 = 1 \\ \alpha_3 = 0 \end{cases}$$

则

$$\pi = \frac{\Delta p_m}{p_0}$$

因此由 π 定理可得 $\pi = f(\pi_1, \pi_2, \pi_3)$，则

$$\frac{\Delta p_m}{p_0} = f\left(\rho_0 \frac{r^3}{m}, \frac{D}{\sqrt{p_0}} \sqrt{\frac{r^3}{m}}, \rho_{a0} \frac{r^3}{m}\right) \quad (2.19)$$

2.4.2.2 结论

记对比距离为

$$\bar{r} = \frac{r}{\sqrt[3]{m}} \quad (2.20)$$

由式（2.19）可知，在炸药性能（密度、爆速）和空气初始状态一定的情况下，空气冲击波峰值超压仅与对比距离有关，即

$$\Delta p_m = \varphi(\bar{r}) = \varphi\left(\frac{r}{\sqrt[3]{m}}\right) \quad (2.21)$$

这就是爆炸相似律，意味着用小药量在近距离上可以测得一定距离上较大药量上的空气冲击波超压，从而避免了大药量实验的安全风险，也可以为相关实验提供理论指导。

如可将式（2.21）进行幂级数展开至三阶，可得

$$\Delta p_m = A_0 + A_1 \frac{\sqrt[3]{m}}{r} + A_2 \left(\frac{\sqrt[3]{m}}{r}\right)^2 + A_3 \left(\frac{\sqrt[3]{m}}{r}\right)^3 \quad (2.22)$$

由边界条件可知 $r \to \infty$ 时，$\Delta p_m = 0$，故 $A_0 = 0$，而系数 A_1、A_2、A_3 可由实验直接测定，则

$$\Delta p_m = A_1 \frac{\sqrt[3]{m}}{r} + A_2 \left(\frac{\sqrt[3]{m}}{r}\right)^2 + A_3 \left(\frac{\sqrt[3]{m}}{r}\right)^3 \quad (2.23)$$

2.4.3 空气冲击波参数的理论分析

2.4.3.1 条件假设

设有球形装药在无限均匀静止的空气介质中爆炸，且满足下列假定条件。

（1）炸药爆轰所释放的能量全部用于形成空气冲击波。

（2）相对空气冲击波所传距离和时间，炸药尺寸、爆轰所用时间及其向空气输入的质量均忽略不计。

（3）受扰动空气介质（炸点至冲击波波阵面内的空气）满足理想气体绝热等熵流动，绝热指数保持不变。

（4）空气冲击波波阵面前方存在一个状态参量渐变区，但忽略其厚度和时间。

(5) 空气冲击波波阵面上的介质状态满足 C-J 条件,即 $c_m + u_m = D_m$。

因此,可利用球对称散心爆轰研究结果研究空气冲击波参数。

2.4.3.2 空气冲击波压力

球面冲击波示意图如图 2.14 所示。根据球对称散心爆轰研究结果,可知空气冲击波于 t_R 时刻传播至距炸点 R 处的初始压力,即峰值压力为

$$p_m = p_{a0} + \frac{3(k-1)}{4\pi} \frac{m_w E_w}{R^3} \quad (2.24)$$

式中:k 为空气绝热指数;m_w、E_w 分别为炸药质量和单位质量爆炸所释放的能量;p_{a0} 为空气初始压力。

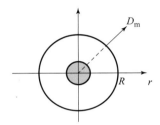

图 2.14 球面冲击波示意图

此时,波阵面后各处压力为

$$p = p_m \left(\frac{r}{R}\right)^{\frac{2k}{k-1}}, 0 \leq r \leq R \quad (2.25)$$

由式(2.25)可知,随着传播距离 R 的增加,空气冲击波峰值压力呈三次方关系衰减直至与空气初始压力相等,其内各处压力与距离 r 的 $\frac{2k}{k-1}$ $\bigg($ 当 $k = 1.4$ 时,$\frac{2k}{k-1} = 7 \bigg)$ 次方呈正比。由式(2.25)还可知,对固定测压点即 r 一定时,当冲击波传播距离 $R < r$ 时,该点压力为空气初始压力;当冲击波传播距离 $R = r$ 时,该点压力突升为峰值压力;当冲击波传播距离 $R > r$ 时,该点压力随 R 的增大而降低。由此得出的扰动空气的压力曲线与图 2.9 相同。当冲击波传播距离 R 和测压位置 r 满足一定条件时,可能出现 $p < p_0$ 即负压情形,但波阵面上不会出现负压。

2.4.3.3 空气冲击波正压区作用时间

在 $p_m \gg p_0$ 的前提下,有

$$D_m = [2 + \sqrt{3}(k-1)]\sqrt{\frac{3k}{4(3k-1)\pi}\frac{m_w E_w}{\rho_{a0} R^3}}$$

$$R = \frac{3k-1}{[2+\sqrt{3}(k-1)]}D_m t_R = \sqrt{\frac{3k(3k-1)}{4\pi}\frac{m_w E_w}{\rho_{a0} R^3}} \cdot t_R$$

式中：D_m 为传播至 R 处时的冲击波波速；ρ_{a0} 为空气初始密度。

由此可得空气冲击波传播至 r 处的时间为

$$t_{r,0} = \left[\frac{3k(3k-1)}{4\pi} \cdot \frac{m_w E_w}{\rho_{a0} R^3}\right]^{-\frac{1}{2}} \cdot r^{\frac{5}{2}} \tag{2.26}$$

空气冲击波继续向前传播，该处压力不断下降直至与空气初始压力相等。记在 t_R 时刻空气冲击波传播至距炸点 R 处时该处压力与空气初始压力相等，由式（2.24）和式（2.25）可得

$$R = \left[\frac{3k(3k-1)}{4\pi} \cdot \frac{m_w E_w}{\rho_{a0} R^3}\right]^{\frac{k-1}{5k-3}} \cdot r^{\frac{2k}{5k-3}} \tag{2.27}$$

将式（2.27）代入式（2.26），可得与此对应的时间即正压区结束时间，即

$$t_R = \left[\frac{3k(3k-1)}{4\pi} \cdot \frac{m_w E_w}{\rho_{a0} R^3}\right]^{-\frac{1}{2}}\left[\frac{3k(3k-1)}{4\pi} \cdot \frac{m_w E_w}{\rho_{a0} R^3}\right]^{\frac{5(k-1)}{2(5k-3)}} \cdot r^{\frac{5k}{5k-3}} \tag{2.28}$$

式（2.28）减去式（2.26）为正压区持续时间，即

$$t_+ = \sqrt{\frac{4\pi\rho_{a0}}{3k(3k-1)E_w}}\sqrt{\frac{r^5}{m_w}}\left\{\left[\frac{3(k-1)E_w}{4\pi\rho_{a0}}\right]^{\frac{5(k-1)}{2(5k-3)}}\left(\frac{m_w}{r^3}\right)^{\frac{5(k-1)}{2(5k-3)}} - 1\right\}$$

由此可得

$$\frac{t_+}{\sqrt[3]{m_w}} = \sqrt{\frac{4\pi\rho_{a0}}{3k(3k-1)E_w}}\left(\frac{r}{\sqrt[3]{m_w}}\right)^{\frac{5}{2}}\left\{\left[\frac{3(k-1)E_w}{4\pi\rho_{a0}}\right]^{\frac{5(k-1)}{2(5k-3)}}\left(\frac{r}{\sqrt[3]{m_w}}\right)^{-\frac{15(k-1)}{2(5k-3)}} - 1\right\}$$

则

$$\frac{t_+}{\sqrt[3]{m_w}} = f\left(\frac{r}{\sqrt[3]{m_w}}\right) \tag{2.29}$$

2.4.3.4　空气冲击波正压区作用比冲

同样，在 $p_m \gg p_0$ 的前提下，有正压区比冲

$$i_+ = \int_{t_{r,0}}^{t_R} p\,dt$$

$$= \frac{5(k-1)^2}{5k-1}\sqrt{\frac{3\rho_{a0}m_w E_w}{4\pi k(3k-1)r}}\left\{1 - \left[\frac{3(k-1)E_w}{4\pi\rho_{a0}}\right]^{\frac{1-5k}{2(5k-3)}}\left(\frac{r}{\sqrt[3]{m_w}}\right)^{-\frac{3(5k-1)}{2(5k-3)}}\right\}$$

由此可得

$$\frac{t_+}{\sqrt[3]{m_w}} = \frac{5(k-1)^2}{5k-1}\sqrt{\frac{3\rho_{a0}E_w}{4\pi k(3k-1)}}\left(\frac{r}{\sqrt[3]{m_w}}\right)^{-\frac{1}{2}} \cdot$$

$$\left\{1-\left[\frac{3(k-1)E_w}{4\pi\rho_{a0}}\right]^{\frac{1-5k}{2(5k-3)}}\left(\frac{r}{\sqrt[3]{m_w}}\right)^{-\frac{3(5k-1)}{2(5k-3)}}\right\}$$

则

$$\frac{t_+}{\sqrt[3]{m_w}} = g\left(\frac{r}{\sqrt[3]{m_w}}\right) \tag{2.30}$$

上述理论分析均以 $p_m \gg p_0$ 为前提，亦即对比距离 $\dfrac{r}{\sqrt[3]{m_w}}$ 不能过大。同样，由于接近炸点时爆轰产物对空气的作用比较复杂，有关假设未必合适，故上述有关公式要求对比距离 $\dfrac{r}{\sqrt[3]{m_w}}$ 不能过小。虽然适用范围受到局限，但对有关实验仍然具有一定的指导意义。

2.4.4　空气冲击波参数的工程计算

2.4.4.1　空气冲击波峰值超压的计算

根据大量的实验结果，梯恩梯球形装药（或形状相近的装药）在无限空气介质中爆炸时，空气冲击波峰值超压（单位：MPa）计算公式为

$$\Delta p_m = 0.08240\frac{\sqrt[3]{m_w}}{r} + 0.2649\left(\frac{\sqrt[3]{m_w}}{r}\right)^2 + 0.6867\left(\frac{\sqrt[3]{m_w}}{r}\right)^3 \tag{2.31a}$$

或

$$\Delta p_m = \frac{0.08240}{\bar{r}} + \frac{0.2649}{\bar{r}^2} + \frac{0.6867}{\bar{r}^3} \tag{2.31b}$$

适用范围：$1 \leq \bar{r} \leq 10 \sim 15$。

式中：Δp_m 为无限空中爆炸时冲击波的峰值超压（MPa）；m 为梯恩梯装药质量（kg）；r 为到爆炸中心的距离（m）；$\bar{r}$ 为对比距离（m/kg$^{2/3}$），可由下式求得：

$$\bar{r} = \frac{r}{\sqrt[3]{m}} \tag{2.32}$$

无限空中爆炸是指炸药在无边界的空中爆炸。这时，空气冲击波不受其他界面的影响。一般认为，只有在装药的对比高度满足下式时，才能认为符合无限空中爆炸条件：

$$\frac{H}{\sqrt[3]{m}} \geqslant 0.35$$

式中：H 为装药离地面的高度（m）。

对于其他炸药，由于爆热不同，可以根据能量相似原理，按下式换算成梯恩梯当量（如 1 kg 黑索今的 TNT 当量为 1.3 kg）：

$$m = \frac{Q_v}{Q_{TNT}} \cdot m_0 \tag{2.33}$$

式中：m_0、m 分别为某炸药的实际质量和 TNT 当量；Q_v 和 Q_{TNT} 分别为某炸药和梯恩梯炸药的定容爆热。

装药在地面爆炸时，由于地面的阻挡，空气冲击波不是向整个空间传播，而只向一半无限空间传播，被冲击波带动的空气量也减少一半。装药在混凝土、岩石类的刚性地面爆炸时，可看作是 2 倍的装药在无限空间爆炸。于是，可将 $m_e = 2m$ 代入式（2.31a）进行计算。整理后得装药在刚性地面爆炸时空气冲击波的峰值超压

$$\Delta p_{mG} = 0.1040\frac{\sqrt[3]{m}}{r} + 0.4218\left(\frac{\sqrt[3]{m}}{r}\right)^2 + 1.373\left(\frac{\sqrt[3]{m}}{r}\right)^3 \text{ (MPa)} \tag{2.34}$$

适用范围：$1 \leqslant \frac{\sqrt[3]{m}}{r} \leqslant 10 \sim 15$。

装药在普通土壤地面爆炸时，地面土壤受到高温、高压爆炸产物的作用发生变形、破坏，甚至抛掷到空中形成一个炸坑。1 t 梯恩梯在地面爆炸留下的炸坑约 38 m³。因此，在这种情况下就不能按刚性地面全反射来考虑，而应考虑地面消耗了一部分爆炸能量，即反射系数要比 2 小，在此种情况下 $m_w = (1.7 \sim 1.8)m$。于是，对普通地面可取 $m_w = 1.8m$，代入式（2.31a），得到装药在普通土壤地面爆炸时空气冲击波的峰值超压

$$\Delta p_{mG} = 0.1001\frac{\sqrt[3]{m}}{r} + 0.3914\left(\frac{\sqrt[3]{m}}{r}\right)^2 + 1.236\left(\frac{\sqrt[3]{m}}{r}\right)^3 \text{ (MPa)} \tag{2.35}$$

适用范围：$1 \leqslant \frac{r}{\sqrt[3]{m}} \leqslant 10 \sim 15$。

如果装药在堑壕、坑道、矿井、地道内爆炸，则空气冲击波沿着坑道两个方向传播。这时卷入运动的空气要比在无限介质中爆炸的少得多，冲击波的压力同样可以根据能量相似律进行计算：

$$m_w = m\frac{4\pi r^2}{2S} = 2\pi\frac{r^2}{S}m$$

式中：S 为一个方向上传播的空气冲击波面积，等于坑道截面积（m²）。

将上式代入式（2.31a）可得

$$\Delta p_m = \frac{0.08240}{r}\left(\frac{2\pi r^2 m}{S}\right)^{1/3} + 0.2649\left(\frac{2\pi r^2}{S}\right)^{2/3}\left(\frac{\sqrt[3]{m}}{r}\right)^2 + 0.6867\frac{2\pi r^2}{S}\left(\frac{\sqrt[3]{m}}{r}\right)^3$$

将上式整理后可得

$$\Delta p_m = 0.1520\left(\frac{m}{Sr}\right)^{1/3} + 0.9712\left(\frac{m}{Sr}\right)^{2/3} + 4.312\left(\frac{m}{Sr}\right)(\text{MPa})$$

如果装药在一端堵死的坑道内爆炸，那么空气冲击波只沿着坑道一个方向传播，这时将 $m_w = \frac{4\pi r^2}{S}m$ 代入式（2.31a）进行计算。

在装药近旁，空气冲击波波阵面压力与距离的关系很复杂。从装药近处到很远距离处冲击波超压的计算式如下。

当 $0.05 \leqslant \frac{r}{\sqrt[3]{m}} \leqslant 0.5$ 时，有

$$\Delta p_m = 1.968\left(\frac{\sqrt[3]{m}}{r}\right) + 0.1903\left(\frac{\sqrt[3]{m}}{r}\right)^2 - 3.924\times 10^{-3}\left(\frac{\sqrt[3]{m}}{r}\right)^3$$

当 $0.50 \leqslant \frac{r}{\sqrt[3]{m}} \leqslant 70.9$ 时，有

$$\Delta p_m = 0.09516\left(\frac{\sqrt[3]{m}}{r}\right) + 0.2953\left(\frac{\sqrt[3]{m}}{r}\right)^2 + 0.4228\left(\frac{\sqrt[3]{m}}{r}\right)^3$$

以上两式适用于无限空间的爆炸，其优点是计算对比距离的范围很宽。

2.4.4.2 正压区作用时间的计算

正压区作用时间 t_+ 是空气爆炸冲击波的另一个特征参数，它是影响目标破坏作用大小的重要参数之一。同确定 Δp_m 一样，它也是根据爆炸相似律、通过实验方法建立的经验公式求得。梯恩梯球形装药在无限空中爆炸时，t_+ 的计算公式为

$$\frac{t_+}{\sqrt[3]{m}} = 1.35\times 10^{-3}\left(\frac{r}{\sqrt[3]{m}}\right)^{1/2} \quad (2.36)$$

如果装药在地面爆炸，则 m 应该以 TNT 当量进行计算。对刚性地面以 $m_w = 2m$ 代入上式，而对普通土壤地面，$m_w = 1.8m$。例如，将 $m_w = 1.8m$ 代入式（2.36），可得

$$\frac{t_{+G}}{\sqrt[3]{m}} = 1.5\times 10^{-3}\left(\frac{r}{\sqrt[3]{m}}\right)^{1/2} \quad (2.37)$$

以式（2.36）和式（2.37）中正压作用时间 t_+ 以 s 计，装药量 m 以 kg 计，距离 r 以 m 计。

2.4.4.3 比冲量的计算

比冲量是由空气冲击波波阵面超压曲线 $\Delta p(t)$ 与正压区作用时间直接确定的,但计算比较复杂。根据实验测定的结果为

$$\frac{t_+}{\sqrt[3]{m}} = A\frac{\sqrt[3]{m}}{r} = \frac{A}{\bar{r}} \tag{2.38}$$

式中:比冲量 i_+ 的单位为 $N \cdot s/m^2$。

梯恩梯炸药在无限空间爆炸时,$A = 196.2 \sim 245.25$。采用其他炸药时需要换算。由于比冲量与形成冲击波的爆炸产物速度成正比,而爆炸产物速度又与炸药爆热的平方根成正比,则

$$i_+ = A\frac{m_0^{2/3}}{r}\sqrt{\frac{Q_v}{Q_{TNT}}} \tag{2.39}$$

如果装药在地面爆炸,则对刚性地面 $m_w = 2m$,对普通土壤地面,$m_w = 1.8m$。以普通土壤地面为例:

$$i_{+G} = (294.3 \sim 362.97)\frac{m^{2/3}}{r}, r > 12r_0$$

第 3 章

爆炸破片场计算

3.1 引　　言

弹药发生意外爆炸的危险通常用安全距离来表示。在发生爆炸事故时，人员暴露在 3 种杀伤机制的危险中，即热辐射、冲击波和破片。通常，大规模起爆弹药在制造、运输和储存过程中的危险分类是基于数量－距离标准，该标准将炸药的净重与人员、建筑物和公路的安全距离联系起来，给定目标的可接受风险是基于武器产生的峰值爆炸超压。然而，这一标准并没有充分考虑破片危害，即随距离的破片危害与超压随距离的破片危害表现出不同的模式。由于破片形成、爆炸驱动和飞行过程的复杂性，影响破片风险的因素很多，因此需要一个综合的破片风险估计模型，一般的破片场风险评估流程如图 3.1 所示，根据与爆心距离，单发预制破片战斗部全时空域破片场的研究可分为近距离破片场与远距离破片场两个部分。前者的研究目的多立足于探索与改进战斗部的杀伤效应，也是目前国内外研究较多的部分，该部分远界通常在 3~5 倍弹径到战斗部的有效杀伤半径内，破片在该区域内受到爆轰产物驱动，加速到最高速度。由于该区域距离较近、破片速度高，因此重力与阻力的影响相对较小。

而远距离破片场的远界则一直延伸到破片飞散落地，在该区域内破片的爆轰驱动过程已结束，进入无动力惯性运动状态，飞行过程中主要受到空气阻力与重力作用。对该区域的研究多以安全为目的。例如，战斗部生产、储运期间

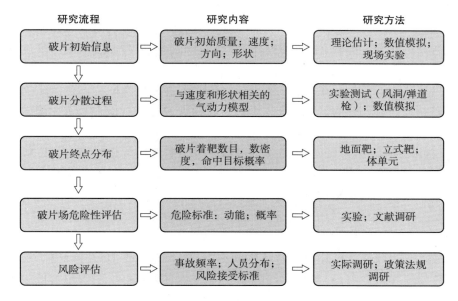

图 3.1 一般的破片场风险评估流程

意外起爆时的破片安全距离，战斗部覆土库区规划，武器发射后引信的保险解除时间等。

可见近距离与远距离破片场的研究目的与技术难点各不相同，研究方法与技术途径也相差甚远。

在以往的研究中，一些研究者已经建立了碎片危害评价的综合模型。由 McCleskey 开发的 Q-D 破片危害（FRAGHAZ）计算机程序提供了一种预测弹药爆炸产生的破片危害的方法。FRAGHAZ 要求从测试中获得碎片特征数据，并计算在场地测试中回收的每个碎片的完整轨迹，以确定对指定目标的危害。

然而，我们观察到 FRAGHAZ 计算机程序可能存在以下缺陷。

（1）在 FRAGHAZ 中，破片轨迹计算的初始信息来自竞技场试验的试验数据，并没有提出碎片特征的估计方法。

（2）FRAGHAZ 程序只计算了在试验场重新覆盖的部分碎片的轨迹，而不是所有碎片。具体破片的计算结果能否替代所有破片，还有待进一步研究。

（3）FRAGHAZ 项目没有提供关于天然碎片在超声速状态下的阻力的信息。

（4）由于 FRAGHAZ 程序包含 7 个随机变量，FRAGHAZ 在蒙特卡罗选项下运行，输出轨迹计算的统计结果，消耗大量程序运行时间。

同样，USAESCH 开发了计算最小破片分离距离的分析程序，适用于套管、圆柱形弹药。然而，这种方法也有不足之处：阻力系数被视为一个恒定值（0.8，一个相当小的值），这可能会在气动力的估计中引入很大的误差，特别是在跨声速区域。此外，该方法采用基于动能和面积破片密度的解析表达式作为距离的函数，而不是按成形轨迹计算。

因此，为了克服现有模型的不足，需要改进高爆弹安全距离预测方法，满足预测精度和预测效率的要求。研究人员可以在进行大规模实验破片测试之前获得初步的弹丸危害数据，既节约了成本又节省了时间。

改进的方法需要分析战斗部爆炸事故条件下破片场的全时空信息，包括破片数量、质量和速度的空间分布。根据距离爆炸中心的距离，可将整个时空破片场的研究分为近程破片场和远程破片场两部分。近程破片场边界通常在 3~5 倍弹径半径内，破片在爆轰产物的驱动下加速至最高速度，通常马赫数（Ma）高达 5，重力和阻力的影响相对不太明显。近程破片场的研究通常为破片轨迹的计算提供输入信息，包括质量分布、初速度、弹射角等。由于远距离破片场跨度大，破片体积小，数量多。利用点质量的弹道二维模型，对两个耦合的方程进行数值积分，可以预测破片在阻力和重力作用下的运动轨迹。然后，根据相应的安全准则（破片数密度和动能）对破片场进行分析，得到全场破片危险信息。

3.2 破片近场信息估计

3.2.1 破片形成及质量分布

炸药爆轰形成高能量密度气体爆轰产物，而爆轰产物的剧烈膨胀流动，必然促使与其接触的介质或目标发生加速运动或变形。若炸药由弹壳强约束，爆炸释放的能量驱动壳体破裂形成破片高速运动，这一问题的理论研究和具体实现具有很重要的实际意义。爆炸对壳体的驱动过程规律及破片速度的计算是各种杀伤榴弹及导弹战斗部威力设计的基础，也是安全防护需要解决的问题。

弹药自然破片，是指在装药爆炸作用下，弹体自然形成的破片，不包括钢珠钨块等预制破片和弹体带预刻槽所形成的预刻破片。如图 3.2 所示，位于起爆源附近的炸药，在起爆能量作用下，开始产生物理化学反应，形成爆轰产物和爆轰波阵面。爆轰产物的巨大压力和冲量作用在弹体内壁上，使弹壁金属变形；同时，爆轰波阵面的爆轰压力可达 $(2~3) \times 10^4$ MPa，并以 7~8 km/s 的速度向未反应区推进,直至弹丸内全部炸药爆轰完毕。炮弹从头部开始起爆至全部爆轰完毕,一般需几十微秒时间。如 122 mm 榴弹为 60 μs,20 mm 榴弹为 10 μs。

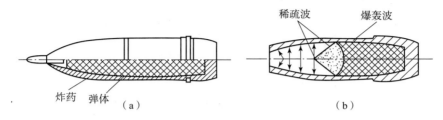

图 3.2 弹丸爆轰过程示意图
(a) 爆炸前;(b) 爆炸过程中

随着爆轰波的传播,弹体承受很大的爆轰产物压力,并开始变形。当变形达到一定程度弹体内部最薄弱处出现裂点,裂点也以一定速度并沿一定路径向内外表面扩延,形成裂纹。裂纹继续扩展,并彼此相交使弹体破裂形成破片。

由于弹体在膨胀过程中获得了很高的变形速度,因此弹体所形成的破片速度很高。此后破片飞散时,在爆轰产物压力的作用下还略有加速。但破片受到的空气阻力作用很快和爆轰产物的作用力相互平衡,这时破片速度达最大值,称为破片初速。破片初速一般在 600~1 500 m/s 范围内,而达到初速的位置一般距爆炸中心 2~3 倍口径。如 122 mm 钢质榴弹,破片初速约为 1 080 m/s,其相应位置距爆炸中心为 250~300 mm。

为使破片型战斗部对目标具有最佳的毁伤效应,人们总是希望预先得知破片的总数、质量分布、空间分布和速度特性。对于非控破片战斗部,通过选择装药与金属壳体质量比、壳体材料及其壁厚,可以在一定程度上预先估算破片数及其质量分布。

对于非控破片战斗部,Mott 和 Linfoot 提出,在爆炸条件下,壳体破裂瞬间形成某一裂纹时壳壁厚单位面积上所要求的能量(比能)W 可近似地表示为

$$W = \frac{1}{114}\rho_0 v_0^2 \frac{l_2^3}{a_f^2} \tag{3.1}$$

式中:ρ_0 为材料质量密度(g/cm³);l_2 为裂纹间的距离(cm);a_f 为壳体破裂瞬间的半径(cm);v_0 为壳体破裂瞬间的膨胀速度(m/s)。

根据碰撞试验结果可知,W 值大致在 14.7~16.8 J/cm²,目前多采用其下限值,即 14.7 J/cm²。于是可得破片宽度

$$l_2 = \left[\frac{114 a_f^2 W}{\rho_0 v_0^2}\right]^{1/3} \tag{3.2}$$

Mott 在后来的研究报告中得出结论,即破片的长宽之比是不变的,就钢而言,大致为 $l_1:l_2=3.5:1$。若令破片宽度为 3,则得破片平均质量

$$\overline{m_f} = l_1 l_2 \delta \rho_0 = 3.5 l_2^2 \delta \rho_0 = 82.2 \frac{\rho_0^{1/3} a_f^{4/3} W^{2/3} \delta}{v_0^{4/3}} \tag{3.3}$$

若以 a_0 和 δ_0 代表弹体在膨胀之前的原始参数,且假定 $a_f = ea_0$,根据壳体体积不变定律可求出 δ,即

$$(a_f + \delta)^{v+1} - a_f^{v+1} = (a_0 + \delta_0)^{v+1} - (a_0)^{v+1} \tag{3.4}$$

忽略 δ 和 δ_0 为的高次小量,有

$$\begin{aligned}\delta &= \delta_0/\varepsilon^2\text{,球形壳体} \\ \delta &= \delta_0/\varepsilon\text{,圆柱形壳体}\end{aligned} \tag{3.5}$$

其中,对钢质壳体:$\varepsilon \approx 1.5 \sim 2$

可见,在战斗部结构和材料确定条件下,若已知壳体破裂瞬间的膨胀速度即破片初速度 v_0,便可由式(3.3)求出破片的平均质量,并最后计算出破片总数

$$N_0 = \frac{M}{\overline{m_f}} \tag{3.6}$$

根据某些研究者实验统计表明,大多数情况下,钢质壳体形成的破片宽度 l_2 比厚度 δ 大 $1 \sim 3$ 倍,破片的长度 l_1 比厚度 δ 大 $3 \sim 7$ 倍。在实际处理时如取平均值,则破片尺寸比为 $l_2:l_1:\delta = 5:2:1$

同样,可以由此求出破片平均质量乃至破片总数。

1. Mott 破片质量/数目分布

Mott 破片分布是基于下面一种形式:

$$N(m_f) = \frac{M}{\overline{m_f}} e^{-(m_f/\mu_i)^{1/i}} \tag{3.7}$$

式中:$N(m_f)$ 为质量大于 m_f 的破片数;M 为战斗部壳体质量;$\overline{m_f}$ 为破片平均质量;i 为维数(1、2 和 3);μ_i 为与破片平均质量有关的量,称 Mott 破碎参数。μ_i 可定义为

$$\mu_i = \frac{\overline{m_f}}{i!} \tag{3.8}$$

研究表明,薄壁壳体以二维方式破碎成破片,厚壁壳体则以二维和三维两种形式破碎成破片。就壳体以二维破裂而论,如果壳体能够确保以二维破裂一直延续到形成极小的破片时为止。那么,Mott 破片质量/数目分布可以表示为

$$N(m_f) = \frac{M}{2\mu} e^{-(m_f/\mu_i)^{1/2}} \tag{3.9}$$

式中：2μ 为破片的算术平均质量。

值得注意的是，$M/2m$ 正是破片总数 N_0，故式（3.9）可写为

$$N(m_f) = N_0 e^{-(m_f/\mu_t)^{1/2}} \tag{3.10}$$

由式（3.10）可见，只要 μ 已知，便可计算出 N_0 和 $N(m_f)$。Mott 给出的比例式为

$$\mu^{1/2} = K\delta_0^{5/6} d_0^{1/3}\left(1 + \frac{\delta_0}{d_0}\right) \tag{3.11}$$

式中：δ_0 为壳体壁厚（cm），d_0 为壳体内径（cm），K 为由炸药决定的常数（$g^{1/2}/cm^{7/6}$），如 $K = 0.145$（TNT），$K = 0.157$（阿马托 50/50）。

在厚壁壳体条件下，需要进行三维分析，有

$$N(m_f) = N e^{-(m_f/\mu')^{1/3}} \tag{3.12}$$

和

$$\mu' = \rho_0 l_2^3 \tag{3.13}$$

图 3.3 和图 3.4 分别示出了由式（3.10）和式（3.12）得出的破片数目随质量变化的若干实例曲线。由于破片收集不全，图线在 $m_f = 0$ 附近不适用。

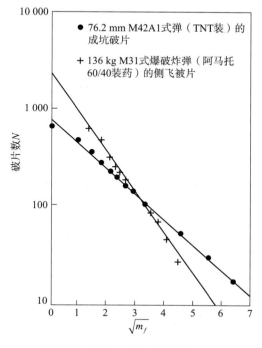

图 3.3 N 随 m_f 的平方根变化曲线

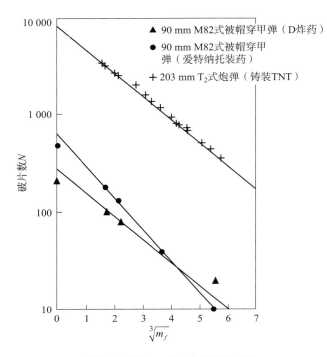

图 3.4　N 随 m_f 的立方根变化曲线

与 Mott 分析类似，Gurney 和 Sarmousakis 给出了适于薄壁壳体的 m 的又一种表达式

$$\mu^{1/2} = A \frac{\delta_0 (d_0 + \delta_0)^{3/2}}{d_0} \sqrt{1 + 0.5 \left(\frac{C}{M}\right)} \qquad (3.14)$$

式中：C/M 是炸药装药与壳体质量之比。

系数 A 对于不同的炸药装药有不同的取值。表 3.1 列出了若干种炸弹和炮弹爆炸装药的 A 值。由美国海军兵器研究所确定的某些铸装和压装炸药的 A 值见表 3.2。

表 3.1　各种爆炸装药的 A 值

弹丸	装药	A 值$/(\mathrm{g \cdot cm^{-3}})^{1/2}$
炮弹	TNT	0.42
炮弹	爱特纳托，潘托莱特，特屈儿，黑索今，B 炸药	0.32
侧向杀伤炸弹	阿马托（50/50 及 60/40）	0.22
侧向杀伤炸弹	爱特纳托，托尔佩克斯，黑索今	0.15

表 3.2　各种铸装和压装炸药的 A 值

炸药（铸装）	A 值/(g·cm^{-3})$^{1/2}$	炸药（压装）	A 值/(g·cm^{-3})$^{1/2}$
巴拉托	0.63	BTNEN/蜡（90/10）	0.23
B 炸药	0.53	BRNEU/蜡（90/10）	0.27
塞克洛托（75/75）	0.25	A-3 炸药	0.28
H-6	0.33	MOX-2B	0.69
HBX-1	0.32	潘托莱特（50/50）	0.31
HBX-3	0.41	RDX/蜡（95/5）	0.27
潘托莱特（50/50）	0.31	RDX/蜡（85/15）	0.30
PTX-1	0.28	特屈儿	0.35
PTX-2	0.29	TNT	0.52
TNT	0.40		

多层壁壳体的使用，开创了一种使非控破片战斗部产生更多破片的新方法。将多个圆筒压配成圆柱形壳体，壳体总厚度由所包含的层数等分，采用不同的装药质量与壳体金属质量比，通过实爆试验发现，生成的破片数与层数直接成正比。就此而论，根据 Mott 非控破片质量分布方程式，有

$$N(m_f) = nN_0 e^{-(nm_f/\mu_i)^{1/2}} \tag{3.15}$$

式中：n 为壳体层数；N_0 为单层壳体形成的破片总数。

试验表明，多层壁战斗部每层壳体相邻的破片在空中皆能分离，并无粘连现象。但是，随着层数的增多，破片将退化成小薄片。

2. Payman 破片质量分布

Payman 提出一个简单的破片质量分布式：

$$\log P = -cm_f \tag{3.16}$$

式中：P 为质量大于或等于 m_f 的破片百分数；c 为 Payman 破碎参数。

基于 Payman 分析，需要得出一个与 c 和壳体尺寸有关的关系式。Shepherd 建议，Payman 破碎参数与壳体壁厚有关，即

$$1/c \propto \delta^2 \tag{3.17}$$

或

$$-\log c = A + B\log\delta_0 \tag{3.18}$$

对炮弹钢壳体，装填 TNT 炸药时，式（3.18）改写为

$$-\log c = 0.98 + 2.53\log\delta_0 \tag{3.19}$$

显然 μc 为常数，所以 Mott 破碎参数也可表示为

$$\log\mu = (A + A') + B\log\delta_0 \tag{3.20}$$

试验表明，对淬火的 CS1050 钢，$-\log c = -1.4 + 2.8\log\delta_0$。

综上所述，Payman 分析表明，"细晶粒"破碎时，Payman 参数 c 值大；"粗晶粒"破碎时，Payman 参数 c 值小，而 Mott 分布则刚好相反。

3. Held 破片质量分布

Held 公式不仅适用于描述装填各种不同高能炸药的战斗部形成的非控破片的质量分布，还适用于靶板背面甚至多层靶后面产生的二次破片。其方程为

$$M_f(N) = M_0(1 - e^{-BN^\lambda}) \tag{3.21}$$

式中：M_f 为 N 个破片的总质量，称为累积破片质量；M_0 为所有破片的总质量；B 和 λ 为试验常数。

为确定常数 B 和 λ，将式（3.21）分离指数项，得

$$\frac{M_0 - M_f(N)}{M_0} = e^{-BN^\lambda} \tag{3.22}$$

对式（3.22）取对数可得

$$\ln\frac{M_0 - M_f(N)}{M_0} = -BN^\lambda \tag{3.23}$$

再对式（3.23）取对数，可得

$$\log\left(-\ln\frac{M_0 - M_f(N)}{M_0}\right) = \log\left(\ln\frac{M_0}{M_0 - M_f(N)}\right) = \log B + \lambda\log N \tag{3.24}$$

由式（3.24）可见，若令 $N=1$，或 $\log N = 0$，则 $\log B$ 可直接从以 $\log N$ 为横坐标，$\log\left(-\ln\frac{M_0 + M_f(N)}{M_0}\right)$ 为纵坐标的纵轴上给出，如图 3.5 所示，指数 λ 可由该图中直线的斜率确定。其中 $M_f(N)$ 必须结合累积破片数计算，并首先从最大的破片数 N 算起。

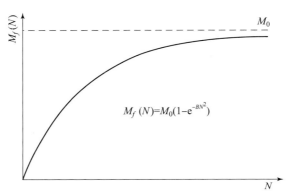

图 3.5 式（3.21）的曲线描述

将式（3.21）对 N 取微分，可得第 N 个破片的质量

$$m_f = \frac{\mathrm{d}M_f(N)}{\mathrm{d}N} = M_0 BN\lambda^{\lambda-1} \mathrm{e}^{-BN^\lambda} \qquad (3.25)$$

为确定最佳累积破片质量 M_{0B}，式（3.21）可改写成

$$M_{0B} = \frac{M_f(N)}{1 - \mathrm{e}^{-BN^\lambda}} \qquad (3.26)$$

表 3.3 列出了几种高能炸药弹通过回收破片统计计算出的 M_{0B} 和 B、λ 值。

表 3.3　几种弹丸的 M_{0B}、B、λ 值

弹丸/mm	M_{0B}/g	B	λ
30	288.6（M_0）	0.511	0.731 8
35	386	0.018 2	0.794 5
	390	0.019 8	0.752 6
	394	0.022 6	0.712 8

表 3.4 列出了反舰多 P 战斗部各部位形成的几种破片质量分布参数。其中 P 代表爆炸成型弹丸（P 弹）；H 表示结构壳体形成的破片；S 表示靶板产生的二次破片；T 表示所有三种破片的总和。

表 3.4　反舰多 P 战斗部的 M_{0B}、B、λ 值

破片类型	M_{0B}/g	B	λ
P	683	0.268 2	0.639 1
	685	0.261 3	0.527 0
H	566	0.123 4	0.619 9
	578	0.192 2	0.479 7
S	293	0.110 3	0.635 7
	340	0.101 0	0.508 7
T	1 542	0.072 6	0.622 4
	1 590	0.148 4	0.447 7

4. Weibull 破片分布函数

Weibull 分布可适用解决各种各样的技术问题。当破片按质量统计时，其分布函数可表示为

$$\Phi(m_f) = M_f(<m_f)/M \qquad (3.27)$$

按破片数目统计时，分布函数为

$$F(m_f) = N(<m_f)/N_0 \tag{3.28}$$

于是,破片质量和数量的概率密度的表达式分别为

$$\varphi(m_f) = \frac{\mathrm{d}\Phi(m_f)}{\mathrm{d}(m_f)} = \frac{m_f}{M} \tag{3.29}$$

$$f(m_f) = \frac{\mathrm{d}F(m_f)}{\mathrm{d}(m_f)} = \frac{1}{N_0} \tag{3.30}$$

大量试验统计表明,当 $0 \leqslant m_f \leqslant \infty$ 时,破片质量分布函数遵循下列形式:

$$\Phi(m_f) = 1 - \mathrm{e}^{-(m_f/m_*)^n} \tag{3.31}$$

式中:m_* 为破片分布的特性质量;n 为壳体破碎性指数。

将式(3.31)对 m_f 求导数,则得质量概率密度为

$$\varphi(m_f) = \frac{n}{m_*}\left(\frac{m_f}{m_*}\right)^{n-1}\mathrm{e}^{-(m_f/m_*)^n} \tag{3.32}$$

式(3.32)表明,当 $n=1$ 时,$\varphi(m_f)$ 为指数形式;当 $n>1$ 时,为单一分布模式;当 $n<1$ 时,破片分布对称于纵轴。

由式(3.28)和式(3.30),破片数概率密度可表示为

$$f(m_f) = \frac{M}{N_0 m_f}\varphi(m_f) \tag{3.33}$$

则

$$F(m_f) = \frac{N(<m_f)}{N_0} = \int f(m_f)\mathrm{d}m_f \tag{3.34}$$

显然,对于已知的 M、m_* 和 n,可最后得到破片总数 N_0,即

$$N_0 = \int \frac{M}{m_f}\varphi(m_f)\mathrm{d}m_f = \int_0^\infty \frac{M}{m_f}\frac{n}{m_*}\left(\frac{m_f}{m_*}\right)^{n-1}\mathrm{e}^{-(m_f/m_*)^n}\mathrm{d}m_f \tag{3.35}$$

若设 $\chi = (m_f/m_*)^n$,$\alpha = 1 - 1/n$,则

$$N_0 = \frac{M}{m_*}\int_0^\infty \chi^{\alpha-1}\mathrm{e}^{\chi}\mathrm{d}\chi \tag{3.36}$$

由式(3.36)可见,N_0 值可用 Γ 函数表示为

$$N_0 = \frac{M}{m_*}\Gamma(\alpha) = \frac{M}{m_*}\Gamma\left(1 - \frac{1}{n}\right) \tag{3.37}$$

显然,当 $n>1$ 时,可用式(3.37)最终求得 N_0 值;当 $n=1$ 时,则 $N_0 = \infty$。

将式(3.32)代入式(3.33),可得

$$f(m_f) = \frac{M}{N_0}\frac{n}{m_*^2}\left(\frac{m_f}{m_*}\right)^{n-2}\mathrm{e}^{-(m_f/m_*)^n} \tag{3.38}$$

显然,当 $n=2$ 时,$f(m_f)$ 为指数形式;当 $n>2$ 时,$f(m_f)$ 为单一分布模

式；当 $n < 2$ 时，$f(m_f)$ 对纵轴具有对称性。

同样，当 M、m_* 和 n 为已知时，可得破片质量的数学期望值为

$$\langle M_f \rangle = \int_0^\infty m_f f(m_f) \mathrm{d}m_f = \frac{M}{N_0} \int_0^\infty \mathrm{e}^{-\chi} \mathrm{d}\chi = \frac{M}{N_0} \Gamma(1) \quad (3.39)$$

或

$$\langle M_f \rangle = \frac{m_*}{\Gamma(1 - 1/n)} \quad (3.40)$$

由式（3.40）可见，当 $n > 1$ 时，可对应求得 $<M_f>/m_*$ 的比值，如 $n = 2$ 时，$m_* / <M_f> = \sqrt{\pi}$。

破片数分布函数 $F(m_f)$ 也可用不完善的 Γ 函数求得，即

$$F(m_f) = \int_0^{m_f} f(m_f) \mathrm{d}m_f = \frac{1}{\Gamma(1 - 1/n)} \int_0^{m_f} \chi^{\alpha-1} \mathrm{e}^{-\chi} \mathrm{d}\chi = \Gamma[(1 - 1/n), m_f] \quad (3.41)$$

于是，可求得某给定质量区间 $m_{f1} \sim m_{f2}$ 的破片数目：

$$N_{1-2} = N_0 = [F(m_{f2}) - F(m_{f1})] \quad (3.42)$$

实验研究表明，破片质量微分分布规律对于较脆性钢圆柱形壳体且受很强加载（$\rho_e D_e^2 \geq 80 \text{ GPa}$）条件下，可满意地描述破片分布图谱。

3.2.2 破片初速分布

关于破片初速计算，有相当多的研究文献可供参考，按对弹体运动变形的假定情形不同，选择其中典型研究成果予以简要介绍。由于理论研究都需要一定的前提假设，与实际情况总存在或大或小的误差，如果有实测数据，应以其为准。

3.2.2.1 弹体不可压缩流体模型

指不考虑破片形成过程中的弹体强度和可压缩性，将其运动和变形视为流体流动过程，爆轰产物膨胀做功只是用于克服弹体的运动惯性。

1. 数值计算

图 3.6 所示为弹丸装药爆轰过程视为轴对称起爆，不考虑弹丸口部和尾部及有限长装药的影响。

炸药爆轰结束瞬间为初始时刻，此后爆轰产物做膨胀流动，推动弹体加速运动，直至加速作用消失，此时弹体运动速度即为破片初速。

对爆轰产物，从初始时刻开始，其膨胀流动符合质量守恒定律和动量守恒

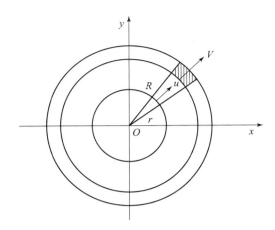

图 3.6 爆轰产物与破片速度示意图

定律，但其能量要消耗一部分予弹体加速。因此在流场内部，质量守恒方程和动量方程分别为

$$\frac{d\rho_g}{dt} + \rho_g \frac{\partial u_g}{\partial r} + \frac{\rho_g u_g}{r} = 0 \tag{3.43}$$

$$\frac{du_g}{dt} + \frac{1}{\rho_g} \frac{\partial p_g}{\partial r} = 0 \tag{3.44}$$

式中：下标"g"表示为爆轰产物状态参量。

式（3.43）和式（3.44）中共有 3 个未知量，还需补充爆轰产物气体状态方程。

一般认为爆轰产物仍然属于 $\gamma = 3$ 的等熵流动，则有能量方程

$$p_g \rho_g^{-3} = f(T_g) \tag{3.45}$$

和

$$p_g = p_H \left(\frac{\rho_g}{\rho_H}\right)^{\frac{1}{3}} \tag{3.46}$$

式中：T_g 为气体温度。

对弹体，根据牛顿第二定律有

$$\begin{cases} m_p \dfrac{dV_p}{dt} = 2\pi R p_R \\ V_p = \dfrac{dR}{dt} \end{cases} \tag{3.47}$$

式中：m_p 为轴向单位长度上的弹体质量（kg/m）。

弹体与爆轰产物作用和运动的耦合条件为

$$\begin{cases} p_g(r = R) = p_R \\ u_g(r = R) = V_p \end{cases} \quad (3.48)$$

初始条件为

$$\begin{cases} r(t = 0) = r_0, V_p(t = 0) = 0 \\ p_g(t = 0) = p_H = (3 - 2\sqrt{2})\rho_0 D_r^2 \\ \rho_g(t = 0) = \dfrac{3}{2}\rho_0, u_g(t = 0) = (\sqrt{2} - 1)D_r \end{cases} \quad (3.49)$$

式中：ρ_0 为炸药密度；D_r 为炸药爆速。

利用差分原理，在初始条件式（3.49）下，联解式（3.43）～式（3.48），可以通过数值计算求解破片初速，计算截至点为初速相对增量小于给定误差。

2. 爆轰产物状态均布条件下的解析计算

假设爆轰产物内部状态参量均匀分布，且符合理想气体绝热流动条件，即

$$pW^k = p_H W_H^k \quad (3.50)$$

式中：p 为爆轰产物膨胀至某时刻的体积；W 为该时刻爆轰产物膨胀的体积；k 为多方指数（取 $k = 3$）；下标 "H" 表示炸药全部爆轰完毕瞬间。

考察单位长度的炸药和弹体，则

$$p = p_H \left(\dfrac{r_0}{r}\right)^{2k} \quad (3.51)$$

式中：r_0 为弹体内腔半径即爆炸完成瞬间爆轰产物外界面半径。

将弹体视为不可压缩流体，设单位长度弹体质量为 m_t，而任意时刻，单位长度弹体所受爆轰产物压力为

$$F = 2\pi r p$$

根据牛顿第二定律，有

$$m_t \dfrac{\mathrm{d}V_p}{\mathrm{d}t} = 2\pi r p$$

令任意时刻膨胀比为

$$\eta = \dfrac{r}{r_0}$$

将上式代入式（3.51），可得

$$\dfrac{\mathrm{d}V_p}{\mathrm{d}t} = \dfrac{2\pi p_H r_0}{m_t}$$

由于

$$\frac{\mathrm{d}V_p}{\mathrm{d}t} = V_p \frac{\mathrm{d}V_p}{\mathrm{d}r} = \frac{V_p}{r_0} \frac{\mathrm{d}V_p}{\mathrm{d}\eta}$$

则

$$V_p \mathrm{d}V_p = \frac{2\pi p_H r_0^2}{m_t} \eta^{1-2k} \mathrm{d}\eta \tag{3.52}$$

考虑到

$$V_p(\eta = 1) = 0$$

对式（3.52）积分，可得

$$V_p^2 = \frac{2\pi p_H r_0^2}{(k-1)m_t}(1 - \eta^{2-2k}) \tag{3.53}$$

将 $k = 3$，$p_H = 2\rho_0 E_\omega$ 代入式（3.53），可得

$$V_p = \sqrt{\frac{\pi \rho_0 r_0^2}{m_t}} \cdot \sqrt{2E_\omega} \cdot (1 - \eta^{-4})^{\frac{1}{2}}$$

单位长度炸药质量为

$$m_\omega = \pi \rho_0 r_0^2$$

令弹丸炸药装填系数为

$$\alpha = \frac{m_\omega}{m_t + m_\omega} \tag{3.54}$$

考虑到破片初速形成之时，弹体半径在 2～3 倍口径之间，即 η 一般都为 4～6，故有 $\eta^{-4} \ll 1$，则

$$V_p = \sqrt{2E_\omega} \sqrt{\frac{\alpha}{1-\alpha}} \tag{3.55}$$

3. 爆轰产物状态轴对称起爆条件下的解析计算

根据上述轴对称起爆问题研究结果，假定在爆轰结束后，其内爆轰产物状态仍然具有线性自模拟性质，且按 $\gamma = 3$ 做等熵膨胀。

若某时刻 t_g 爆轰产物与弹体的分界面上的产物位置为 r_g，状态分别为密度 ρ_g、压力 p_g，破片速度为 V_p，则

$$\frac{m_s}{h} \frac{\mathrm{d}V_p}{\mathrm{d}t} = 2\pi r_g p_g \tag{a}$$

和

$$\frac{p_g}{p_H} = \left(\frac{\rho_g}{\rho_H}\right)^3 \tag{b}$$

式中：h 为所考察弹体长度；m_s 为弹体质量。

按轴对称起爆问题研究结果，爆轰产物总质量为

第3章 爆炸破片场计算

$$m_g = \frac{2\pi}{3}\rho_g h r_g^2$$

炸药总质量为 $\pi\rho_0 h r_0^2$，其中：ρ_0 为炸药初始密度；r_0 为弹体初始内径。则根据质量守恒规律，有

$$\rho_g r_g^2 = \frac{3}{2}\rho_0 r_0^2 \tag{c}$$

将式（c）代入式（b）得

$$\frac{p_g}{p_H} = \left(\frac{\rho_g}{\rho_H}\right)^3 = \frac{27}{8}\left(\frac{\rho_0}{\rho_H}\right)^3 \left(\frac{r_g}{r_0}\right)^{-6} \tag{d}$$

将式（d）代入式（a）得

$$\frac{m_s}{h}\frac{dV_p}{dt} = \frac{27\pi}{4} \cdot p_H \cdot \left(\frac{\rho_0}{\rho_H}\right)^3 \cdot r_g \left(\frac{r_g}{r_0}\right)^{-6} \tag{e}$$

考虑到有 $\dfrac{dV_p}{dt} = V_p \dfrac{dV_p}{dr_g}$，则

$$V_p dV_p = \frac{27\pi}{4}\frac{h}{m_s}p_H \cdot \left(\frac{\rho_0}{\rho_H}\right)^3 \cdot r_g \left(\frac{r_g}{r_0}\right)^{-6} dr_g$$

$$= \frac{27\pi}{4}\frac{h}{m_s} \cdot p_H r_0^2 \left(\frac{r_g}{r_0}\right)^{-5} d\left(\frac{r_g}{r_0}\right) \tag{f}$$

对式（f）积分可得

$$V_p^2 = \frac{27\pi}{8}\frac{h}{m_s}p_H r_0^2 \left(\frac{\rho_0}{\rho_H}\right)^3 \left[1 - \left(\frac{r_0}{r_g}\right)^4\right]$$

考虑到 h 长度的炸药质量为 $m_w = \pi r_0^2 h \rho_0$，则

$$V_p^2 = \frac{27}{8}\frac{m_w}{m_s}\frac{p_H}{\rho_0}\left(\frac{\rho_0}{\rho_H}\right)^3 \left[1 - \left(\frac{r_0}{r_g}\right)^4\right] \tag{g}$$

将爆轰波初始参数代入式（g）后可得

$$V_P^2 = \frac{m_w}{m_s}2E_w\left[1 - \left(\frac{r_0}{r_g}\right)^4\right] \tag{g}$$

考虑到破片初速形成时，有 $\left(\dfrac{r_0}{r_g}\right)^4 \ll 1$，故有

$$V_p = \sqrt{\frac{\alpha}{1-\alpha}} \cdot \sqrt{2E_w} \tag{3.56}$$

式中：α 为炸药装填系数。

式（3.55）与式（3.56）完全相同，但都是略去弹体膨胀程度影响的结果。上述解析计算过程可以作为方法论参考，但应注意，爆轰产物与弹体的耦合条件只有压力相等，没有质点运动速度相等，之后自然也不能时时相等。纠

结之处在于，两者速度相等则无法解释爆轰完成瞬间爆轰产物分界面气体介质流动速度 u_H 何以能与几乎静止的弹体速度相等，不相等则意味着介质要挤入弹体或发生周向流动，下面的格尼解析法则假设两者相等。

4. 格尼解析计算方法

格尼（Gurney）在推算破片初速时按照能量守恒定律，假设：弹丸装药爆轰瞬间完成；炸药能量全部转换为弹体破片动能和爆轰产物动能；爆轰产物膨胀速度服从线性分布，且不考虑其内能的变化；所有破片初速相等。则由能量守恒定律可知

$$E_y = E_c + E_g$$

式中：$E_y = m_w \cdot E_w$ 为炸药总能量；$E_c = \frac{1}{4} m_w \cdot V_P^2$ 为爆轰产物总动能；$E_g = \frac{1}{2} m_s \cdot V_P^2$ 为弹体破片总动能。

将式（3.54）代入式（3.55）可得

$$V_p = \sqrt{2E_w} \sqrt{\frac{m_w}{m_s + 0.5 m_w}} \quad (3.57)$$

式中：m_w、m_s 分别为炸药与弹体的质量（kg）；E 为单位质量炸药所含能量（J/kg）；$\sqrt{2E}$ 为取决于炸药性能的 Gurney 常数（m/s）。

对于梯恩梯炸药，$\sqrt{2E} = 2439$ m/s；对于其他炸药，可查阅有关资料获得。

将装填系式（3.54）代入式（3.57）后，可得

$$V_p = \sqrt{2E_w} \cdot \sqrt{\frac{\alpha}{1 - 0.5\alpha}} \quad (3.58)$$

从形式上看，式（3.55）、式（3.56）与式（3.58）相同。

国内有人通过研究认为，对于非榴弹（如：破甲弹、引信传爆管等），由于炸药爆炸的能量不能全部作用在弹体上，相当部分的能量要作用在药型罩等零件上，加之弹体形状与榴弹相比更加不规则，因此，不同部位的破片初速计算，应该使用相应的有效装药量代替 m_w，相应部位的壳体质量代替弹体质量 m_s，并对系数 0.5 进行必要的修正，才能保证工程计算的精度。

3.2.2.2 弹体动载响应固体模型

该模型本质上是利用能量守恒原理，但需要同时考虑弹体运动和材料强度作用，即弹体加速和变形所消耗的爆轰产物能量。对于真实战斗部，影响破片初速的因素较多，为了突出主要矛盾并简化问题，做以下 3 点假设：假定爆轰

瞬时完成，对于壳体质量大于装药质量的战斗部来说，相对于爆轰完成的时间，壳体从变形、破裂到破片飞散到达初速所需时间要大得多，近似计算时采用此假设可以接受；不考虑爆轰产物沿装药轴向的飞散；壳体等壁厚，爆炸后形成的所有破片初速相等。

根据能量守恒定律，在上述假设下，球形和圆柱形装药的破片初速可由下式确定：

$$E_c + E_g + E_e + E_M + E_i = E_{H \cdot E} \tag{3.59}$$

式中：E_c 为破片总动能；E_g 为爆轰产物总动能；E_e 为爆轰产物总内能；E_M 为壳体总变形能；E_i 为壳体周围介质（空气、水、土壤）所吸收的总能量；$E_{H \cdot E}$ 为炸药在爆炸过程中释放总能量，可表示为

$$E_{H \cdot E} = m_w Q_v \tag{3.60}$$

式中：m_w 为炸药装药质量（kg）；Q_v 为炸药爆热（J/kg）。

1. 破片总动能 E_c

壳体在爆炸后，形成一系列的破片，以 m_1，m_2，$\cdots$，m_n 代表各破片的质量，对于预制破片战斗部，近似地有各破片质量相等。根据前述破片初速相等的假设，各破片初速均为 V_p。

设战斗部爆炸时被爆轰产物推动的壳体质量为 m_s，有

$$E_c = \frac{1}{2} m_s V_p^2 \tag{3.61}$$

2. 爆轰产物总动能 E_g

球形、圆柱形和平面壳体飞散时，产物动能可用下式表示：

$$E_g = \frac{m_w V_p^2}{\xi} \tag{3.62}$$

式中：ζ 为壳体形状函数。

对于球形壳体，有

$$\xi = \frac{2(2n+3)}{3}$$

对圆柱形壳体，有

$$\zeta = 2n + 2$$

对于平面壳体，有

$$\zeta = 2(2n+1)$$

式中：n 为指数，表示爆轰产物的流动速度沿径向的变化规律。

$$u_g = \varphi(t) r^n$$

式中：u_g 为爆轰产物在离轴心为 r 处的流动速度（m/s）；$\varphi(t)$ 为时间函数。

比较式（3.61）与式（3.62），意味着可以把爆轰产物的动能 E_g 视为以虚拟质量 $\bar{m}_w$ 和破片初速 V_p 运动的动能。

动能 E_g 可表示为

$$E_g = \frac{\bar{m}_w V_p^2}{2} = \frac{\mu}{2} \cdot m_w V_p^2 \qquad (3.63)$$

假设爆轰产物的流动速度 u_g 沿径向分布服从线性关系（$n=1$），则对于球形、圆柱形和平面壳体，爆轰产物的虚拟质量与实际质量之比 μ 分别为 3/5、1/2 和 1/3。

爆轰产物的动能公式为

$$\begin{cases} E_g = \dfrac{3}{10} m_w V_p^2, & \text{球形壳体} \\[4pt] E_g = \dfrac{1}{4} m_w V_p^2, & \text{圆柱形壳体} \\[4pt] E_g = \dfrac{1}{6} m_w V_p^2, & \text{平面壳体} \end{cases} \qquad (3.64)$$

3. 爆轰产物总内能 E_e

总内能 E_e 可表为

$$E_e = m_w \cdot e_e$$

式中：e_e 为爆轰产物单位质量的内能。

$$e_e = \int_0^\infty p \, dv \qquad (3.65)$$

式中：v 为对应于壳体完全破裂时爆轰产物的比热容，可由试验方法确定，也可由壳体在爆轰产物作用下飞散过程的数值计算方法确定。

在爆轰产物膨胀过程中，比热容为 $v \propto \infty$ 时，可以有不同形式的等熵方程。近似采用 $p = A\rho^\gamma$，并假设多方指数 γ 为常数，则爆轰产物的比能为

$$e_e = \int_0^\infty A v^{-\gamma} dv = \frac{pv}{\gamma - 1} \qquad (3.66)$$

爆轰产物的总内能为

$$E_e = \frac{m_w p}{\rho(\gamma - 1)} \qquad (3.67)$$

式中：p、ρ、γ 为在爆轰产物膨胀过程中的实际变量。

对应于壳体获得最大飞散速度瞬间的压力和密度 ρ 可由相应的公式近似地

确定,以圆柱形壳体为例,可采用下式计算,即

$$\begin{cases} \dfrac{\overline{p}_m}{p} = \left(\dfrac{r_0}{r}\right)^{2\gamma_1} \\ \dfrac{\rho_0}{\rho} = \left(\dfrac{r}{r_0}\right)^2 \end{cases} \quad (3.68)$$

式中:$\overline{p}_m = \dfrac{\rho_0 D^2}{8}$ 为瞬时爆轰的平均压力;γ_1 为爆轰过程中产物多方指数。

4. 壳体总变形能 E_M

材料在静载荷下受力超过屈服极限后所吸收的变形功,以图 3.7 中应力 - 应变曲线下的面积 $OABD$ 表示。战斗部壳体承受的爆炸载荷,特点是载荷幅度高、时间短、应变率高,因此可不考虑弹性变形的影响,而直接用单位体积金属破坏能 A_p 来计算。

壳体的总变形能为

$$E_M = \dfrac{m_s}{\rho_s} \int_0^{\varepsilon_k} \sigma_i \mathrm{d}\varepsilon_i = \dfrac{m_s}{\rho_s} A_{p.g} \quad (3.69)$$

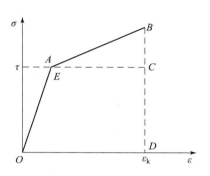

图 3.7 应力 - 应变曲线

式中:σ_i 为应力;ε_i 为应变;ε_K 为壳体破裂时的应变量;m_s 为壳体金属质量;ρ_s 为壳体材料的密度;A_p 为单位体积金属的破坏能($A_{p.g}$ 为动态破坏能,$A_{p.c}$ 为静态破坏能)。

常用金属材料动载荷和静载荷下的破坏应变和破坏能,如表 3.5 所示。

表 3.5 常用金属材料动载荷和静载荷下的破坏应变和破坏能

材料	$A_{p.c}/(\mathrm{J\cdot m^{-3}})$	$A_{p.g}/(\mathrm{J\cdot m^{-3}})$	$\varepsilon_{p.c}$	$\varepsilon_{p.g}$	$K = \dfrac{A_{p.g}}{A_{p.c}}$
黄铜	$1\,079.0 \times 10^7$	$2\,286 \times 10^7$	0.255	0.537	2.10
铜	117.7×10^7	$1\,471 \times 10^7$	0.045	0.563	12.50
不锈钢	$2\,766.0 \times 10^7$	$2\,698 \times 10^7$	0.455	0.445	0.98
钛	549.4×10^7	$1\,923 \times 10^7$	0.106	0.368	3.50
铝	21.6×10^7	667×10^7	0.016	0.500	31.00
软钢	588.6×10^7	$1\,962 \times 10^7$	0.169	0.560	3.30
铝合金	559.2×10^7	932×10^7	0.152	0.254	1.67

5. 壳体周围介质吸收的能量 E_i

在介质中传播的冲击波波阵面的最大速度可认为等于壳体的最大速度。由

气体动力学动量方程可知,介质反作用于壳体外表面的压力为

$$p = \rho_c V_p D(u) \tag{3.70}$$

式中:ρ_c 为介质的初始密度;$D(u)$ 为介质中的冲击波速度,可由壳体速度 V_p 来确定。

一般可认为,作用于壳体上的压力 p 是常数,则传给介质的能量等于壳体膨胀时用来克服介质阻力所做的功。

对于各种形状的壳体,E_i 的表达式为

$$E_i = p \cdot W_p \left[\left(\frac{R}{R_0} \right)^N - 1 \right] \tag{3.71}$$

式中:R_0 为壳体的初始外半径,W_p 为壳体获得最大速度 V_p 时的体积;R 为壳体获得最大速度 V_p 时的外半径;N 为与壳体形状有关的系数。

若壳体为圆柱形,且周围空气介质为理想气体,壳体膨胀在空气中产生冲击波为

$$D(u) = \frac{V_p(k+1)}{2}, N = 2 \tag{3.72}$$

将式(3.72)代入式(3.70)和式(3.71),可得

$$E_i = W \rho_c V_p^2 \frac{(k+1)}{2} \left[\left(\frac{R}{R_0} \right)^2 - 1 \right]$$

将 E_c、E_g、E_e、E_M、E_i、$E_{H \cdot E}$ 表达式代入式(3.59),可得

$$\frac{m_s V_p^2}{2} + \frac{m_\omega V_p^2}{\xi} + \frac{m_\omega p}{\rho(\gamma-1)} + \frac{m_s A_p}{\rho_s} + \frac{W \rho_c V_p^2 (k+1) \left[\left(\frac{R}{R_0} \right)^2 - 1 \right]}{2} = m_\omega Q_v \tag{3.73}$$

根据前述介绍,破片初速形成时,R 与 R_0 的比值在 4~6。由此计算,弹丸装药爆炸传给周围介质的能量 E_i 一般约占总能量 1% 以下,可以忽略不计,则得

$$\begin{cases} \dfrac{m_s V_p^2}{2} + \dfrac{m_w V_p^2}{\xi} + \dfrac{m_w p}{\rho(\gamma-1)} + \dfrac{m_s A_p}{\rho_s} = m_w Q_v \\ \dfrac{m_s V_p^2}{2 m_w} + \dfrac{V_p^2}{\xi} + \dfrac{p}{\rho(\gamma-1)} + \dfrac{m_s A_p}{m_w \rho_s} = Q_v \\ \left(\dfrac{1}{\xi} + \dfrac{m_s}{m_w} \right) V_p^2 = Q_v - \dfrac{m_s A_p}{m_w \rho_s} - \dfrac{p}{\rho(\gamma-1)} \end{cases} \tag{3.74}$$

令 $\beta = \dfrac{m}{m_s}$,则

$$V_p = \sqrt{\left[Q_v - \frac{A_p}{\beta \rho_s} - \frac{p}{\rho(\gamma-1)}\right]\frac{2\beta}{1+2\beta/\xi}} \quad (3.75)$$

上式对于平面装药、球形装药和无限长的圆柱形装药皆可适用。应该指出的是，此公式是以等壁厚壳体为前提的，若壳体的壁厚为变壁厚，则壳体不同部位的破片初速是不等的。另外，此公式未计及爆轰产物沿装药轴向的飞散和壳体破裂时爆轰产物的飞散，未计及爆轰波与壳体的相互作用。因此，对于其他不同情况下的装药，按此公式计算的数值高于某些实测平均速度的数值。

考虑到壳体变形能 E_M 约占总能量的 1%，在许多情况下可忽略不计，此时式（3.75）可简化

$$V_p = \sqrt{(Q_v - E_e)\frac{2\beta}{1+2\beta/\xi}} \quad (3.76)$$

在某些场合，用炸药爆速 D 表示破片初速更为方便。对理想气体混合物来说，爆速 D 与爆热 Q_v 有以下关系：

$$D = \sqrt{2(\gamma^2-1)Q_v} \quad (3.77)$$

应该注意的是，式（3.77）应用于凝聚相炸药时存在一定误差。试验表明，对于装药密度 $\rho_0 = (1.6 \sim 1.8)$ g/cm³，用 $\gamma = 3$（此时 $D = 4\sqrt{Q_v}$）计算得到的爆速 D 比实测要高 10%~15%。有学者建议采用公式 $\sqrt{Q_v - E_e} = \frac{D}{4}$ 更为符合实际。将此式代入式（3.76），可得

$$V_p = \frac{D}{2}\sqrt{\frac{\beta}{2(1+2\beta/\xi)}} \quad (3.78)$$

上述理论推导，都以一定假设为前提，计算结果与实测值相比，总存在不同程度的误差。有学者根据理论分析，结合实测数据进行拟合，得到此半经验公式或经验公式，也都有一定的适用范围，不可不加前提地直接引用。如果对已知弹药进行威力校核或安全防护设计则应尽可能使用破片初速实测数据。

3.2.3 破片空间分布

破片飞散是战斗部、各种炮弹和炸弹爆炸后伴生的一种重要现象，破片在空间的分布是确定破片杀伤作用场的重要参数之一。

若战斗部在整个装药的各个点上同时起爆，即在瞬时爆轰条件下，每一片破片均沿其壳体初始位置的法线方向抛射出去。但实际上起爆点的数目是有限的，装药也不可能达到瞬时爆轰的程度，况且壳体破裂形成破片之前要产生膨胀变形，故每一破片在抛出时都会偏离该法线方向。一般在破片形式战斗部条件下，通常假定破片飞散是绕战斗部纵轴呈对称分布的方式。除非起爆点极不

对称，或弹体内配有预先交错刻槽的非对称性壳体，致使爆轰波冲击近侧和远侧壳体的角度大不相同，才会导致破片飞散形式不同。

轴对称形战斗部破片飞散形式主要分静态和动态两种飞散形式。前者是指战斗部在静止状态爆炸条件下产生的破片飞散形式；后者是指战斗部在运动状态爆炸条件下产生的破片飞散形式。各种不同形状战斗部静态爆炸时破片飞散形式，如图 3.8 所示。

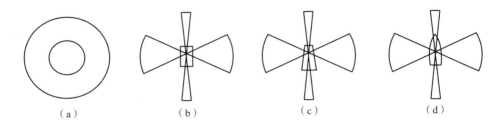

图 3.8　破片飞散形式
（a）球形；（b）圆柱形；（c）锥形；（d）圆弧形

Gurney 方程求破片初速时，假设的是金属的运动方向垂直壳体表面，这种情况只有在爆轰波垂直入射到壳体内表面时才是真实的。当爆轰波从壳体内表面掠射时，则必须用 Taylor 角近似，如图 3.9 所示。

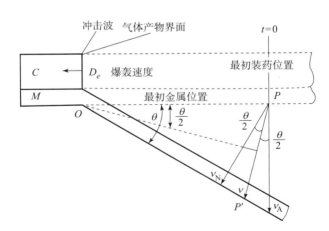

图 3.9　炸药爆轰对金属板的抛射

当爆轰波从平板表面掠射时，平板偏 θ 角。假设在稳态条件下，平板自初始位置瞬时加速到最终速度，且金属板经历了纯粹的旋转运动，在长度和厚度方面没有发生变化或产生剪切流动。

这样，原来 P 点的板微元在抛射后将到达 P' 点，长度 $OP = OP'$。从 O 点引线垂直 $\overline{PP'}$，由于 OPP' 是等腰三角形，所以这条线是角平分线，平分角 θ。如果自 P 到 O 点爆轰波扫过的时间为 t，则

$$\overline{OP} = D_e t$$

$$\overline{PP'} = vt$$

以及

$$\sin\frac{\theta}{2} = \frac{\overline{PP'}/2}{\overline{OP}} = \frac{v}{2D_e} \qquad (3.79)$$

式（3.79）是有名的 Taylor 角关系式，由此可见，金属板微元飞散方向与其表面法线之夹角 $\theta/2$ 可由此式确定。其中 v 为金属板飞散速度，可由 Gurney 方程求得；D_e 为炸药爆速，而垂直平板初始位置的速度分量为

$$v_A = D_e \tan\theta$$

则

$$\frac{v}{v_A} = \frac{2D_e \sin(\theta/2)}{D_e \tan\theta} = \frac{\cos\theta}{\cos(\theta/2)}$$

垂直于飞出的金属板表面的速度分量为

$$v_N = D_e \tan\theta$$

或

$$\frac{v}{v_N} = \frac{2D_e \sin(\theta/2)}{D_e \sin\theta} = \sec\left(\frac{\theta}{2}\right)$$

实际上 v、v_N 和 v_A 之间通常只差百分之几，也就是 $v/2D_e$ 的值对许多炸药而言是近似相同的，所以，θ 值近乎等于常数。如果被驱动的金属板的质量是一定的，那么随着炸药爆速的增加，金属板的速度也将随着增加，所以 $v/2D_e$ 约等于常数。

3.2.4 Shapiro 公式

Taylor 理论中包含了可供预测静态破片飞散特性使用的基本思想。Shapiro 则将其具体加以应用。按着 Shapiro 假设，战斗部是由许多圆环连续排列制成的；换言之，炮弹或战斗部壳体由圆环叠加而成，诸环的中心均处在弹体的对称轴上。尽管此假设与实际壳体并非一致，但在作近似计算时仍具有足够的精度。

根据 Shapiro 理论，爆轰波是由传爆药或传爆雷管出发，以球形波阵面的形式向外传播。同时令战斗部壳体的法线与弹体对称轴构成夹角 ϕ_1，爆轰波阵面法线与弹体对称轴构成夹角 ϕ_2，破片速度矢量偏离壳体法线的偏角为 θ_s。如图 3.10 所示。

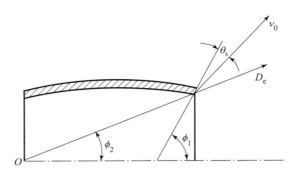

图 3.10　估算破片束飞散角的诸要素

现取壳体上某一微元环 AB 来研究，如图 3.11 所示。爆轰波由战斗部左端向右端运动，在 Δt 时间内，作用在 AB 壳体上的爆轰波方向不变。这时，爆轰波阵面由 $A-A'$ 运动到 $B-B'$，行进的距离为 $D_e \Delta t$；A 点壳体向外膨胀速度由 0 增至 v_0；壳体 AB 转过 θ 角，其长度和厚度均没有变化。

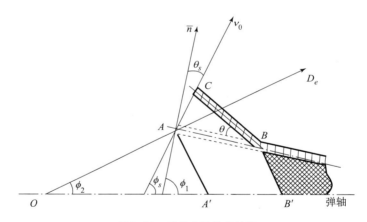

图 3.11　破片束飞散角计算

在等腰三角形 ABC 中，根据正弦定理可得

$$\frac{\overline{AC}}{\sin\theta} = \frac{\overline{AB}}{\sin(\pi/2 - \theta/2)} = 2\sin\frac{\theta}{2}$$

或

$$\frac{\overline{AC}}{\overline{AB}} = \frac{\sin\theta}{\sin(\pi/2 - \theta/2)} = 2\sin\frac{\theta}{2} \quad (3.80)$$

应用 Taylor 假设，AB 微元加速到最终速度是瞬时的，则

$$\overline{AC} = v_0 \Delta t$$

$$\overline{AB} = \frac{D_e \Delta t}{\cos(\pi/2 - \phi_1 + \phi_2)}$$

将 $\overline{AC}$、$\overline{AB}$ 表达式代入式（3.80），可得

$$\sin\frac{\theta}{2} = \frac{v_0}{2D_e}\cos(\pi/2 - \phi_1 + \phi_2) \tag{3.81}$$

由图 3.11 可知，$\theta_s = \theta/2$；又当 θ_s 很小时，$\tan\theta_s \approx \sin\theta_s$，所以式（3.81）可写成

$$\tan\theta_s = \frac{v_0}{2D_e}\cos(\pi/2 - \phi_1 + \phi_2) \tag{3.82}$$

式中：θ_s 为破片偏转角；v_0 为破片初速。

式（3.82）即有名的 Shapiro 公式，由此可见，对于一定结构的战斗部壳体，破片飞散方向与起爆位置和爆轰波传播方向有关。

若战斗部壳体为圆柱形，这时壳体法线方向与弹轴构成的夹角 $\phi_1 = 90°$，同时考虑 AB 微元从 0 加速到 v_0 需要一段时间 Δt，则

$$\overline{AC} = \frac{1}{2}v_0\Delta t$$

于是式（3.82）则变成

$$\tan\theta_s = \frac{v_0}{4D_e}\cos(\phi_2)$$

由静态爆炸破片飞散形式可以推导出动态条件下破片偏转角和破片分布密度，若战斗部在空中的运动速度为 v_m，该矢量与战斗部轴线之夹角为 α，α 称为攻角，破片在静态和动态爆炸条件下的飞散方向与弹轴之夹角分别为 ϕ_s 和 ϕ_d，如图 3.12 所示。

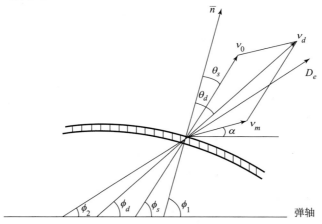

图 3.12　动态爆炸时破片束的飞散

由图 3.12 可知，ϕ_s 和 ϕ_d 之间的关系为

$$\cos\phi_d = \frac{v_0\cos\phi_s + v_m\cos\alpha}{v_0\sin\phi_s + v_m\sin\alpha} \qquad (3.83)$$

而动态条件下的破片速度为

$$v_d^2 = v_0^2 + v_m^2 - 2v_0v_m\cos(\phi_s - \alpha)$$

当 $\alpha = 0°$ 时，有

$$\cot\phi_d = \cot\phi_s + \frac{v_m}{v_0}\csc\phi_s$$

$$v_d^2 = v_0^2 + v_m^2 - 2v_0v_m\cos\phi_s$$

3.2.5 测量方法与数据处理

破片自弹丸或战斗部飞散出来时的角度分布，不仅可以将壳体划分成若干微元按理论方法计算出来，还可通过试验结果确定。在战斗部周围不同距离上围成靶板，战斗部爆炸后，求出靶板每个单位面积上命中的破片数，便可得到破片数相对于弹轴的夹角分布密度。如图 3.13 所示。

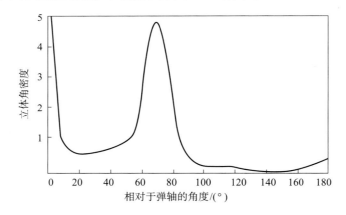

图 3.13 破片角度分布典型曲线

目前，国际上已经有了一些经过改进并予以标准化的新方法，同时用来测量破片的质量分布和空间分布。

就破片回收而言，假设战斗部爆炸后形成的破片沿四周呈均匀分布。因此，在某一个扇面内回收的破片可以认为能代表整个分布情况。战斗部通常呈水平状态放在试验场内，在试验场内适当位置上安放回收箱、测速靶、供确定速度和质量相关性的速度回收箱、防跳挡板等。战斗部必须支撑在完全水平的位置上，其水平放置高度应使纵轴与回收箱中心平齐。

回收箱用来完整无损地俘获破片试样，并据此确定破片的空间分布和质量分

布。回收箱系木质，其中可容纳足够尺寸的合成纤维板或其他合适的回收介质板若干块。回收箱敞口一侧朝向战斗部，以便破片直接打击纤维板。用电子金属探测器确定破片在纤维板中的位置，以确定其空间分布。从纤维板中取出破片称重，按质量分组，可确定破片质量分布。英国常使用草纸板回收破片，由于草纸板的密度约为美国纤维板的 2 倍，有可能使破片在回收过程中再次破碎，故不能真实地反映破片的质量分布。至于以往曾利用的封闭沙坑试验，不仅造成破片再次破碎，还不能确定破片相对战斗部的方位，故目前已认为是不完善的和过时的。

防跳挡板用于防止破片触地后跳飞而进入回收箱，挡板可采用如下方法建造：筑成一道土埂，带土墙或不带土墙；安放在土埂上或安装在框架上的钢板；平行木板墙，内装夯实土等。一般只有当破片碰地角度小于 15°时，才要求使用防跳挡板。

破片飞散试验场的典型布局如图 3.14 所示。战斗部周围任意区域内破片

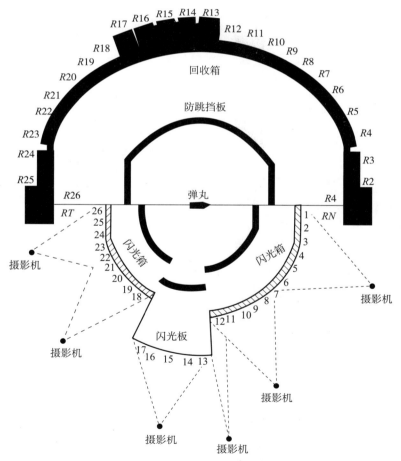

图 3.14　破片飞散试验场的典型布局

的数目，可以根据破片在回收箱中的位置来确定，且可绘制成类似于图 3.15 所示的关系曲线。通过标明有效破片散布扇面的尺寸，即可确定破片的飞散范围。

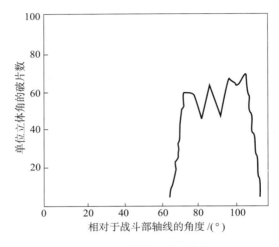

图 3.15　破片空间分布曲线

3.3　破片远场分散计算

3.3.1　远场分散计算方法

在爆炸安全危险分析中，对爆炸产生的破片运动的可靠预测对于估计破片密度和破片致死率等至关重要。当破片获得初速度并脱离爆轰产物气体的作用之后，将在近似静止的空气介质中飞行，将会受到两种力的作用，即重力和气动力，如图 3.16 所示，破片的实时运动速度为 V，设气动力平行于 V 的分量为升力 D，气动力垂直于 V 的分量为升力 L，气动力垂直于升力 L 和阻力 D 形成平面的分量为 S，由于气动力作用点和破片重心不重合，引起的气动力矩为 M。

在重力和气动力的耦合作用下，破片的弹道发生弯曲，且速度不断衰减。由于破片开始飞散时受到中心爆炸的影响，通常会受到初始翻滚力矩的作用，且破片在空气中飞行时随时会受到气动力矩 M，破片不会保持稳定的姿态，处于随机的翻滚过程，如图 3.16 所示。因此，准确预测翻滚状态破片所受到的气动力是预测破片运动的关键步骤。

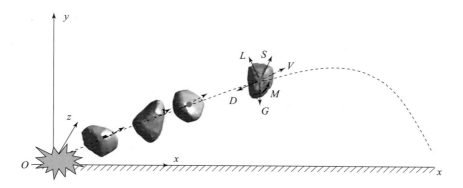

图 3.16　破片飞行受力示意图

表 3.6 总结了可用于爆炸安全碎片危险分析的几种基本的轨迹模型，主要区别是能够描述的破片飞散运动的自由度（DOF）不同。轨迹模型最常见的区别在于它们描述的运动类型。通常，一自由度（1DOF）指的是点沿直线的运动；二自由度（2DOF）指的是平面中点的运动；三自由度（3DOF）与空间中的点的运动相关；六自由度（6DOF）与空间中刚体的平移和旋转运动相关，另一个显著特征是考虑的空气动力分量（包括力矩）的数量。

表 3.6 中最简单的模型是仅受重力作用的 2DOF 模型，两个常微分方程可以描述破片在垂直平面内的抛物线运动。该模型通常仅适用于设施内的短距离轨迹评估，以获得连续爆炸或二次碎片产生的撞击条件。若提高模型复杂度，在 2DOF 模型中引入空气阻力。与无阻力模型相比，该模型的优势在于它提供了更准确的运动、撞击速度和位置预测。传统的 2DOF 模型适用于非旋转球形和块状碎片，对于这些碎片，升力、侧向力和力矩可以忽略不计。对所得耦合常微分方程进行了数值模拟，以预测破片运动的时间历程。表 3.6 中的 3DOF 模型预测了空间中一个点的一般运动。它的基本参数是阻力升力和侧向力，因此可以处理破片在三维空间的运动。6DOF 模型使用 6 个耦合的非线性微分方程系统来跟踪导弹的平移和旋转。这种模型需要估算所有弹体方向上的气动力和力矩系数，这些参数对于一般的非球形破片来说通常是未知的。

表 3.6　常见破片飞散计算模型对比

技术指标	2DOF	2DOF	3DOF	6DOF
参数	G	D, G	D, L, S, G	D, L, S, G, M
效率	高	高	高	低
精度	低	高	高	高

一般来说，模型能够处理的自由度越多，破片轨迹计算的精度越高，相应的计算效率就会降低。因此在计算破片飞行轨迹时，选择既具备高效率，又具备高精度的计算模型是非常重要的。2DOF 的模型已经被证明不适合计算远距离的破片飞散，而 6DOF 的模型所需的气动力参数过多，而且这些参数在破片持续飞行过程中的实时预测是十分困难的，因此使用 6DOF 的模型时通常需要给出统计意义上的最大最小或平均飞散计算结果，对于爆炸事故中产生的数万量级的破片群来说，对于每一个破片执行 6DOF 的轨迹计算显然会付出很大的计算代价。因此，2DOF 或 3DOF 的计算模型是最常用的，而气动力中阻力又是影响破片轨迹的最重要因素，所以选择 2DOF 的计算模型是最为合理的。由于 2DOF 的计算模型不涉及破片气动力矩的计算，因此无法实时描述破片的随机翻滚过程。因此改进的 2DOF 破片轨迹计算方法必须对破片的气动阻力项进行修正，以考虑破片的随机翻滚过程。

采用前向差分近似法计算破片弹道：

$$\begin{cases} \boldsymbol{a}(t) = \boldsymbol{F}(t)/m_f \\ \boldsymbol{v}(t) = \boldsymbol{v}(t-\Delta t) + \boldsymbol{a}(t)\Delta t \\ \boldsymbol{u}(t) = \boldsymbol{u}(t-\Delta t) + \boldsymbol{v}(t)\Delta t \end{cases} \quad (3.84)$$

合力 $\boldsymbol{F}$ 由重力 $\boldsymbol{G}$ 和气动阻力 $\boldsymbol{D}$ 构成：

$$\boldsymbol{F} = \boldsymbol{G} + \boldsymbol{D} \quad (3.85)$$

气动阻力主要依赖于速度 v、破片姿态和阻力系数 C_d，则

$$\boldsymbol{D} = \frac{1}{2}C_d\rho A_p |\boldsymbol{v}|\boldsymbol{v} \quad (3.86)$$

其中，阻力系数 C_d 以及破片的迎风面积 A_p 是估计破片气动阻力的核心参数，且两个参数均会随着破片的翻滚而时刻改变，因此 7.3.2 节将介绍如何建立合理的破片气动力模型以估计 C_d 和 A_p。

3.3.2 破片气动力模型

3.3.2.1 破片迎风面积模型

破片在飞行的过程中，由于气动力的作用会发生翻滚，姿态会随时发生变化，因此破片的迎风面积 A_p 总是变化的。假设破片的翻滚过程中，各个姿态迎风的可能性是相同的，从而可以对破片飞行过程中的平均迎风面积进行推导计算。

首先对 u 坐标系中封闭的面积为 S 的物体，表面处处都是外凸的（一直线穿过该物体时，直线与其表面的交点少于或等于两个）。为了得到物体的总表

面积和物体在所有姿态下的平均迎风面积之间的关系式,假设物体固定不动,而投影方向在 4π 立体角内运动,这样的结果与物体转动而方向不动是等效的。

由于物体是凸形的,因此如果任何一条直线穿过该物体且只有一个交点时,则该直线是物体表面的切线。迎风面积 A 的每一个微元 dA 都是物体表面积 S 上 dS_1 和 dS_2 两微元面积的投影的图像,n_1 和 n_2 则是上、下表面的法线,如图 3.17 所示。

当投影线是表面积切线时,dA 位于投影面积的边缘,两个表面积微元合二为一,则

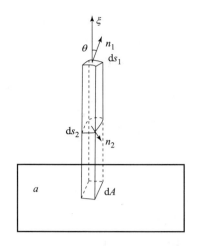

图 3.17 物体表面微元的确定和投影

$$dA = dS_1\cos\theta_1 = -dS_2\cos\theta_2 \tag{3.87}$$

式(3.87)中出现负号的原因是 dS_2 的法线方向与 dA 的法线方向相反,则

$$dA = |dS\cos\theta|$$

因为 $dS \geq 0$,则

$$dA = dS|\cos\theta|$$

因此可以计算迎风面积

$$A = \frac{1}{2}\iint_S dA = \frac{1}{2}\iint_S dS|\cos\theta| \tag{3.88}$$

所以平均迎风面积可以表示为

$$\bar{A} = \frac{1}{\iint\limits_{\substack{0 \leq \theta \leq \pi \\ 0 \leq \varphi \leq 2\pi}} d\Omega} \iint\limits_{\substack{0 \leq \theta \leq \pi \\ 0 \leq \varphi \leq 2\pi}} A d\Omega$$

$$= \frac{1}{4\pi} \iint\limits_{\substack{0 \leq \theta \leq \pi \\ 0 \leq \varphi \leq 2\pi}} \left(\frac{1}{2}\iint dS|\cos\theta|\right)\sin\theta d\theta d\varphi$$

$$= \frac{1}{4} S \int_{\theta=0}^{\pi} |\cos\theta|\sin\theta d\theta$$

当 $0 \leq \theta \leq \pi/2$ 时,$\cos\theta \geq 0$;当 $\pi/2 \leq \theta \leq \pi$ 时,$\cos\theta \leq 0$,则

$$\bar{A} = \frac{S}{4}\left(\int_0^{\frac{\pi}{2}} \sin\theta\cos\theta d\theta - \int_{\frac{\pi}{2}}^{\pi} \sin\theta\cos\theta d\theta\right)$$

$$= \frac{S}{4}\int_0^{\frac{\pi}{2}} \sin 2\theta d\theta = \frac{S}{4}$$

因此，对于一个凸形的物体而言，它在空气中飞行的过程中，平均的迎风面积为物体表面积的 1/4。表 3.7 列出了图 3.18 中所示的各种典型破片的平均迎风面积。

表 3.7　各种典型破片的平均迎风面积

破片形状	矩形体	立方体	圆柱体	六棱柱	球形
平均迎风面积	$\dfrac{ab+ac+bc}{2}$	$\dfrac{3a^2}{2}$	$\dfrac{\pi d^2+2\pi dh}{8}$	$\dfrac{\sqrt{3}(2nh+n^2)}{4}$	$\dfrac{\pi d^2}{4}$

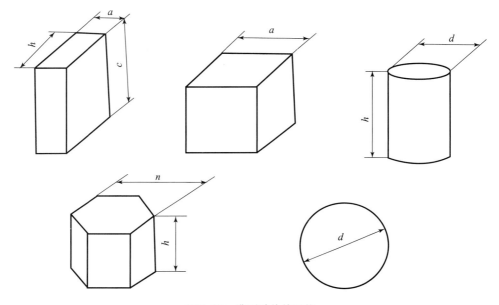

图 3.18　典型破片的形状

对于不规则破片的迎风面积，军标 ITOP4-2-813 采用的测量方法是正二十面体方法，如图 3.19 所示。正二十面体是一个有 20 个侧面的图形，每个面为一个等边三角形，并且在已知的等间隔多面体中是最大的。二十面体具有成对平行排列的表面，这样，二十面体就具有 10 个完全不同表面和 6 个不同顶点。令图中 1 轴为主轴，其正投影为第一个迎风面积，依次把

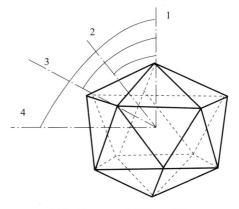

图 3.19　正二十面体示意图

2 轴，3 轴，4 轴，…，旋转到主轴位置，求其投影面积，对 16 个投影面积求平均值即为正二十面体的平均迎风面积。

正二十面体由 20 个全等的正三角形组成，设正二十面体的边长为 a，外接球半径为 R，内接球半径为 r，构成正二十面体的正三角形外接圆半径为 R_0，内接圆半径为 r_0，则

$$\begin{cases} R = 0.25a\sqrt{2\sqrt{5}(1+\sqrt{5})} = 0.9511a \\ r = a\sqrt{3}(3+\sqrt{5})/12 = 0.7558a \\ R_0 = a/\sqrt{3} \\ r_0 = a/2\sqrt{3} \end{cases}$$

设 2 轴、3 轴、4 轴与 1 轴的夹角分别为 θ_1，θ_2，θ_3，则

$$\begin{cases} \sin\theta_1 = R_0/R = 0.6071 \\ \sin(\theta_2/2) = a/2R = 0.5257 \\ \theta_3 = \theta_1 + \theta' \end{cases}$$

其中，θ' 满足 $\tan\theta' = r_0/r = 0.3820$。

由此可得

$$\theta_1 = 37°, \theta_2 = 63°, \theta_3 = 79°$$

如图 3.19 所示，10 个由面心确定的方向，每 5 个在 360° 内均布，则彼此间的夹角为 72°，另外 5 个顶点确定的方向与由相邻面心的取向间转角相差 36°。通过计算，以二十面体的中心为支点，把主轴转到各个位置所做的运动分解为转运动和俯仰运动，则仰角和转角与旋转位置的对应关系如表 3.8 所示。用正二十面体方法测量破片平均迎风面积，就是模拟二十面体的 16 个独立的位置从而测量出破片的投影面积，16 个平均值即为破片的平均迎风面积。

表 3.8　二十面体的俯仰角和旋转角

位置号	俯仰角/(°)	旋转角/(°)	旋转位置
1	0	0	顶
2	37	0	面
3	37	72	面
4	37	144	面
5	37	216	面
6	37	288	面
7	63	324	顶
8	63	36	顶

续表

位置号	俯仰角/(°)	旋转角/(°)	旋转位置
9	63	108	顶
10	63	180	顶
11	63	252	顶
12	79	288	面
13	79	0	面
14	79	72	面
15	79	144	面
16	79	216	面

3.3.2.2 破片阻力系数研究现状

破片阻力系数主要与速度以及形状有关。

1. 速度影响方面

速度对阻力系数影响较大，国内外相关研究也开展得较早，在试验方面通常思路有两种，一是使用风洞对特定型制的破片进行测试，通过调整来流速度，可以根据破片的受力情况推出不同速度下的阻力系数；二是使用轻气炮或弹道枪等装置以一定初速加载破片，在弹道线上设置测速靶，测得破片飞行过程中的速度衰减，反推阻力系数。

一般认为破片的速度与阻力系数呈现先增后减趋势，峰值点出现在 $Ma = 1.4$ 左右，国外对此进行了一定研究。

Charles 与 Thomas 等利用风洞对球形破片从亚声速到高超声速的阻力系数进行了测试。

Heiser 使用类似的研究方法对 105 mm 榴弹自然破片进行了研究，得出了自然破片阻力系数 - 速度关系曲线。

Hansche 与 Rinhart 等对翻滚状态下的立方体破片阻力系数进行了测量，其测试速度区间为 $Ma = 0.5 \sim 3.5$，结果表明在 $Ma = 0.5$ 时阻力系数约为 0.82，且在低速段时阻力系数与速度呈现显著的正相关关系；阻力系数峰值为 1.25，出现在 $Ma = 1.25$ 处，越过峰值后，阻力系数与速度开始呈现负相关，并逐渐趋向于 1.1（$Ma = 3$ 时）。

Henderson 提出了一种新的阻力系数计算方法，认为球形破片的阻力系数是马赫数、流场雷诺数以及破片与周围气体温度差之间的函数。

Haverding 等利用 Fluent 对非旋转自然破片不同飞行姿态的阻力系数进行了数值仿真研究,认为自然破片的阻力系数峰值出现在跨声速区,即 $Ma=1$ 处。

国内对破片阻力系数随速度变化规律的研究颇多。

马永忠等对某型远程榴弹自然破片进行了研究,使用区截靶对弹体爆炸以后破片从爆炸中心到各区截所用的时间记录,从而求得了不同角度的破片的速度,得到了与实际情况相符的破片初速度分布曲线,随后通过测量不同方向回收破片的迎风面积与质量,反推了该型弹自然破片的阻力系数。

谭多望等对经过爆轰驱动的钨制球形预制破片进行研究,验证了球形破片在长距离飞行时的速度衰减规律,并通过数据分析实验验证等方法研究出经过爆轰驱动变形后的球形破片在飞行过程中空气阻力系数与马赫数之间的关系。

罗兴柏等对钢制球形破片的跨声速运动规律进行了研究,使用 12.7 mm 口径火药枪-锡纸条靶系统对所述破片进行加载测速,得出了球形破片在 239~350 m/s 的速度区间内的速度衰减系数以及阻力系数。

黄德雨等对低附带毁伤弹药中的陶瓷球形破片进行了研究,通过轻气炮与区截靶开展实验,得出了低密度非金属球形破片在长距离飞行条件下的速度衰减规律,并且通过理论分析计算了破片速度衰减规律的关键参数——破片空气阻力系数。

张玉令等利用区截靶与火药枪对球形破片阻力系数进行了研究,采用了一种相对简化的阻力系数表征形式,即将 $Ma=1.5$ 处作为阻力系数峰值,对 $Ma=0\sim1.5$ 和 $Ma=1.5\sim3$ 段的速度与阻力系数变化情况分别进行线性拟合,在满足工程应用情况下降低了实验量。

王雨时等对前人航弹破片的试验数据进行了分析,以跨声速区为顶点,提出了一种基于 logistic 曲线的两段拟合模型,用于描述各类破片在全速度域内的阻力系数变化情况,与传统的多段式拟合具有类似的精度的同时简化了计算过程。

综上所述,将弹道枪实验测得的规则形状破片的阻力系数进行统计分析,得到目前研究中常用的 C_d—Ma 关系,如图 3.20 所示。

2. 形状影响方面

Dunn 等在对回收的炮弹破片进行阻力系数测试后,发现非规则破片的阻力系数显著大于球形、立方形等规则破片,首次提及了破片形状对阻力系数的影响。破片形状一般用破片和球体的近似程度来表征。Dehn 使用破片的最大迎风面积 $A_{\max}$ 除以破片的平均迎风面积 A_a,即 $k_A=A_{\max}/A_a$,或者破片体积 V 的 2/3 次方除以破片平均迎风面积 $k_V=V^{2/3}/A_a$ 作为描述破片形状的参数。对于规

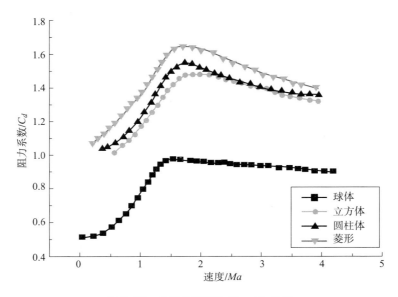

图 3.20　常用规则破片 C_d – Ma 曲线

则形状破片，A_a 等于柯西迎风面积即 1/4 表面积。对于不规则破片，A_a 可通过正二十面体测量仪测出 32 个方向上的迎风面积取平均。McCleskey 使用垂直风洞测试了大量翻滚非规则破片在 $Ma = 0.1$ 下的阻力系数，首次比较系统地建立了 $Ma = 0.1$ 下阻力系数与 Dehn 定义的形状参数之间的关系，并认为所有破片的阻力系数随马赫数的变化规律与球形破片的一致，通过这种假设可以将不规则破片马赫数为 0.1 下的阻力系数试验结果外推至跨声速及超声速区间。Miller 进一步使用风洞及弹道枪对 McClescky 报告中的破片进行了阻力系数测试，得到跨声速及超声速段的阻力系数结果，与 McClescky 的外推结果相比明显偏大。因此，简单地对球形破片阻力系数规律进行外推，无法精确地获得非规则破片跨声速及超声速速度下的阻力系数。Moxnes 等重新分析了 McClescky 的试验结果，认为破片阻力系数与 k_V 的相关性比 k_A 更好，应该用 k_V 作为描述破片形状的参数，本书选择并采用与 k_V 含义一致但在学术上更通用的球形度 Φ 代替 k_V，$\Phi = \pi 6 V/\pi^{2/3}/A_a$。

Haverding 等提出了破片细长度的概念，即破片在速度轴线上的等效长度与垂直速度轴线上的等效长度之比，并利用 Fluent 对非旋转自然破片不同飞行姿态的阻力系数进行了研究，认为排除迎风面积后，在等速度下，阻力系数 C_d 的决定性因素是破片的细长度，细长度越大，阻力系数越小，这一点与 McCleskey 等的结论相反。

Moxnes 等对双轴以及三轴翻滚状态破片的迎风面积进行了计算，得出立方体破片三轴翻滚状态的平均迎风面积比非翻滚状态大了约 30%，进而认为对于翻滚破片，不同姿态下阻力系数的影响小于迎风面积的影响。

破片形状对阻力影响方面国内进行的研究较少。

石志杰、姜春兰等对球形、长方体以及圆柱形破片的速度衰减系数进行了理论研究，分别计算了以上破片不同运动状态下的迎风面积，认为同质量的情况下，球形破片速度衰减最慢，其他破片的细长度越偏离球形则速度衰减越快；当细长度小于 1.41 时，长方体破片存速性优于等细长度的圆柱破片，当细长度大于 1.41 时则相反。

王鹏、马晓青等也使用类似方法对钢制圆柱形破片存速性进行了研究，在假定翻滚不影响阻力系数的情况下，引入圆柱破片形状系数，通过建立形状系数与平均迎风面积间的关系，得出了不同形状圆柱的速度衰减系数。

张华丽、孔德仁等使用 20 mm 炮对等质量的球形、立方体以及圆柱形钢制破片进行了加载试验。在 1 300～1 800 m/s 的初速范围内分别拟合出了球形破片的速度－阻力系数曲线以及立方体与圆柱体破片的速度－速度衰减曲线，并建立了破片在该速度区间内的位移－时间－速度预报系统。

类似地，由于工程需要，徐豫新、谭多望等也分别对常见的球形、立方体以及圆柱体破片若干速度区间内的阻力系数进行了研究，但国内尚未发现针对破片形状与阻力系数间关系的系统研究。

由于非球形破片在空气中会发生不规则翻滚，当前研究随机翻滚状态下破片的平均阻力系数比较理想的方法是采用弹道枪试验，但弹道枪试验成本较高，且无法覆盖所有的破片形状，对破片尺寸也有要求，很难开展大规模试验。因此众多研究者借助数值模拟的方法来研究这一问题，Moxnes 等用六自由度计算流体动力学（CFD）模拟了无约束破片在静止流场中的自由飞行，并对阻力系数在时间上进行了微秒量级的平均。但是由于计算资源有限，这种方法很难对破片飞行全过程进行模拟，且需要人为给破片施加初始的翻滚力矩，与实际破片经历爆轰驱动后的初始运动状态有一定区别。

为了研究大量非球形破片的形貌在超声速至亚声速范围内对破片阻力系数的影响，更合理的方法是选择采用流动流场中固定破片的数值计算。该方法的关键是如何对破片不同迎风方向下的阻力系数进行平均，等效破片随机翻滚状态下的阻力系数。

3.3.2.3　阻力系数数值模拟方法及验证

本节以直径 7 mm 球形破片空气阻力系数的数值模拟为例，介绍数值计算模型。

数值模拟采用破片固定，流场以给定速度运动的方式。对进行模拟的球形破片划分方形外流场区域，球形破片（直径为 D）的球心与入流边界距离为 $40D$，与出流边界的距离为 $40D$，与各个侧边界的距离为 $20D$。网格划分为四面体非结构化网格，流场中网格的最小尺寸定为 $1.00\ mm$，破片壁面附近的网格尺寸为 $0.10\ mm$。体网格总数约 $60\ 000$ 个，破片阻力系数数值模拟建模示意图如图 3.21 所示。

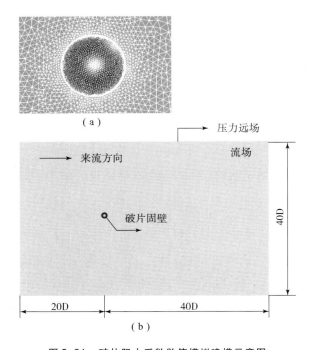

图 3.21　破片阻力系数数值模拟建模示意图
（a）球形破片附近网格放大；（b）模型及边界条件示意图

求解器选择 Fluent17.0，当 $Ma>0.3$ 时，设置为可压缩流动。湍流模型选择 S‐A 湍流模型，主要用以求解一个有关涡黏性的运输方程，计算量相对较小。对逆压梯度的边界层问题和壁面限制的流动问题有较好的计算结果，通常应用于空气动力学问题中。设置流场域四周为压力远场边界条件（Pressure far field），用于模拟无穷远处的自由流条件；流场材料设置为空气，状态为理想气体（ideal gas），并用萨兰德定律（Sutherland）修正空气黏度。球形破片表面设置为无滑移壁面（Wall），用于限定流体和破片区域。

差分格式选择为压力‐速度耦合方法；压力插值采用标准格式；空间离散用 Roe‐FDS（Flux‐Difference Splitting）格式，该离散方式具有很高的间断分辨率和黏性分辨率；扩散项离散采用中心差分格式；对流项离散采用二阶迎风格式。

根据上述数值计算模型，对直径 7 mm 的球形破片在 $Ma = 0.1 \sim 6.0$ 速度区间的阻力系数进行模拟，如图 3.22 所示。

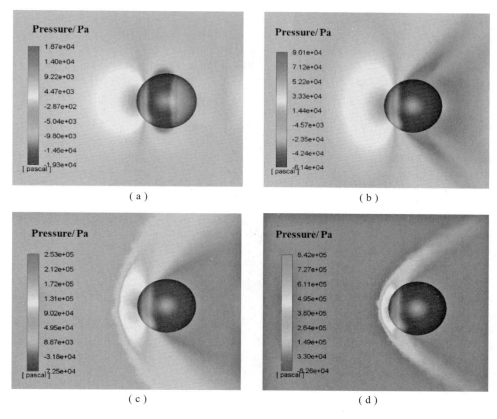

图 3.22 直径 7 mm 球形破片压力云图
(a) $Ma = 0.5$；(b) $Ma = 1.0$；(c) $Ma = 1.5$；(d) $Ma = 2.5$

由图 3.22 可知，破片处于亚声速流场时，在来流前端会形成一个高压区，来流末端会形成一个低压区，此时压差阻力和摩擦阻力是空气阻力的主要来源；随着飞行马赫数的提高，来流前端的压力逐渐升高，高压区会逐渐收窄并向破片两侧弯曲，形成一道弓形激波，此时波阻是阻力的主要来源。

本书对 Chartes 文章中记载的球形破片弹道枪试验结果进行了复现，破片的飞行速度范围是 $Ma = 1.5 \sim 6.0$，将试验结果以及 Chartes 文章中给出的弹道枪试验结果与数值模拟结果进行对比，如图 3.23 所示。

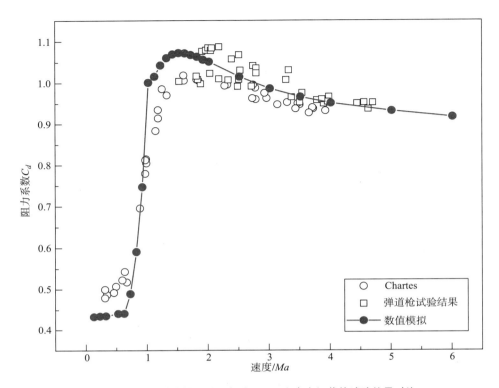

图 3.23 球形破片模拟结果与 Chartes 文章中记载的试验结果对比

由图 3.23 可见,模拟结果在破片飞行 $Ma<0.5$ 时,相比弹道枪试验中给出的试验结果略微偏小,在破片处于跨声速以及超声速飞行状态时,模拟结果与试验结果匹配得较好。总体而言,破片飞行 $Ma<0.5$ 时阻力系数基本保持不变;飞行速度达到跨声速时阻力系数迅速升高,在 $Ma=1.4$ 附近达到最大值,此后飞行速度继续增加,阻力系数略有下降。

将空气阻力系数数值模拟结果与试验结果如表 3.9 所示。由表 3.9 可见,$Ma=0.7$ 时,数值模拟结果与试验结果相对误差最大,为 -11.62%;$Ma=3.0$ 时,数值模拟结果与试验结果相对误差最小,为 0.37%,误差范围未超过 15%。

表 3.9 球形破片模拟结果与试验对比

Ma	空气阻力系数 C_d		
	试验结果	数值模拟结果	相对误差/%
0.3	0.47	0.43	−8.09
0.7	0.55	0.49	−11.62
1.0	0.91	1.00	9.74

续表

Ma	空气阻力系数 C_d		
	试验结果	数值模拟结果	相对误差/%
1.5	1	1.07	7.00
2.0	0.99	1.05	5.96
3.0	0.98	0.98	0.37

非球形破片不同姿态下的迎风面积和阻力系数与破片姿态密切相关。如图 3.24 所示。将非球形破片固定在笛卡儿坐标系中，迎风方向的单位矢量为 $\boldsymbol{n}(\varphi,\theta)$。其中，$\varphi$ 表示 $\boldsymbol{n}$ 与其在 Oxy 平面内投影向量的夹角，θ 表示 $\boldsymbol{n}$ 在 Oxy 平面内投影向量与 y 轴的夹角。

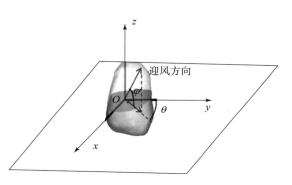

图 3.24 非球形破片迎风方向示意图

破片处于随机翻滚状态时，不同迎风方向对应着不同的阻力系数 $C_d(\varphi,\theta)$，而各个迎风方向在空间上出现的概率相同。因此，理想状态下，需要对所有迎风状态下的阻力系数进行平均，即

$$\bar{C}_d = \frac{\int_0^{2\pi} \frac{\int_0^{2\pi} C_d(\varphi,\theta)\,\mathrm{d}\theta}{2\pi}\mathrm{d}\varphi}{2\pi} \tag{3.89}$$

理论上破片的迎风方向有无限多个，对所有迎风方向对应的阻力系数空间进行平均是无法实现的，因此需要从中选取几类具有代表性的迎风方向进行平均。Rafano 认为，立方体破片的迎风方向可以分为面迎风、边迎风和点迎风三类，如图 3.25 所示。

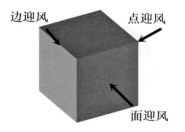

图 3.25 立方体三类迎风状态示意图

Rafano 将立方体三类迎风状态下风洞试验获得的阻力系数进行加权平均，以代替其随机翻滚状态下的阻力系数，即

$$\bar{C}_d = \frac{6 \times C_d^{\mathrm{f}} + 8 \times C_d^{\mathrm{e}} + 12 \times C_d^{\mathrm{p}}}{26} \tag{3.90}$$

式中：C_d^f 为立方体面迎风状态下的阻力系数；C_d^e 为立方体边迎风状态下的阻力系数；C_d^p 为立方体点迎风状态下的阻力系数。

上述平均方法可以在一定程度上估计方形破片的阻力系数，但对于任意形状破片而言，该方法并不具有普适性。理论上，从正多面体中心指向各个面心或顶点的方向可以较好地实现对空间的平均划分，而正多面体一共有 5 种，其中面最多，最接近球体的正多面体为正二十面体。基于此，美国军用装备国际试验操作规程 ITOP4-2-813 中采用正二十面体测量仪的方法得到不规则破片的平均迎风面积。具体做法如下：将破片放在虚拟正二十面体的中心 O，从正二十面体的中心指向其 20 个面心（A_m，$m=1,2,\cdots,20$）与 12 个顶点（B_n，$n=1,2,\cdots,12$）会产生 32 个方向。沿这 32 个方向对破片进行投影，可以得到对应的投影面积，即 20 个中心-面心方向的投影面积 S_{OA_m} 和 12 个中心-顶点方向的投影面积 S_{OB_n}。这些投影面积求平均后得到的平均投影面积，可以等效破片的平均迎风面积。图 3.26 所示为正二十面体平均方法示意图。

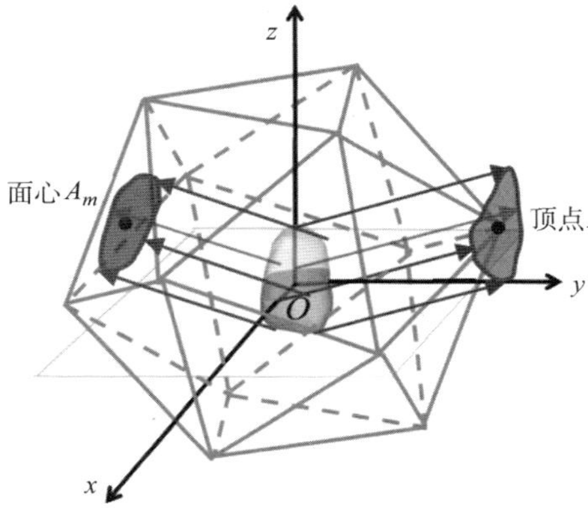

图 3.26 正二十面体平均方法示意图

破片在弹道飞行时的迎风面积和阻力系数均与破片姿态存在一一对应的强依赖关系，因此破片自由翻滚状态下平均迎风面积的等效方法也适用于平均阻力系数。借鉴美国军用装备国际试验操作规程 ITOP4-2-813 测量平均迎风面积的方法，同样采用正二十面体法对非球形破片的平均阻力系数进行等效计算。具体做法如下：首先采用 1.1 节中给出的数值方法计算得到流场方向沿 20 个中心-面心连线和 12 个中心-顶点连线的破片阻力系数，C_{d,A_m}（$m=1,2,\cdots,20$）和 C_{d,B_n}（$n=1,2,\cdots,12$），然后将这些阻力系数平均，以等效破片随机翻滚状态下的平均阻力系数，即

$$\overline{C}_d = \frac{\sum_{m=1}^{20} C_{d,A_m} + \sum_{n=1}^{12} C_{d,B_n}}{32} \quad (3.91)$$

基于正二十面体平均方法，对立方体破片随机翻滚状态下的阻力系数进行估计，结果如图 3.27 所示。由图可以看出，Rafano[15] 提出的等效方法明显高估了立方体破片的平均阻力系数，相比之下正二十面体平均方法得到的平均阻

力系数曲线更为合理。

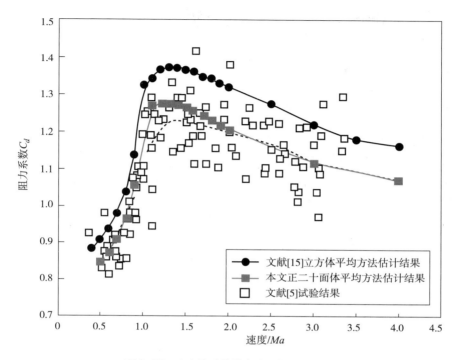

图 3.27　立方体破片模拟结果与试验对比

表 3.10 比较了立方体破片从亚声速到超声速在不同马赫数下平均阻力系数的弹道枪试验结果和两种等效方法的计算值。可以看出，对于立方体破片，采用正二十面体平均方法获得的阻力系数在各马赫数区间内的相对误差均小于 5%，而采用 Carna 等提出的等效方法获得的阻力系数相对误差约为 10%。因此，正二十面体平均方法可以较好地对立方体破片的阻力系数进行估计。

表 3.10　不同平均方法对比

Ma	试验阻力系数	Rafano 平均方法	相对误差	二十面体方法	相对误差/%
0.3	0.845	0.907	11.74%	0.849	0.45
0.7	0.880	0.979	15.85%	0.911	3.49
1.2	1.225	1.367	16.17%	1.255	2.45
2	1.176	1.318	16.77%	1.204	2.49
3	1.120	1.217	13.11%	1.113	-0.59

图 3.28 比较了正二十面体法计算得到的圆柱形破片（长径比为 1）在不

同马赫数下的平均阻力系数和文献中记载的试验结果。等效平均阻力系数曲线可以较好地穿过弹道枪试验的散点,再次验证了正二十面体平均方法对非球形破片在随机翻滚状态下平均阻力系数的等效有效性。

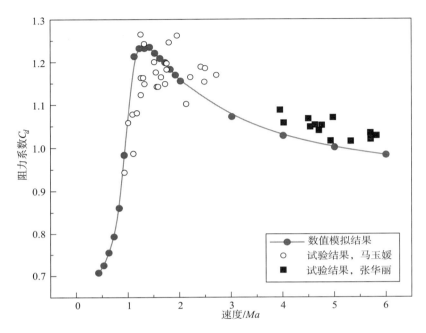

图 3.28 圆柱体破片模拟结果与试验对比

为考察破片形状对随机翻滚状态下破片平均阻力系数的影响,采用正二十面体法计算得到不同形状破片的平均阻力系数。同时,为了扩大结论的适用范围,破片形状包括了球形、长方体、圆柱体、三棱柱等规则形状,也包括一部分静爆试验回收的不规则破片,图 3.29 展示了其外观、建模和网格化的过程。为进一步丰富样本的类型,还通过球谐函数生成了一系列形状不规则的破片外形并引入样本中,通过球形度 Φ 描述破片的形状,所有的破片样本统计结果如表 3.11 所示。图 3.30 所示为 $Ma = 0.1$ 下不同球形度破片的平均阻力系数。显然,在破片 $Ma = 0.1$ 时,平均阻力系数与球形度存在显著的负相关。图 3.30 中同时给出了 McClescky 垂直风洞试验的结果。值得注意的是,McClescky 垂直风洞试验采用的是非规则破片,非规则破片在 $Ma = 0.1$ 时平均阻力系数与球形度的相关性与各类形状破片相同,表明球形度是影响破片平均阻力系数重要的形状参量,可以作为一种统一的参数对破片形状进行描述。

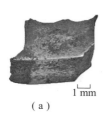
(a)

(b)
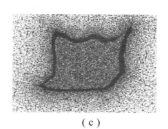
(c)

图 3.29　爆炸回收非规则破片建模过程
(a) 非规则破片照片；(b) 非规则破片几何建模；(c) 非规则破片数值网格

表 3.11　数值模拟破片外形统计

破片形状	球形度范围	示意图
圆柱	0.87～0.58	
三棱柱	0.51～0.74	
长方体	0.41～0.81	
菱形柱	0.48～0.84	
六棱柱	0.57～0.77	
椭球	0.88～0.97	

续表

破片形状	球形度范围	示意图
不规则体	0.55～0.92	
球体	1.00	

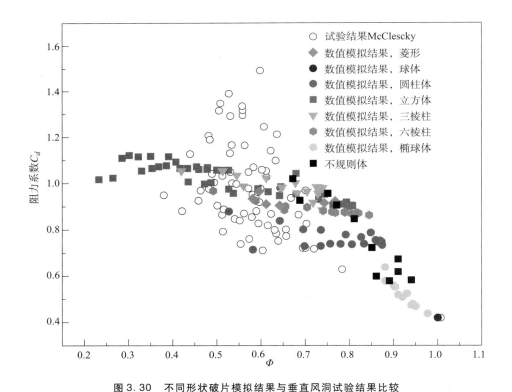

图 3.30　不同形状破片模拟结果与垂直风洞试验结果比较

图 3.31 给出了不同球形度破片在跨声速和超声速飞行时的平均阻力系数。由图 3.31 可见，在跨声速和超声速飞行时，破片平均阻力系数与球形度的负相关性仍然存在，但相关性明显减弱；特别是球形度低于 0.6 的破片，平均阻

力系数与球形度的相关性变得非常不显著。

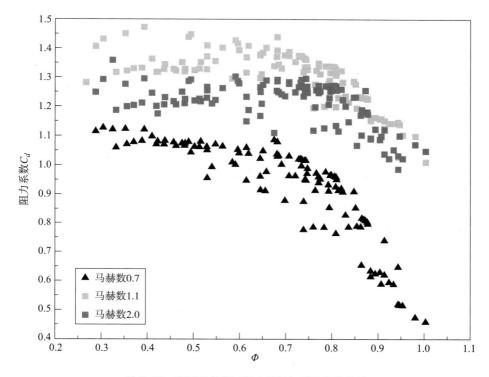

图 3.31　不同马赫数下阻力系数与球形度的关系

从图 3.30 和图 3.31 中可以看出，阻力系数与球形度明显相关，但二者很难通过简单的函数关系进行拟合，且不同飞行速度下球形度和阻力系数的关系也明显不同。基于此本书采取人工神经网络模型建立阻力系数综合预测模型。

由本书引言可知，影响破片阻力系数的参数主要包括破片形状和飞行马赫数，因此本书采用人工神经网络拟合的方式构建 $C_d(Ma, \Phi)$。

人工神经网络是指在输入参数和输出参数之间有若干层隐藏的神经网络，人工神经网络具有很强的复杂非线性系统建模能力，能够刻画难以用解析式表达的高维映射。一个典型人工神经网络结构如图 3.32 所示，包含一个输入层、一个输出层以及两层隐藏层，每一个节点都是一个神经元（图 3.33），每个神经元接收来自前一层的神经元不同权重的值，经神经元内激活函数处理后，向下一层传播。图 3.32 中，x_1、x_2、x_3、x_4 分别为神经网络输入参数，$W^{[1]}$、$W^{[2]}$、$W^{[3]}$ 分别为不同层之间神经元连接的权重向量，$b^{[1]}$、$b^{[2]}$、$b^{[3]}$ 分别为不同层之间神经元连接的偏移量，$z_i^{[1]}(i=1,2,3)$ 为第 1 层神经元的输入值、$a_i^{[1]}$（$i=1$，2，3）为第 1 层神经元的输出值、$z_i^{[2]}$（$i=1$，2，3）为第 2 层神经元的输入值、$a_i^{[2]}$（$i=1$，2，3）为第 2 层神经元的输出值，$z_i^{[3]}$（$i=1$，2，3）为第 3 层神经元即输出层的输入值、$a_i^{[3]}$（$i=1$，2，3）为第 3 层神经元即输出层的输出值，y 为神经网络模型的输出值。图 3.33 中，w_1、w_2、w_3、w_4 分别表示该神经元接收上一层不同神经元输出的权重值，b 表示偏移量，z 为该神经元的输入值，a 为该神经元输出值，$g(z)$ 表示激活函数。

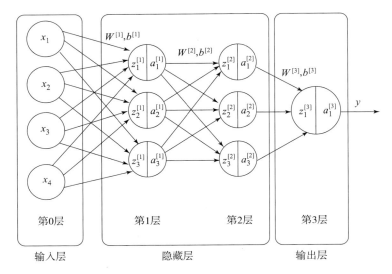

图 3.32　人工神经网络结构

神经元的输入为前一层神经元的输出的线性组合，即

$$z = \sum_i w_i x_i + b \quad (3.92)$$

输入神经元的值经过激活函数 $g(z)$ 处理后继续向后传播：

$$a = g(z) \quad (3.93)$$

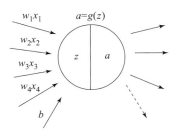

图 3.33　神经元

这里使用 Softplus 函数作为神经元的激活函数，是因为当输入值 $z > 0$ 时，Softplus 函数梯度较大，迭代过程可以较快达到收敛，Softplus 函数表达式如式（3.94），函数图像如图 3.34 所示。

$$g(z) = \ln(1 + e^z) \quad (3.94)$$

信息由输入层开始向前传播，经历多个隐藏层传递到输出层 y，则由输出

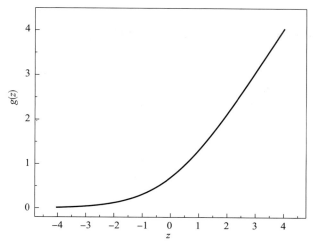

图 3.34 Softplus 激活函数

的样本预测值 $\hat{y}$ 以及样本真值 y 偏差定义神经网络的损失函数：

$$L(y,\hat{y}) = \frac{\sum_{k=1}^{n}(y_k - \hat{y}_k)^2}{n} \quad (3.95)$$

式中：n 为样本总量；y_k 为第 k 个样本的真值；$\hat{y}_k$ 为第 k 个样本的预测值。

损失函数是神经网络参数 w、b 的函数，因此神经网络需要迭代找到使损失函数最小的 w、b，迭代方法是梯度下降算法，损失函数对神经网络参数的梯度通过链式求导法则获得，即神经网络的向后传播算法。这里采用 Adam 优化算法对神经网络进行优化，在向后传播算法基础上，以一定学习率不断更新模型的权重，使其梯度不断下降，损失函数的值不断减小。

本书搭建的人工神经网络模型，输入参数为影响破片阻力系数的因素，包括球形度以及马赫数，输出参数为阻力系数。对数值模拟计算得到的 712 个数据样本进行拟合，同时为了防止过拟合，随机选择其中的 600 个样本点进行模型的训练，其余样本点用于模型的验证。训练样本的空间分布如图 3.35 所示。搭建包含 3 个隐藏层，每个隐藏层包含 20 个神经元的神经网络模型。图 3.36 所示为模型训练过程中训练集以及验证集的损失函数的变化曲线，可以看出迭代到 100 000 步之后，训练集和验证集的损失函数实现了收敛，损失函数值均降低到 0.003 以下。表明该神经网络模型没有出现过拟合或欠拟合状态，拟合效果比较理想。训练完成后得到的阻力系数预测模型如图 3.37 所示，训练得到的不同球形度下阻力系数与马赫数的关系如图 3.38 所示。

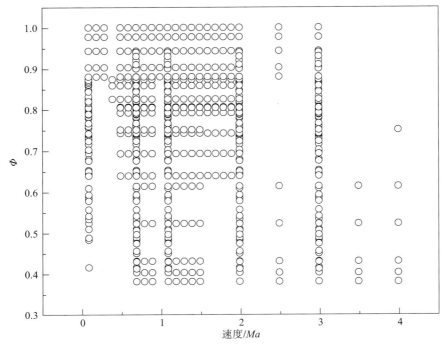

图 3.35 训练样本的空间分布

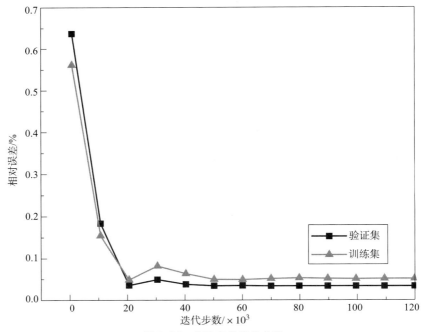

图 3.36 损失函数变化曲线

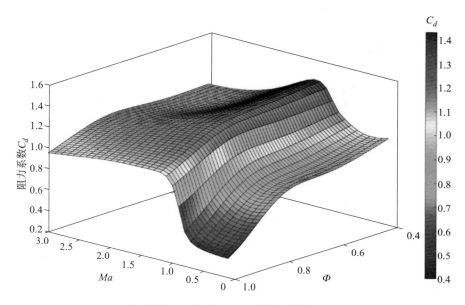

图 3.37 神经网络阻力系数模型训练结果

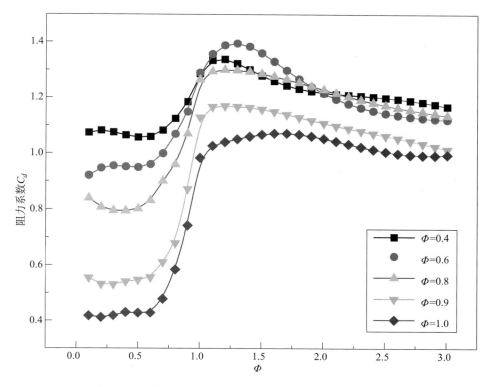

图 3.38 训练得到的不同球形度下阻力系数与马赫数的关系

图 3.37 中阻力系数预测模型可以较好地对 $C_d(Ma,\varPhi)$ 进行拟合。任意形状的破片在任意飞行速度下的阻力系数的预测值可以从图 3.37 所示的结果中得到。从图 3.38 中可以看出，不同球形度破片的阻力系数随马赫数变化的曲线形状类似，但数值明显不同，当破片飞行速度较小时，破片形状会显著影响阻力系数，而当飞行马赫数大于 2 时，形状对阻力系数的影响变得不明显。

神经网络的泛化能力是指神经网络在训练完成以后神经网络对测试样本或工作样本做出正确反应的能力。在完成模型训练后，本书进一步计算了 3 种破片（球形度分别为 0.46、0.76 和 0.91）在超声速至亚声速区间内的阻力系数作为该预测模型的测试样本。不同的破片阻力系数模拟值与模型的预测值的对比如图 3.39（a）~（c）所示，图 3.39（d）所示为所有测试点的预测值与模拟值的相对误差。

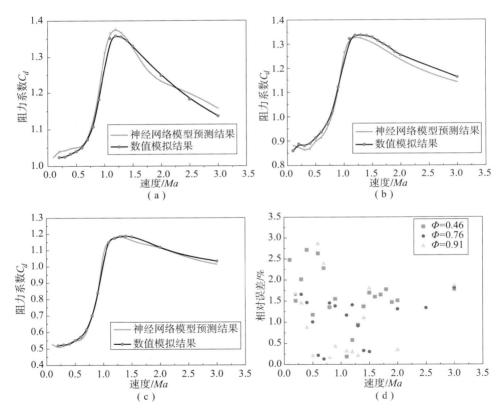

图 3.39　不同球形度破片模型预测阻力系数与数值模拟结果对比
（a）$\varPhi=0.46$；（b）$\varPhi=0.76$；（c）$\varPhi=0.91$；
（d）所有测试样本的预测值与模拟值的相对误差

从图 3.39 中可以看出，神经网络阻力系数预测模型可以很好地预测三种破片的阻力系数曲线，测试结果相对误差均小于 3%，表明该模型具有较强的泛化能力。

神经网络训练得到的阻力系数预测模型可用于破片的外弹道轨迹计算，可以实现根据破片的实际形状赋予其相应的阻力系数曲线。为进一步验证阻力系数预测模型的适用性，特别是针对非规则破片的适用性，将预测模型应用于文献中非规则破片的轨迹计算，并与弹道枪实测阻力系数计算出的轨迹进行对比（图 3.40）。该破片为爆炸测试场回收的不规则破片，经测试的球形度为 0.58，质量为 31.4 g，初始速度 1 524 m/s，飞散角度为 20°，从图 3.40 中可以看出，使用神经网络预测模型得到的轨迹计算结果与弹道枪实测结果的吻合程度相当好，最终神经网络模型计算得到的落点位置为 429 m，弹道枪实测阻力系数结果得到的落点位置为 432 m，相对误差 0.7%，计算精度完全可以满足破片弹道计算的要求。

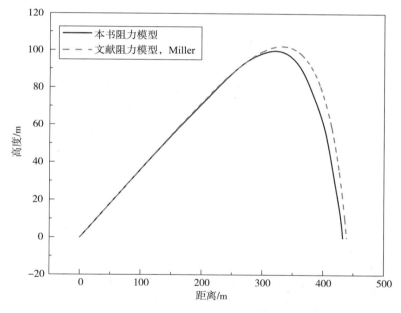

图 3.40 使用不同阻力模型数值计算的破片运行轨迹对比

3.3.3 破片远场分散计算模型验证

由于自然战斗部特别是堆垛场景爆炸产生的破片数量多（上万块），形状复杂，而且飞散距离常常达到数百米甚至上千米，因此静爆实验通常只测量近场部分的初速度和飞散角等实验数据,对于远场落点的统计以及对回收破片的进一步分析通常比较困难,因此关于破片远场飞散距离的实验数据很少,验证数值模拟比较困难。目前,可以查到的相对比较完善的记录是1986年美国国防部爆炸物安全委员会(DDESB)支持的储存弹药意外爆炸所产生的破片危险性评估项目。该项目开展了155 mm榴弹炮堆垛场景的静爆小尺度堆垛试验和大尺度堆垛试验。其中小尺度堆垛实验主要测试1~8发战斗部的堆垛,可获得的实验数据主要包括破片群的质量、初速和空间分布等近场信息,而大尺度堆垛实验主要以8发弹丸作为一个堆垛货盘,测试1~64货盘的堆垛场景,可获得的实验数据主要是远场实验结果即破片的落地点分布。本节将分别介绍小尺度堆垛实验和大尺度堆垛实验的实验布置及实验结果,通过提取近场实验结果作为输入参数,计算破片群的飞散过程,对比数值计算和远场实验获得的破片远场落点信息以对破片远场分散的计算模型进行验证。

1. 小尺度堆垛实验

小尺度堆垛实验将8发155 mm榴弹竖直放置在地面上,彼此紧密排列。并划分极角p及方位角α用于统计破片的空间分布,如图3.41所示。以立式弹丸的底部为中心,弹头方向$p=0°$,水平方向$p=90°$,2×4弹丸的短边方向$\alpha=0°$,长边方向$\alpha=90°$。起爆方式为单发殉爆,$\alpha=0°\sim180°$范围内在距离堆垛中心R处布置高度为H的质量回收板,用以回收破片以分析质量、形状等分布规律。$\alpha=180°\sim360°$范围内在距离堆垛中心R处布置高度为H的钢制见证板,使用高速摄像机拍摄堆垛起爆后破片撞击见证板的闪光来计算不同角度的破片初速与破片数量。

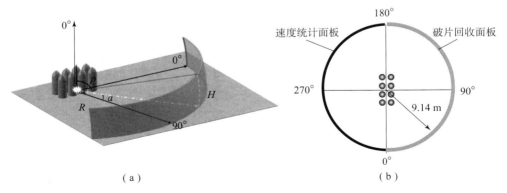

图3.41 美军静爆实验近场设置示意图
(a)三维视图;(b)俯视图

2. 大尺度堆垛实验

以 8 发紧密排列的立式战斗部为一个堆垛货盘，对 8 个堆垛货盘以如图所示的排列方式进行大尺度堆垛实验，起爆弹位置在图 3.42 中标出，并在距离堆垛中心 500~2 700 ft（152.4~822.9 m）的距离，方位角 90°~95° 的地面范围内划定破片回收区，统计破片回收区内破片落地的位置信息。

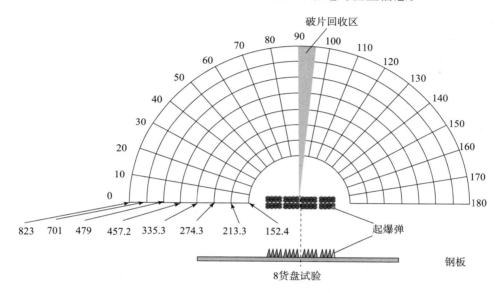

图 3.42　美军大尺度堆垛试验远场设置示意图

为了验证破片远场分散计算模型的可靠性，将小尺度堆垛实验获得的破片群近场信息作为输入参数，其中包括：

（1）破片初速度。将小尺度堆垛实验获得的 $\alpha = 90° \sim 95°$ 方向统计到的平均破片速度作为大尺度堆垛实验的 $\alpha = 90° \sim 95°$ 方向的初速度，由于小尺度堆垛实验设置了两种起爆模式，如图 3.43 所示，不同起爆方式获得的 $\alpha = 90° \sim 95°$ 方向的破片初速度分别是 1 500 m/s 和 1 700 m/s，二者相差不大，因此选择平均速度 1 600 m/s 作为 $\alpha = 90° \sim 95°$ 方向的初速度。

（2）破片初始飞散角。小尺度堆垛试验中，$R = 7.62$ m，$H = 2.44$ m，将破片回收箱可能捕捉到的破片范围作为初始飞散角的范围，则 p 的范围为 75°~90°，并认为飞散角均匀分布。

（3）破片质量。大尺度堆垛试验在 $p = 90° \sim 95°$ 回收区共回收到 686 枚破片，经分析破片质量满足如图 3.44 所示的 Mott 分布。破片质量可直接作为输入参数。

■ 爆炸危险性评估及进展

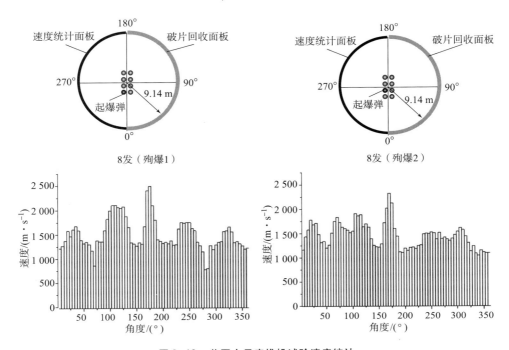

图 3.43　美军小尺度堆垛试验速度统计

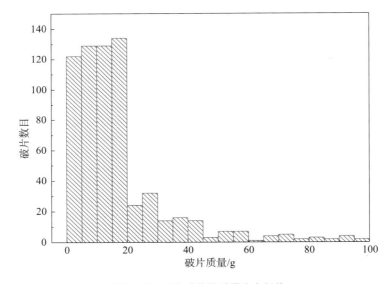

图 3.44　回收破片的质量分布规律

（4）破片形状。破片形状影响远场飞散过程阻力系数和迎风面积，美军静爆实验采用正二十面体测量仪测量了回收的 4 000 枚不规则破片的平均迎风面积，我们将平均迎风面积换算成成描述破片形状的参数球形度 Φ，发现球形度与质量无关，且呈现近似正态分布的规律，平均值为 0.58，标准差为 0.082，如图 3.45 所示。

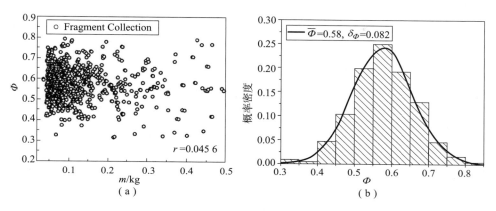

图 3.45　回收破片的形状分布规律

将上面所述的破片质量、初速、飞散角、破片形状作为输入参数输入破片分散计算模型，计算破片的飞散过程并统计落地点位置，如图 3.46 内的插图所示，可以看出在 $p=90°\sim95°$ 范围内，随着距离爆心的距离增大，落地的破

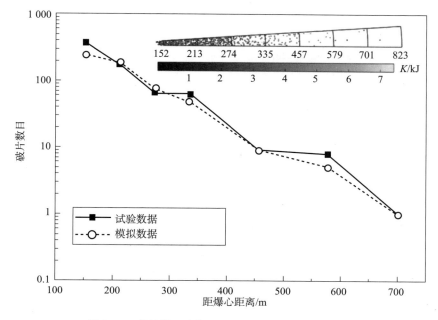

图 3.46　数值模拟计算得到的落点与试验回收的对比

片数目在逐渐减少，而落地瞬间的破片动能与离爆心的距离没有明显关系。由于飞散角、质量、形状的分布具有随机性，因此重复随机计算 100 次，统计平均结果。将获得的破片落点数据与大规模堆垛回收的试验数据进行对比，如图 3.46 所示。

从图 3.46 中可以看出，这里采用的破片分散计算模型，计算得到的破片远场落点结果可以很好地吻合实验结果，验证了破片分散模型的有效性，因此后续将采用此模型计算破片群的远场分散过程，以进行进一步的终点效应分析。

第 4 章

爆炸危险性评估

4.1 破片危险性

爆炸事故中产生的破片场会对周围环境内的人员、车辆、建筑物等目标产生毁伤作用。对于不同类型的目标，评价破片毁伤作用的方式具有较大差异，本节总结了文献中记载的评价破片毁伤作用的经验结果，基于此可以对爆炸事故中破片场对不同目标产生的危险性进行定量评估。

1. 对结构或结构元件的作用

由破片可能引起破坏的结构，包括框架或砖石结构的住房轻型乃至重型工业建筑物、办公楼、公共建筑、移动式住所、汽车或许多其他结构物。破坏可能局限于表面（如金属板凹陷或玻璃板破裂等），但较重的破片则可能导致较大的破坏，如木质屋顶的穿透、板房或汽车等严重受压破坏等。大多数破片都是无侵彻的，仅在撞击中施予脉冲荷载而引起破坏。撞击作用的时间将是很短暂的，以致在这个时间里几乎对任何"目标"结构或结构部件仅仅是一个脉冲作用。可能导致结构重大破坏的大破片的撞击条件，也可由将破片的动能和典型屋面板、屋面梁等吸收能量的能力相等来确定。

2. 破片对薄金属板的撞击作用

这里所研究的结构物是金属板或金属薄板型目标。薄板目标的曲率不起任何作用，故可采用平面目标的数据，并将其用于所研究的任何普通形状。

下述方法是 Baker、Kulesz 等根据破片和冰雹撞击在金属薄板上的资料整理出来的。在这些研究中，人造冰雹（冰球）射击在铝合金板目标上，而各种不同形状的破片射击在钢目标上，所研究的参数如表 4.1 所示。

表 4.1 侵彻金属薄板和金属板的参数表

参数	意义
a	破片半径（假定破片为球状）
h	目标厚度
V	破片速度
δ	目标在撞击点的残余挠度
ρ_p	破片（抛射体）的密度
ρ_s	目标的密度
σ_s	目标材料的屈服应力

这项研究牵涉到塑性变形问题，这就使得参数 σ_t 比目标材料的弹性模量更为重要。此外还假设破片或者是刚体，或者是非常弱的可以压扁的物体。这就使得破片的强度成为一个多余的参数。模型研究和数据分析的有关参量，以无量纲的形式列于表 4.2 中。

表 4.2 侵彻金属薄板和金属板的无量纲项

无量纲项	意义
$\dfrac{\rho_p v}{\sqrt{\sigma_t \rho_t}}$	无量纲抛射速度
$\dfrac{\delta h}{a^2}$	无量纲目标挠度
$\dfrac{h}{a}$	无量纲目标厚度

当绘制 $\delta h/a^2$ 和 $\rho_p V/\sqrt{\sigma_t \rho_t}$ 的关系曲线时，可以看到数据点沿着一条直线散布在一定的范围内，直线在速度值为正的位置与水平轴相交，如图 4.1 所示。这是可以想见的，因为破片的速度小于某一限值时，目标不会产生残余挠度。

对于给定破片性能、给定目标和给定破片速度的法向分量的情况下，是可以求出 δ 的。当然，在破片速度很低的情况下，是不会产生残余挠度的。

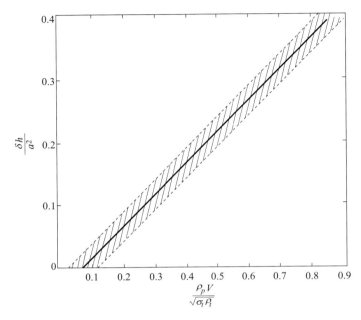

图 4.1 "短粗"、可压扁破片的无量纲挠度与无量纲速度的关系曲线

这个方法是根据撞击不很靠近金属薄板或金属板边缘的情况下提出的。对于撞击无支承或简支金属薄板或金属板边缘的情况,其挠度约为其他情况下所产生的挠度的 2 倍。

极限速度 V_{50} 的定义为:抛射体对某一给定目标具有 50% 侵彻概率的速度。在已知抛射体(破片)和目标性质的情况下,由图 4.2 便可求得 V_{50}。

图 4.2 中,a 为破片半径(假定破片为球形);h 为目标厚度;ρ_p 为破片(或抛射体)的密度;ρ_t 为目标材料的密度;σ_t 为目标材料的屈服应力。

在图 4.2 中,实践给出了极限速度与目标厚度之间的关系。根据曲线,这个关系具有不确定性。对似乎很难产生变形的坚硬破片,应选用较低较保守的无量纲极限速度,而对于软的破片,可选用较高的极限速度,同时,尚不知道在 $h/a > 22$ 时,这种关系是否存在。对于破片速度垂直于目标平面发生撞击的情况,应用本法的效果良好;而对于倾斜撞击的情况,则应使用速度的垂直分量。根据 McNaughtan 和 Chisman 的报告(1969),对于倾斜撞击,在与法线的夹角为 30° 时,侵彻速度最小,在 0°~30°。侵彻速度的差别可大到 20%,故如要求倾斜撞击的侵彻速度时,由图 4.2 求得的值应再乘以 0.8。

以分析所推导出来的公式是对球形破片而言的,要把这个公式用于其他形状的破片,令

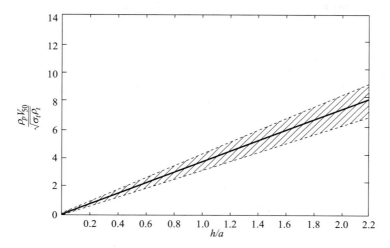

图4.2 "短粗"、无变形破片的无量纲极限速度与无量纲厚度的关系曲线

$$a = \left(\frac{m}{\rho_p 4\pi/3}\right)^{1/3} \quad (4.1)$$

式中:m 为破片的质量。

要确定破片形状的其他影响,还必须进行较多的研究。

表4.3列出了几种破片和目标材料的重要性质(密度和屈服应力)。

表4.3 目标材料的性质

材料	密度 $\rho/(\text{kg}\cdot\text{m}^{-3})$	屈服应力 σ/Pa
钢	7 850	
1015		$3.46 \sim 4.49 \times 10^8$
1018		3.66×10^8
1020(大晶粒)		4.42×10^8
1020(薄板)		3.11×10^8
A36		2.49×10^8
铝合金(薄板)	2 770	
2024 – 0		8.85×10^7
2024 – T_3		3.66×10^8
2024 – T_4		3.66×10^8
6061 – T_5		2.42×10^8
钛合金	4 520	
6Al$_4$V		1.11×10^9

Baker、Hokanson 和 Cervantes（1976）进行了大量的试验研究，在试验中，他们用长径比为 31 的硬木圆柱的一端去撞击侵入薄的软目标，将试验数据绘成曲线，得到了侵彻方程

$$\frac{\rho_p V_{50}^2}{\sigma_t} = 1.751 \left(\frac{h}{d}\right)\left(\frac{l}{d}\right)^{-1} + 144.2 \left(\frac{h}{d}\right)^2 \left(\frac{l}{d}\right)^{-1} \qquad (4.2)$$

式中：V_{50} 为侵彻 50% 时的撞击速度；ρ_p 为抛射体的密度，σ_t 为目标的屈服强度；h 为目标厚度；l 为抛射体长度；d 为抛射体直径。方程式（4.2）的限制条件为

$$5 \leqslant l/d \leqslant 31$$
$$0.05 \leqslant h/d \leqslant 0.10$$
$$0.01 \leqslant \frac{\rho_p V_{50}^2}{\sigma_t} \leqslant 0.05$$

3. 破片对屋顶材料的撞击作用

破片对建筑物屋顶的任何撞击，都会引起对某些表面的破坏。我们在这里不讨论只影响外观但对屋顶结构性能没有影响的情形，而是讨论严重破坏包括破裂和完全侵彻的情形。

由于屋顶的种类很多，并且破片对屋顶材料撞击试验的数据不充足，所以下面的讨论只能尽量保持一般化，仅介绍一些屋顶材料被破坏的下限，目前的认知还不够充分。

研究对金属目标的撞击作用使人相信，动量是抛射体的重要参数。因此，在获得更多的有关知识之前，必须假定动量也是撞击屋顶材料的重要参数。下面的讨论，是根据 Greenfield（1969）用人造冰雹射击屋顶材料的试验数据进行的，使用的试验速度相当于所用特定尺寸的冰雹的最终下落速度。

屋顶材料可分为沥青屋顶、组合屋顶（由沥青层和加强层交替组成，通常顶部再铺上卵石或碎石）和其他各种屋顶（石棉水泥瓦屋顶、石板屋顶、杉木尾顶、黏土瓦屋顶和薄金属屋顶）三类。表 4.4 列出了普通屋顶材料严重破坏时破片动量的下限值。对于倾斜撞击作用，在计算动量时，应使用垂直于屋面的垂直分量。

表 4.4　破片对屋顶材料的撞击破坏

屋顶材料	动量（kg·m/s）	说明
沥青屋顶	0.710	顶层破裂
	6.120	盖板破坏

续表

屋顶材料	动量（kg·m/s）	说明
组合顶	>0.710	沥青面破坏
	2.00	顶端无碎石层的普通组合屋顶表面破裂
	>4.430	
其他屋顶		
0.003 m 石棉水泥瓦	0.710	胶合木盖板破裂
0.006 m 石棉水泥瓦	1.270	
0.006 m 绿石板	1.270	
有接缝铅锡合金板	4.430	

通常，任意撞击屋顶材料的破片都有可能超过产生严重破坏所需要的动量。事实上，因为大多数破片都是较大的阻力型破片，升力很小或根本没有升力，使得破片好像是"降落"在屋顶上似的。在简单的情况下，要确定撞击速度 V_{yf}（给定破片的初速垂直分量），可使用如下方程：

$$V_{yf} = -\sqrt{Mg/K_y}\sin(\arctan V_{y0}\sqrt{K_y/Mg}) \quad (4.3)$$

式中：M 为破片质量；g 为重力加速度；V_{y0} 为初始速度的垂直分量；$K_y = C_D A_D \rho/2$（C_D 为阻力系数，A_D 为垂直方向的受力面积，ρ 为空气密度）。在其他情况的撞击条件下，可用数值近似法解运动方程来估算。

旧屋顶在低于表列破片动量值时，即会发生严重破坏。另外，这些试验都是在室温下进行的。在较低温度下屋顶发生破坏的最小动量值，要比表中 4.4 所列的数值大。

4. 对人的毁伤作用

破片撞击对人的伤害通常分为两类：一类是小破片的侵彻作用和伤害；另一类是大的非侵彻破片所引起的钝器外伤。

1）侵彻破片

毫无疑问，在这方面已经进行了大量的研究，并已提出了军事上的弹片杀伤方程。虽然不分类的这种方程并不存在，但现已积累了某些可公开得到的人体侵彻方面的资料，并已完成了一些相当简单的分析。因此，随着现状的改进，将会提出更可靠的破坏判据

Sperrazza 和 Kokinakis（1967）参与了对各种动物目标的弹道极限速度 V_{50} 的研究。V_{50} 是抛掷物撞击时预计目标物发生 50% 穿透的撞击速度。他们发现，

■ 爆炸危险性评估及进展

这个速度同面积与质量之比成比例，即

$$V_{50} \propto A/M$$

式中：A 为抛掷物沿轨道的横截面积；M 为抛掷物的质量。

他们将不同质量（直到 0.015 kg）的钢质立方体、圆球和圆柱体射入有 3 mm 厚隔离层的皮肤（人体或山羊）内，以确定弹道极限速度。他们有一个假设是，如果抛射体侵入了皮肤，则其剩余速度将足以造成严重伤害。这样谨慎的假设对计算确定安全范围是适宜的。他们的结论是，在他们的数据范围内，对于钢立方体、球体和圆柱体来说，V_{50}（m/s）与抛掷物的 A/M（m²/kg）具有线性关系，即

$$V_{50} = 1247.1\left(\frac{A}{M}\right) + 22.03 \qquad (4.4)$$

对于 $A/M \leq 0.09$ m²/kg 来说，$M \leq 0.015$ kg。

Kokinakis（1974）曾经将塑料块的一端射入 1 mm 厚的 20% 的胶体内。他认为这样是代表最坏的情况，所以采用塑料块一端射入，由于这样的弹射可模拟有隔离层的人体皮肤，故使用 20% 的胶体。Sperrazza 和 Kokinakis（1967）给出了 V_{50} 与 A/M 的线性关系，如图 4.3 所示。

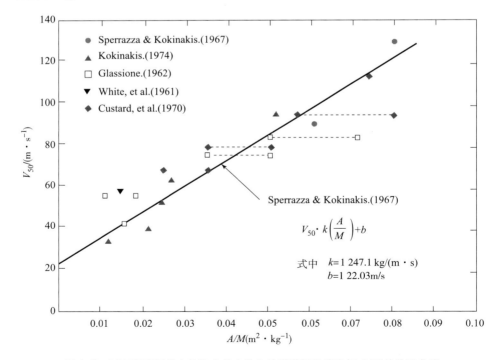

图 4.3　对有隔离层的人体和山羊皮肤作的弹道极限速度与 A/M 的关系曲线

图 4.3 中画出了这些试验的平均值，图上圆圈表示使用质量直到 0.015 kg 的钢质立方体、球体和圆柱体做的初始试验，且每一个平均值都是由 30 个数据求得的。图 4.3 中的直线由这些平均值用最小二乘法求出。一角朝上的三角形代表随后进行的一端射入塑料块的试验平均值，这些平均值也位于前面研究过的直线附近，因此也提高了试验分析的可信度。

但是，其他作者没有提出过在形式上与 Sperrazza 和 Kokinakis 相同的有关侵彻伤害的资料。Glasstone（1962）根据玻璃破片的质量，以玻璃破片侵入腹腔的概率来表示。为了将 Glasstone 的结果与 Sperrazza 和 Kokinakis 的结果进行比较，必须作一些假设：①具有 50% 侵入腹腔概率的玻璃破片速度在生物学上等于侵彻有隔离层的人体皮肤的极限弹道速度 V_{50}。但是，Glasstone 仅给出了侵彻所需要的玻璃破片的质量，没有给出破片的横截面积、厚度或密度。②玻璃破片抛掷时棱边朝前（这可能是最坏的情况），同时都是厚度为 3.175 mm（1/8 英寸）至 635 mm（1/4 英寸）的正方形破片。③玻璃破片的平均密度为 2 471 kg/m³（Fletcher 等，1971）。有了这些假设就不难求出 A/M。如果玻璃破片的厚度为 h，边长为 y，则破片的体积为

$$v = y^2 h$$

式中：v 为破片体积；y 为破片边长；h 为破片厚度。

于是，破片的质量为

$$M = \rho v = \rho y^2 h \tag{4.5}$$

式中：ρ 为玻璃的密度。

可以求出边长

$$y = \sqrt{\frac{M}{\rho h}} \tag{4.6}$$

假设棱边朝前撞击时，面积与质量之比为

$$\frac{A}{M} = \frac{hy}{M} \tag{4.7}$$

或由式（4.5）、式（4.6）和式（4.7）可得

$$\frac{A}{M} = \sqrt{\frac{h}{\rho M}} \tag{4.8}$$

Glassione 得出的玻璃破片具有 50% 侵彻腹腔概率的撞击速度指标如表 4.5 所示，该表包含了厚度为 3 175 mm 和 6.35 mm 的玻璃板的 A/M 值。各种速度值和按 A/M 计算所得的值，在图 4.3 中用小正方形描出。这些值与 Sperrazza 和 KoKinakis 所使用的值的范围是相符的。虚线表示厚度出 2.175～5.35 mm

时 A/M 的取值范围。即使是进行了上述粗略的假设，计算所得的各点与图 4.3 中所画的直线仍非常接近。

表 4.5　玻璃破片侵彻腹腔的概率为 50% 时的撞击速度

玻璃破片质量/kg	撞击速度/(m·s^{-1})	A/M（破片厚 3.175 mm）/(m^3·kg^{-1})	A/M（破片厚 6.35 mm）/(m^3·kg^{-1})
0.000 1	125	0.113 6	0.160 3
0.000 5	81	0.050 7	0.071 7
0.001 0	75	0.035 8	0.050 7
0.010 0	55	0.011 3	0.016 0

White 等（1961）也讨论了撞击破片侵彻皮肤的速度与质量的关系。他得出的结论为：当质量为 0.008 7 kg（0.019 lb）的球形子弹以 57.9 m/s（190 英尺/s）的速度射向人体时，发生皮肤轻微划伤。假设钢的密度 ρ = 7 925 kg/m^3，则 A/M 值可由下式计算：

$$\frac{A}{M} = \frac{\pi r^2}{M} \tag{4.9}$$

或

$$\frac{A}{M} = \frac{\pi}{M}\left(\frac{3M}{4\pi\rho}\right)^{2/3} \tag{4.10}$$

式中：r 为球形侵彻物的半径。

使用式（4.10）和上述质量及密度，A/M 的值为 00 148 m^2/kg。上面给出的速度值（57.9 m/s）和 A/M 计算所得的值在图 4.3 中用一个角朝下的三角形画出，这个值貌似稍高于预期值。特别是在以这些速度值代替 50% 侵彻速度时，预期皮肤只有轻微划伤，所以这个值似乎有点偏高。

像 Glasstone 一样，Custard 和 Theyer（1970）确定，发生 50% 侵彻时，速度仅仅是质量的函数。他们假设，玻璃破片厚度可在 3 175 mm（1/8 英寸）至 635 mm（1/4 英寸）内变化，破片以棱边朝前运行，并为正方形，玻璃密度为 2 471 kg/m^3。有了这些假设，就可由式（4.8）算出 A/M。计算结果在图 4.3 中用菱形绘出。与 Sperrazza 和 Kokinakis 的结论相比，还算比较一致的。因此，对于 A/M 的值达 0.09 m^3/kg 和 M 值达 0.15 kg 的情况来说，用式（4.3）表达，并在图 4.3 中用实线描绘。这个函数关系，能够恰当地表示在能导致严重伤害的抛掷物侵彻皮肤的概率为 50% 时的情况。

2）非侵彻破片

非侵彻破片对人体伤害的资料非常有限。有关的几种资料列于表 4.6 中。

应该注意，这种伤害仅与破片的质量和速度有关。本表也仅仅包含一个破片质量值的资料。从逻辑上说，人们可以假设，以相同的速度抛掷较大质量的物体时，将会比表4.6中所列4.54 kg质量的物体产生更大的伤害。

表4.6 非侵彻破片间接冲击作用暂行标准

质量/kg	事件	伤害程度	撞击速度/(m·s^{-1})
4.54	脑震荡	基本上"安全"	3.65
		开始伤害	4.57
	头破裂	基本上"安全"	3.65
		开始破裂	4.57
		接近100%破裂	7.01

图4.4和图4.5为Ahlers（1969）提出的人员被破片撞击伤害的标准。对于质量大于4.52 kg的破片，撞击头部时，开始产生伤害的标准稍低于（比较谨慎）表4.6中的数值。图4.4靠近各条曲线的百分数，表示人们在该撞击条件下，受撞击人中死亡或致伤的概率。图4.4和图4.5中的严重伤害的临界值曲线，表明了破片速度和破片重量的关系，低于这些值不会发生严重伤害。

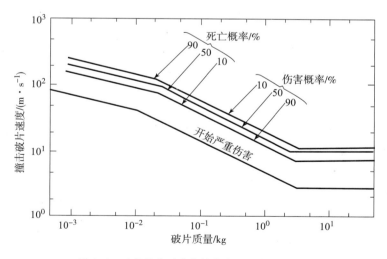

图4.4 破片撞击对人体的伤害（腹部和四肢）

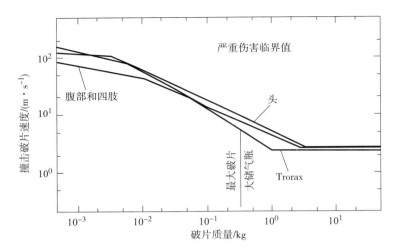

图 4.5 破片撞击对人员的伤害（严重伤害的临界值）

4.2 破片场危险性评估

建立了有效的破片初始信息估计和破片远场分散方法后，理论上可以针对一次爆炸事故，从破片的生成到飞散落地的全过程进行描述。因此可以针对不同的目标估计发生爆炸事故时破片场的危险性。目标通常包括人员、车辆、建筑物、外部设备等，由于此前的大部分工作都是以人员目标开展的，因此本章以人员目标为例进行破片场危险性评估方法的介绍。

DDESB 规定了以下条件作为人员的危险标准：

（1）危险破片的数密度大于 1 块/56 m^2；

（2）动能大于 79 J 的破片定义为危险破片。

假设人员的平均暴露面积为 0.56 m^2，危险碎片面积数密度标准大约相当于 0.01 的命中概率，为了更方便地进行进一步的风险评估分析，这里选择使用危险破片命中概率作为评价破片场危险性的参数。本节将介绍如何根据前文所述的破片轨迹计算方法评估破片命中人员目标的概率，并分析不同的危险破片标准对破片场危险性评估的影响。

4.2.1 破片命中目标概率估计

由于破片群分布在三维空间中且会随时间演化,估计破片命中目标的概率通常需要人为地设置统计单元,破片命中目标概率由破片群命中统计单元的数目、统计单元的面积和目标的呈现面积共同决定,一般的估计流程如下。

(1) 设破片击中统计单元的数目为 N,统计单元的面积为 A,则破片数密度为

$$q = \frac{N}{A} \tag{4.11}$$

(2) 设一个人的参考面积为 A_m,则破片命中人的期望为

$$\lambda = A_m q \tag{4.12}$$

(3) 破片命中人员 x 次的概率基于泊松分布,有

$$P_{\text{hit}}(x) = \frac{\lambda^x}{x!} e^{-\lambda} \tag{4.13}$$

(4) 破片至少击中人员一次的概率为

$$P_{\text{hit}}(x > 0) = 1 - P(x = 0) = 1 - e^{-\lambda} \tag{4.14}$$

目前,实验中最常见的破片统计单元包括立式靶和地面靶两类,图 4.6 显示的是部分立式靶和地面靶的示意图,地面靶方法是以爆心为圆心,在地面上划分的极坐标网格,而立式靶方法是每隔一定的间距,根据目标的情况设置具有一定的高度(对于人员目标一般是 2m)的环形竖直靶板。为了表示方便,下面用下标 r 表示立式靶,下标 g 表示地面靶。由于划分了极坐标网格作为统计单元,破片命中概率 P_{hit} 可以作为方位角 α 和距离爆心距离 R 的函数

$$P_{\text{hit}} = f(\alpha, R) \tag{4.15}$$

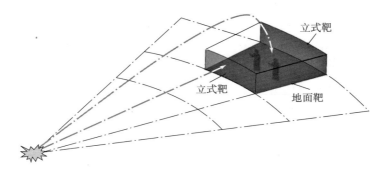

图 4.6 静爆场试验立式靶和地面靶的示意图

从图 4.6 中可以看出,地面靶更多地会统计到垂直下落的破片,而立式靶

■ 爆炸危险性评估及进展

方法更多地会统计到具有较为平直弹道的破片。但是，无论是地面靶方法还是立式靶方法，都是将人简化成具有一定面积的二维物体。目标一般是三维的，而且会受到来自三维空间的破片威胁，因此应该建立更合理的描述目标处于三维空间中被破片击中的方法。

最简单的方式是同时设置地面靶和立式靶，计算命中次数为 N 时将地面靶和立式靶的数目相加，即

$$N = N_r + N_g \tag{4.16}$$

由于数值模拟中的虚拟立式靶可以被穿透，因此击中统计单元的破片共有三种类型，如图 4.7 所示。可以看出，立式靶可以统计到类型 1 和类型 3 的破片，地面靶可以统计到类型 2 和类型 3 的破片。因此，类型 3 的破片会被重复统计，如果把地面靶和立式靶的数据简单相加，会导致一部分破片被重复统计而引起误差。

解决此误差的方法是，将地面靶提升至与立式靶相同的高度，称为水平靶（用下标 h 表示），如图 4.7（b）所示，这样类型 1、类型 2、类型 3 的破片都会统计到，且不会重复统计，前、后两个立式靶和水平靶在空间中可以形成一个完整的三维块体，将这种方法命名为体单元法，用下标 v 表示。

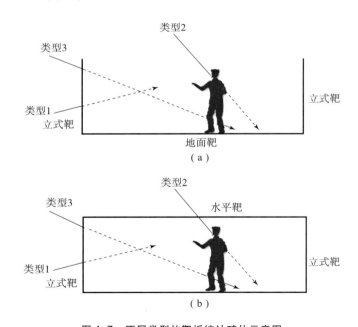

图 4.7 不同类型的靶板统计破片示意图
（a）立式靶和地面靶；（b）立式靶和水平靶

采用体单元法统计到的破片命中次数为

$$N_v = N_r + N_h \tag{4.17}$$

破片数密度为

$$q_v = q_r + q_h \tag{4.18}$$

破片命中期望为

$$\lambda_v = \lambda_r + \lambda_h \tag{4.19}$$

破片至少击中人员一次的概率为

$$P_{\text{hit},v}(x > 0) = 1 - e^{-\lambda_v} \tag{4.20}$$

需要注意的是,为了保证第一个体单元的数密度结果不会是无穷大,立式靶的面积我们选择体单元中心的立靶。

文献中提供了另外一种根据体单元法构建的破片命中概率的计算方法,与每一个命中体单元的破片轨迹有关,用上标"*"表示与上述体单元方法的区别。

如图4.8(a)所示,破片命中次数的统计方法不变,破片命中体单元瞬间的轨迹方向与水平面的夹角为LE,体单元的投影面积A_v由破片命中瞬间水平靶的面积A_{Top}和中心立式靶的面积A_{Mid}共同确定,即

$$A_v = \sin(LE) A_{\text{Top}} + \cos(LE) A_{\text{Mid}} \tag{4.21}$$

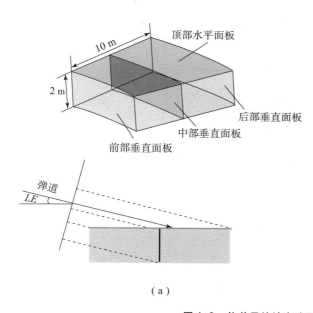
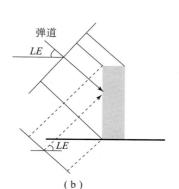

图4.8 体单元统计方法示意图
(a)体单元示意图;(b)命中过程人员面积计算示意图

如图 4.8（b）所示，将站立的人假设为面向爆心的长方体，人的暴露面积 A_M 的估计方法为

$$\begin{cases} A_M = \sin(LE)DM \times WM + \cos(LE)DM \times WM（轨迹向下）\\ A_M = \sin(LE)DM \times WM（轨迹向上） \end{cases} \quad (4.22)$$

则破片击中人次数的期望值为

$$\lambda_v^* = \sum_{N_v^*} \frac{A_m}{A_v^*} \quad (4.23)$$

破片至少击中人员一次的概率的计算方法不变，有

$$P_{\text{hit},v}^*(x > 0) = 1 - e^{-\lambda_v^*} \quad (4.24)$$

下面结合具体案例分析不同统计方法对于分析破片命中目标概率的影响。

分别按照水平靶、立式靶，以及体单元作为估计破片命中人员概率的方法，地面划分 5°，间距 20 m，其中立式环形靶以及体单元的高度设置为 2 m。研究对象仍选择 3.3.3 节中堆垛静爆试验的试验数据作为近场信息，应用破片远场分散计算模型，计算破片群从开始飞散到落地的全过程，统计破片命中次数以及数密度、命中概率，分析不同统计方法的区别。

单独分析 $R = 360 \sim 380$ m 的单元情况，如图 4.9 所示，共有 9 条弹道线命中体单元，其中 6 条命中立式靶，3 条命中水平靶。同样，由于飞散角、质量、形状的分布具有随机性，因此重复随机计算 100 次，统计各个统计方法命中的平均结果。

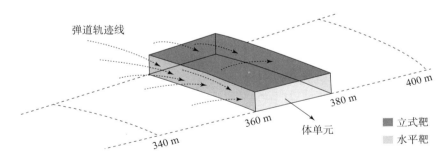

图 4.9　$R = 360 \sim 380$ m 体单元命中情况示意图

如图 4.10（a）所示，由于虚拟立式靶可穿透，一个破片可以被多个虚拟立式靶捕捉到，因此一般情况下靠近爆心的立式靶能捕捉到的破片最多，约等于总破片数；随着离爆心的距离增大，立式靶能捕捉到的破片越来越少。而水平靶不能重复捕捉破片，所有水平靶捕捉到的破片数目之和等于破片的总数，所以图 4.10（a）中 N_h 和 N_r 随距离变化的曲线形状差异很大。

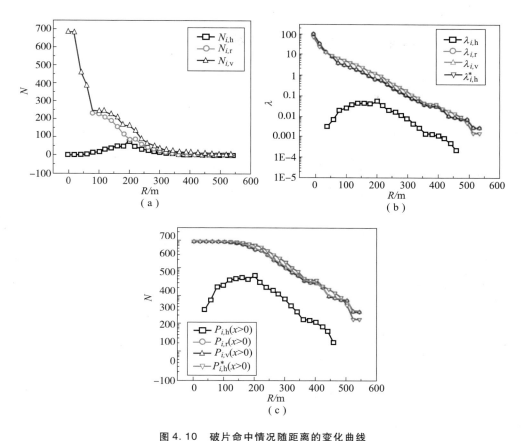

图 4.10 破片命中情况随距离的变化曲线
(a) 破片命中次数；(b) 破片命中数密度；(c) 破片命中概率

在爆炸近场（小于 50 m），由于下落的破片很少，所以水平靶统计到的破片也很少，破片命中体单元和立式靶的数目基本一致。

在爆炸远场（大于 100 m），部分初始抛射角比较大的破片开始落地，水平靶统计到的破片数目明显增多，这一部分破片可能不会被立式靶统计到。

体单元统计到的破片是水平靶和立式靶的和，因此破片命中体单元的数目明显多于其他两种方式。

当距离进一步增大，破片数目均明显下降，此时三种统计方法统计到的破片数目差别不大。

对于改进的体单元法，破片击中数目与体单元法相同，而在计算数密度时投影面积的计算方法不同，很难定量分析差异性。从图 4.10（b）所示的数密度的曲线对比也能看出，改进的体单元法与体单元法相比，相同位置处的数密度可能偏大，也可能偏小，图 4.10（c）所示的命中概率显示出和数密度相似的变化规律。

综上所述，在对破片场危险性评估影响最大的区域（40～200 m），不同统计方法统计到的破片命中次数差别很大，进而导致命中概率的差别。我们认为体单元法不会忽略各种可能命中的破片，因此最适合应用于破片危险性评估。如果对于实验操作而言体单元法较难实现，则立式靶与体单元的结果较为接近，可以近似代替；而水平靶以及地面靶由于其无法重复捕捉破片，会明显低估破片风险，因此不建议使用。

4.2.2 破片场危险性估计

对于 3.3.3 节的算例，以体单元作为统计单元，输出不同位置处命中体单元的大于某个动能的破片数目，如图 4.11 所示。可以发现 0～50 m 处，以及 300～600 m 处命中体单元的破片动能基本位于同一个区间内，而 50～300 m 处命中体单元的破片动能分布比较分散，不同的破片动能可能导致不同的危险后果。因此，只统计破片命中目标的概率 P_{hit} 不足以评估危险性，有必要根据破片的动能给出相应的发生危险的概率 P_{damage}。

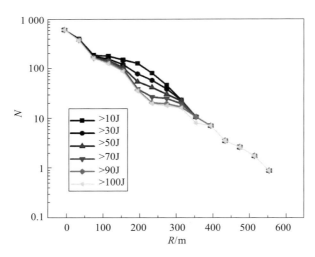

图 4.11 不同距离破片命中体单元动能统计（附彩插）

并非所有命中目标的破片都会造成危险，只有动能 E 高于某一标准动能 E_{crit} 的破片才能被定义为危险破片，因此 $P_{damage} \leq P_{hit}$。美国 DDESB 定义的针对人员的 $E_{crit} = 79$ J，另外还有法国的标准为 39 J，德国为 78 J。

假设有 N_{hit} 个破片命中统计单元，第 i 个破片（$i = 1, 2, \cdots, N_{hit}$）命中目

标的概率为 $P_{\text{hit},i}$，根据第 i 个破片的动能确定其对目标产生危害的概率为 $P_{\text{K},i}$，那么第 i 个破片实际会对目标产生危害的概率为

$$P_{\text{damage},i} = P_{\text{hit},i} \times P_{\text{K},i} \quad (4.25)$$

那么对于所有击中统计单元的破片，对目标产生危害的概率为

$$P_{\text{damage}} = 1 - \prod^{N_{\text{hit}}}(1 - P_{\text{damage},i}) \quad (4.26)$$

使用动能标准时，人员的杀伤概率 P_K 服从 1-0 分布，即

$$P_{\text{K},i} = \begin{cases} 0, E \leqslant E_{\text{crit}} \\ 1, E > E_{\text{crit}} \end{cases} \quad (4.27)$$

根据简明损伤定级标准（AIS），破片伤害可以分为 6 个等级。不同伤害等级对应的命中动能－伤害概率的关系如图 4.12 所示。

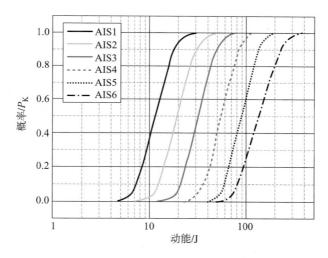

图 4.12　不同伤害等级对应的命中动能－伤害概率的关系

如果采用 AIS 标准，则需要根据指定的伤害等级，对于第 i 个破片（$i = 1, 2, \cdots, N_{\text{hit}}$），根据其命中统计单元瞬间的动能 E 在图 4.12 中读取对应的 $P_{\text{K},i}$，代入式（4.24）可以即可执行后续的分析过程，可以获得更精细的危险性分析结果。

对于 3.3.3 节的算例，选择不同的动能标准，输出 P_{damage} 随距离的变化曲线，如图 4.13 所示。可以发现不同危险判据得到的发生危险的概率明显不同，同一个位置处认定的伤害等级越低，发生危险的可能性越大，采用 78 J 的功能作为安全准则得到的 P_{damage} 近似于 AIS 4。

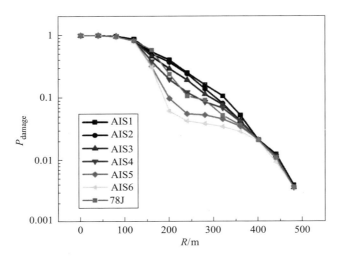

图 4.13　危险概率随距离的变化曲线（附彩插）

4.3　破片场危险性分析

3.2 节~3.3 节介绍了如何分析评估战斗部破片场的生成、分散及终点效应。本节将结合实际案例，对单发和堆垛战斗部破片场危险性进行分析，介绍已构建的破片场危险性分析方法的工程应用。

4.3.1　单发战斗部破片危险性分析

选择的典型战斗部为 105 mm M1 榴弹，将模型简化为 4 段圆柱组合，忽略上下端盖，中心炸药为 CompB，破片质量采用 Mott 分布描述，初始速度采用 Gurney 公式描述，爆炸中心包括中心点火及底端点火两种，飞散角采用 Shapiro 公式描述，破片形状采用正态分布描述，破片群轨迹采用 3.3 节远场分散模型计算，几何尺寸及破片近场信息如表 4.7 所示，形成破片的质量分布规律及飞散角分布规律如图 4.14 所示。

表 4.7　弹丸几何参数及破片初始参数

区域	厚度/cm	外径/cm	内径/cm	长度/cm	初速度/(m·s⁻¹)	破片数	示意图
A	1.70	10.49	7.09	8.15	1 216	689	A
B	1.32	10.49	7.85	12.09	1 484	1 329	B
C	1.04	9.19	7.11	7.16	1 579	902	C
D	1.24	7.57	5.08	7.16	1 226	669	D

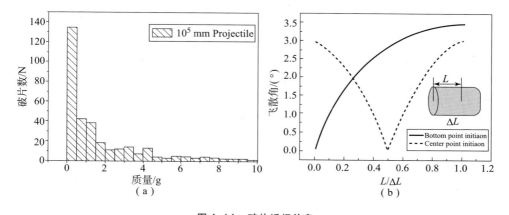

图 4.14　破片近场信息
（a）破片质量统计；（b）破片飞散角统计

为了方便对比分析，设置标准算例，标准算例工况设置为：立式战斗部、中心点火，炸高 1 m，采用改进的体单元作为破片终点统计单元，采用动能 79 J 作为危险破片判断标准。由于质量和形状分布具有随机性，单次模拟无法体现结果，因此每一种工况重复计算 500 次，每次提供新的随机分布。输出不同重复次数下 $P_{damage}(\alpha, R)$ 的等值线如图 4.15 所示。

从图 4.15 中可以看出，由于质量和速度的环向分布不均匀，单次计算得到的 P_{damage} 等值线有明显的锯齿形状，不利于得到明确的破片场危险性结论。随着重复次数的增多，由于每次都提供完全不同的随机分布，质量和速度分布的环向不均匀会逐渐消除，P_{damage} 等值线环向逐渐均匀，重复次数等于 500 次

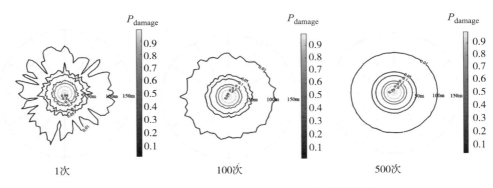

图 4.15 立式弹丸中心起爆 $P_{damage}(\alpha, R)$ 的等值线

时环向的不均匀性基本已全部消失。按照 DDESB 的标准,将 $P_{damage}=0.01$ 作为定义安全和危险的分界线,则标准算例得到的破片场安全距离为 98 m。

如果采用 AIS 标准作为危险破片的界定准则,则可以针对不同伤害标准,输出环向均匀后的 P_{damage} 随 R 的变化曲线,如图 4.16 所示。可以看出,伤害标准越高,所得到的 P_{damage} 越小,由 $E_{crit}=79$ J 的安全标准得到的 P_{damage} 结果介于 AIS 4 和 AIS 5 之间。同样以 $P_{damage}=0.01$ 作为定义安全和危险的分界线,可以得到不同伤害标准下的破片场安全距离,如表 4.8 所示。

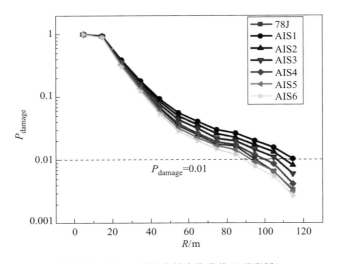

图 4.16 P_{damage} 随距离的变化曲线(附彩插)

第4章 爆炸危险性评估

表 4.8 不同危险判据计算得到的安全距离

危险判据	安全距离	危险判据	安全距离
AIS 1	115 m	AIS 4	101 m
AIS 2	111 m	AIS 5	93 m
AIS 3	107 m	AIS 6	87 m

另外，我们还将标准算例修改为立式战斗部底端点火以及卧式战斗部（中部/底端点火）的算例，同样重复计算 500 次，$P_{damage}(\alpha, R)$ 的等值线如图 4.17 所示。对于立式战斗部底端点火的算例，破片安全距离为 45 m，与中心起爆相比，由于破片抛射角较大，大量破片会越过靠近爆心的体单元而击中远离爆心的体单元，此时破片经历了速度衰减，动能已经较低，因此破片安全距离较低。

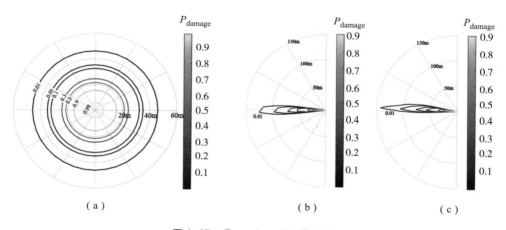

图 4.17 $P_{damage}(\alpha, R)$ 等值线
(a) 立式弹丸端部起爆；(b) 卧式弹丸中心起爆；(c) 卧式弹丸端部起爆

对于卧式战斗部的算例，由于战斗部卧式摆放方式不再具有环向均匀性，$P_{damage}(\alpha, R)$ 形成明显的两侧喷流，因此卧式的战斗部具有明显的危险方向。图中显示了 $P_{damage}=0.01$ 的等值线作为危险和安全的分界线，站在等值线外的人员是安全的，对于战斗部的危险方向，安全距离可接近 150 m，显著大于立式摆放的算例。

美国国防部标准 DoD 6055.9-STD 提供了 105 mm M1 榴弹的安全距离，William 等（1998）也开发了针对破片战斗部的安全距离预测方法。将立式战斗部的计算结果与文献提供的方法得到的结果进行对比，如表 4.9 所示。

表4.9 不同安全距离评价方法得到的安全距离

文献来源	安全距离/m
DoD 6055.9 – STD	82
William 等，1998	104
立式战斗部中心点火	98
立式战斗部端部点火	45

可以看出与文献记载的结果相比，我们的方法评估的安全距离结果显示出了较大的差异性。由于安全距离不仅与战斗部本身的形制有关，也与点火方式、炸高等参数密切相关。因此，Q-D 准则以及由有限实验结果导出的经验公式不足以评估弹药的安全性，我们的工作为各种场景下复杂型制的弹药危险性提出了一个通用且合理的评估方法。

4.3.2 堆垛战斗部破片危险性分析

由于堆垛形式是储存弹药更普遍的形式，因此分析堆垛形式的弹药破片危险性更具有实用意义。由于美军进行的小尺度及大尺度堆垛实验给出的破片场安全距离分析方法仅是基于有限的实验数据和简单的数值计算，且无法提供 $P_{damage}(\alpha, R)$ 的空间分布细节，因此我们根据美军堆垛实验提供的破片速度、质量、浓度等近场实验数据，通过3.2节~3.3节建立的破片场危险性分析方法，对堆垛形式的弹药危险性特别是 $P_{damage}(\alpha, R)$ 进行了评估。

小尺度堆垛实验的描述如图4.18所示，堆垛实验的起爆方式分为同时起爆和殉爆两种类型，下面对这两种类型分别进行破片场危险性的评估。

1. 同时起爆

两发战斗部同时起爆，战斗部摆放方式和破片回收区以及速度统计区的布置如图4.18（a）所示，重新统计近场实验结果，不同方位角 α 内的平均破片速度和平均破片浓度分布如图4.18（b）和（c）所示。以 AIS 5 作为破片伤害标准，输出 $P_{damage}(\alpha, R)$ 的等值线如图4.18（d）所示，最外层等值线为 $P_{damage} = 0.01$，作为危险和安全的分界线。

从图4.18中可以看出，两发战斗部同时起爆，破片浓度和破片速度出现明显长边聚焦效应，90°和270°方向明显优于其他方向，危险概率等值线也呈现相似的长边聚焦。90°和270°方向可以认为是破片场的危险方向。

4发战斗部同时起爆，战斗部摆放方式和破片回收区以及速度统计区的布置如图4.19（a）所示，重新统计近场实验结果，不同方位角 α 内的平均破片

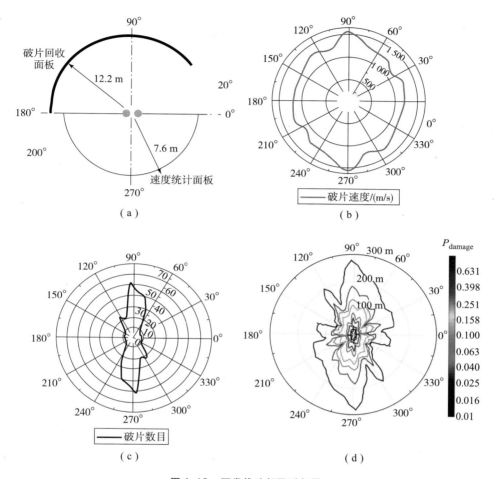

图 4.18　两发战斗部同时起爆

(a) 试验场布置示意图；(b) 近场破片平均速度分布图；
(c) 近场破片浓度分布图；(d) $P_{damage}(\alpha, R)$ 等值线图

速度和平均破片浓度分布如图 4.19（b）和（c）所示，以 AIS 5 作为破片伤害标准，输出 $P_{damage}(\alpha, R)$ 的等值线如图 4.19（d）所示，最外层等值线为 $P_{damage}=0.01$，作为危险和安全的分界线。

从图 4.19 中可以看出，4 发战斗部同时起爆，破片浓度和破片速度理论上应该也出现长边聚焦效应，并呈现轴对称状态。但是，图 4.19 中的破片浓度和破片速度包括危险概率等值线并不轴对称，出现了明显的优势方向，美军在报告中认为是实验未能实现同时起爆引起的。

8 发战斗部同时起爆，战斗部摆放方式和破片回收区以及速度统计区的布

■ 爆炸危险性评估及进展

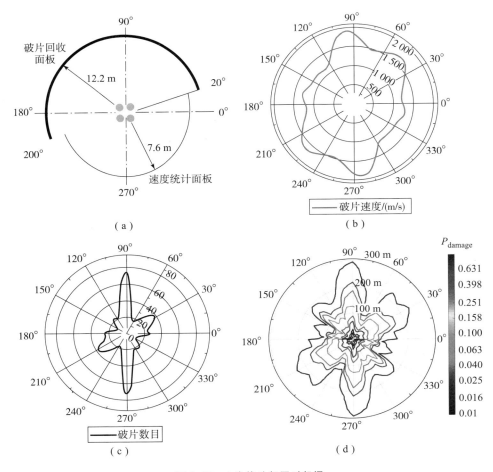

图 4.19　4 发战斗部同时起爆

(a) 试验场布置示意图；(b) 近场破片平均速度分布图；
(c) 近场破片浓度分布图；(d) $P_{damage}(\alpha, R)$ 等值线图

置如图 4.20 (a) 所示，重新统计近场实验结果，不同方位角 α 内的平均破片速度和平均破片浓度分布如图 4.20 (b) 和 (c) 所示。以 AIS 5 作为破片伤害标准，输出 $P_{damage}(\alpha, R)$ 的等值线如图 4.20 (d) 所示，最外层等值线为 $P_{damage} = 0.01$，作为危险和安全的分界线。

从图 4.20 中可以看出，8 发战斗部同时起爆，破片浓度和破片速度出现明显长边聚焦效应，方位角 0°、90°、180°和 270°方向均出现明显的峰值浓度和峰值速度，而这其中 4 发战斗部对应的长边，即 90°和 270°方向的峰值高于 2 发战斗部长边对应的方向，危险概率等值线也呈现相似的长边聚焦。0°、90°、180°和 270°方向可以认为是破片场的危险方向。

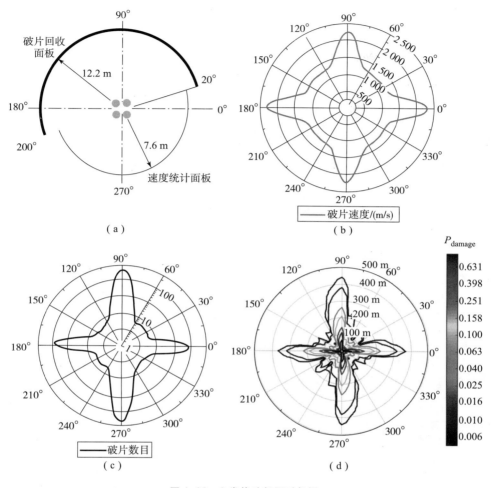

图 4.20　8 发战斗部同时起爆

（a）试验场布置示意图；（b）近场破片平均速度分布图；
（c）近场破片浓度分布图；（d）$P_{\text{damage}}(\alpha, R)$ 等值线图

2. 单发殉爆

历史上发生过的战斗部爆炸事故，大部分情况下堆垛战斗部不是同时发生爆炸，而是由某个战斗部发生意外爆炸进而引爆其他战斗部所导致的，也就是所谓的殉爆情况。因此研究殉爆情况下战斗部破片场的危险性更具工程实用意义。

2 发战斗部殉爆，战斗部的摆放方式和破片回收区以及速度统计区的布置如图 4.21（a）所示，图 4.21（a）也标注了殉爆的战斗部。重新统计近场实

■ 爆炸危险性评估及进展

验结果，不同方位角 α 内的平均破片速度和平均破片浓度分布如图 4.21（b）（c）所示，以 AIS 5 作为破片伤害标准，输出 $P_{\text{damage}}(\alpha, R)$ 的等值线如图 4.21（d）所示，最外层等值线为 $P_{\text{damage}} = 0.01$，作为危险和安全的分界线。

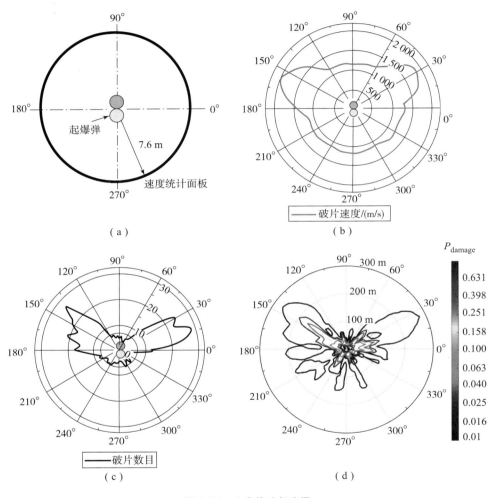

图 4.21　2 发战斗部殉爆
（a）试验场布置示意图；（b）近场破片平均速度分布图；
（c）近场破片浓度分布图；（d）$P_{\text{damage}}(\alpha, R)$ 等值线图

从图 4.21 中可以看出，2 发战斗部殉爆，破片浓度和破片速度出现明显长边聚焦效应。但是，与同时起爆不同的是，聚焦角发生一定的偏移，聚焦角向远离起爆弹的方向偏移。30°和150°方向明显优于其他方向，危险概率等值线也呈现相似的长边聚焦。30°和150°方向可以认为是殉爆破片场的危险方向。

4发战斗部殉爆,战斗部摆放方式和破片回收区以及速度统计区的布置如图 4.22(a)所示,图 4.22(a)也标注了殉爆的战斗部。重新统计近场实验结果,不同方位角 α 内的平均破片速度和平均破片浓度分布如图 4.22(b)和(c)所示,以 AIS 5 作为破片伤害标准,输出 $P_{damage}(\alpha, R)$ 的等值线如图 4.22(d)所示,最外层等值线为 $P_{damage}=0.01$,作为危险和安全的分界线。

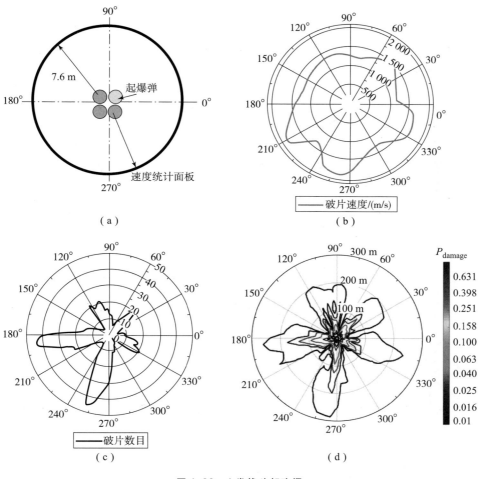

图 4.22 4 发战斗部殉爆
(a) 试验场布置示意图;(b) 近场破片平均速度分布图;
(c) 近场破片浓度分布图;(d) $P_{damage}(\alpha, R)$ 等值线图

从图 4.22 中可以看出,4 发战斗部殉爆,破片浓度和破片速度出现明显的长边聚焦效应,聚焦角也向远离起爆弹的方向发生一定的偏移。同时,沿着爆心指向起爆弹的方向出现了第 5 个峰,危险概率等值线也呈现相似的 5 个峰

■ 爆炸危险性评估及进展

值的聚焦现象。45°、120°、190°、260°和330°方向可以认为是殉爆破片场的危险方向。

8 发战斗部殉爆，根据起爆弹位置的不同共进行了两类实验，两类实验战斗部摆放方式和破片回收区以及速度统计区的布置分别如图4.23（a）和图4.24（a）所示，图4.23（a）、图4.24（a）也标注了殉爆的战斗部。重新统计近场实验结果，不同方位角 α 内的平均破片速度和平均破片浓度分布如图4.23（b）和（c）以及图4.24（b）和（c）所示。以 AIS 5 作为破片伤害标准，输出 $P_{damage}(\alpha, R)$ 的等值线如图4.23（d），图4.24（d）所示，最外层等值线为 $P_{damage}=0.01$，作为危险和安全的分界线。

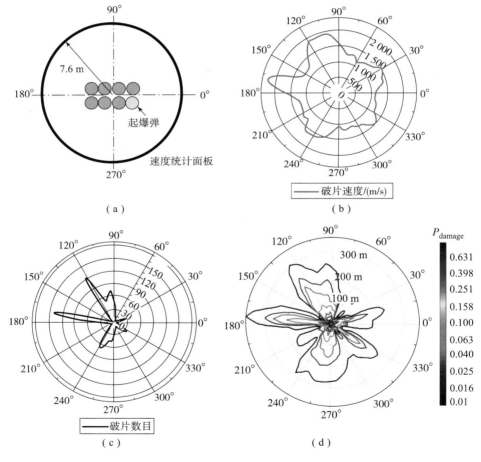

图 4.23　8 发战斗部殉爆方式 1
（a）试验场布置示意图；（b）近场破片平均速度分布图；
（c）近场破片浓度分布图；（d）$P_{damage}(\alpha, R)$ 等值线图

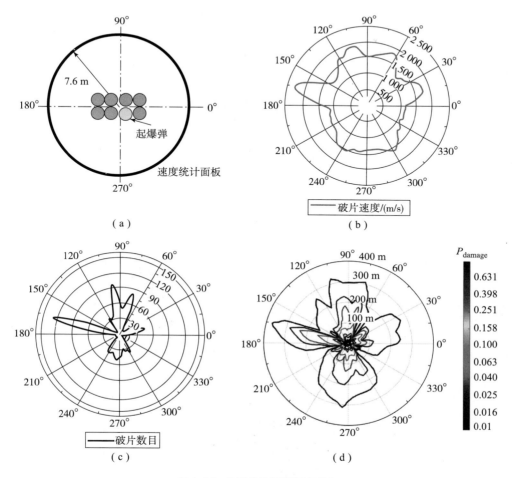

图 4.24　8 发战斗部殉爆方式 2
(a) 试验场布置示意图；(b) 近场破片平均速度分布图；
(c) 近场破片浓度分布图；(d) $P_{\text{damage}}(\alpha, R)$ 等值线图

从图 4.23 和图 4.24 中可以看出，8 发战斗部殉爆，即使起爆弹位置不同，破片浓度和破片速度均会出现明显长边聚焦效应，聚焦角也向远离起爆弹的方向发生一定的偏移。同时，沿着爆心指向起爆弹的方向出现了第 5 个峰，危险概率等值线也呈现相似的 5 个峰值的聚焦现象。

从图 4.18～图 4.24 可以看出，破片场安全距离的分界线 $P_{\text{damage}}^{0.01}(\alpha, R)$ 由破片平均飞散初速度 $V(\alpha, R)$ 及破片数 $N(\alpha, R)$ 决定。因此可以借助已有的实验近场信息得到的近场数据，结合上文建立的破片场安全距离预测方法

得到的 $P_{\text{damage}}^{0.01}(\alpha, R)$ 结果，数值拟合出的 $P_{\text{damage}}^{0.01}(V, N)$ 工程预测模型，在已知 $V(\alpha, R)$ 及 $N(\alpha, R)$ 的理论估计或近场实验结果的基础上，实现对堆垛型制破片场安全距离的快速预测。

拟合算例：同时起爆（2发，8发）；殉爆（2发，4发，8发，8发A）。

验证算例：同时起爆（4发）。

破片速度与破片数目影响安全距离的数值拟合如图4.25所示。从中可以看出，使用拟合算例得到的拟合结果显示，破片场安全距离与破片速度和破片浓度基本呈现正相关的趋势，在图中读取验证算例的浓度和速度值，得到对应的破片场安全距离，并与实际计算的结果进行对比，如图4.26所示。

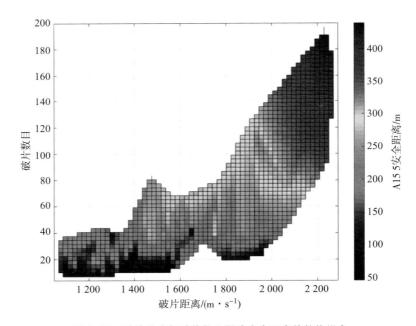

图4.25　破片速度与破片数目影响安全距离的数值拟合

可以发现，破片场安全距离的快速预测模型可以很好地预测验证算例的安全距离，这里的结果提供了一种思路，可以在积累足够多的近场试验数据之后，实现对二维破片场安全边界的快速预测。

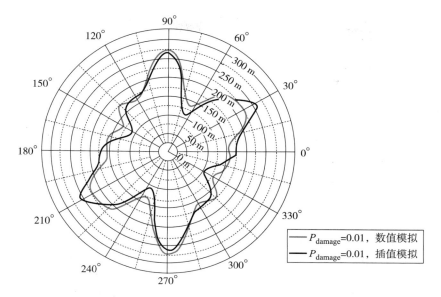

图 4.26　数值预测模型对于安全距离的预测效果比较

4.4　爆炸风险评估

上面介绍的是爆炸事故发生时，位于破片场内部的人员目标发生危险的概率。本节将通过讨论一个实际场景，将事故发生频率、离散目标的空间分布以及个体和群体离散目标的暴露时间引入分析流程中以进行更详细的破片场的风险评估。

首先，对于存在潜在破片爆炸伤害风险的区域，一般包括了多个不同类型的场所，如不同的车间、不同的室外环境等，一般也存在多个人员目标或其他类型的目标。该区域内的风险可定义为不同类型的风险，按照目标可分为个人风险和集体风险，按照场所可以分为当地风险和全局风险，不同风险的代号如表 4.9 所示。

表 4.9　不同类型风险代号表

风险	个人风险	集体风险
局部风险	ILR	CLR
全局风险	IR	CR

■ 爆炸危险性评估及进展

对于一个实际的潜在事故场景，我们将介绍普遍适用的风险评估方法，以满足各类简单或复杂的风险评估场景，之后将通过案例介绍此方法的应用。

首先定义一组场所类型，有

$$O_k, \quad k = 1, 2, \cdots, N_k$$

一组时间区间，有

$$T_l, \quad l = 1, 2, \cdots, N_l$$

一组人员类型，有

$$P_m, \quad m = 1, 2, \cdots, N_m$$

为了简化计算方法，我们假设时间跨度、人员类型、场所类型相互独立，即我们对所有人员类型定义相同的时间区间。类似地，我们不假设某些场所仅对特定的人可用，每个人员类型都可以处于各种类型的场所中。

另外，我们假设每个人只属于一种人员类型，并且在每个时间区间内只能位于一个场所中。

因此对于每种人员类型，都可以定义在某个场所中所花费的时间 $T(P_m, O_k)$。每种人员类型也遵守总的时间跨度为

$$T = T(P_m) = \sum_{k=1}^{N_k} T(P_m, O_k) \quad (4.28)$$

一个人处于某个场所下的概率为

$$\text{IP}(P_m, O_k) = \frac{T(P_m, O_k)}{T} \quad (4.29)$$

则人员在某个场所内由破片引起的局部个人风险（ILR）为

$$\text{ILR}^{\text{frag}}(P_m, O_k) = P_{ev} \cdot P_{\text{damage}}^{\text{frag}}(O_k) \cdot \text{IP}(P_m, O_k) \quad (4.30)$$

式中：P_{ev} 为危险事件发生的概率，对于指定的时间跨度，可以用事故发生频率 f_{ev} 代替 P_{ev}。事故发生频率可基于对事故对象的事故树分析或基于查询数据库中类似事件的历史发生记录，例如，如果想要调查爆炸品袭击本国大使馆的年事故发生频率，则可以通过查询历史事件得出，即

$$\text{年事故发生频率} = \frac{\text{大使馆袭击事故总数}}{\text{调查范围内的年数} \times \text{本国大使馆总数}}$$

式（4.30）中的 $P_{\text{damage}}^{\text{frag}}(O_k)$ 是某个场所内发生事故时发生破片危险的概率，在3.3节中给出。

$P_{\text{damage}}^{\text{blast}}(O_k)$ 是某个场所内发生事故时发生冲击波危险的概率。可以根据冲击波超压随距离的衰减曲线以及指定损伤条件下发生损伤的概率随超压的变化曲线给出，如图4.27所示。

人员在某个场所内由冲击波引起的局部个人风险为

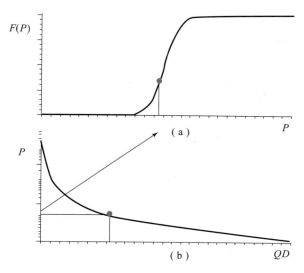

图 4.27 冲击波超压对应危险概率图

$$\text{ILR}^{\text{blast}}(P_m, O_k) = P_{\text{ev}} \cdot P_{\text{damage}}^{\text{blast}}(O_k) \cdot \text{IP}(P_m, O_k) \tag{4.31}$$

则指定场所内目标受破片、冲击波联合毁伤作用的局部个人风险为

$$\text{ILR}(P_m, O_k) = P_{\text{ev}} \cdot \text{IP}(P_m, O_k) \cdot (1 - (1 - P_{\text{damage}}^{\text{blast}}(O_k)) \cdot (1 - P_{\text{damage}}^{\text{frag}}(O_k))) \tag{4.32}$$

全局个人风险(IR)可以理解为发生事故时受到损伤的人数的期望值:

$$\text{IR}(P_m) = \sum_{k=1}^{N_k} \text{ILR}(P_m, O_k) \tag{4.33}$$

将 $N(P_m, O_k, T_l)$ 定义为给定人员类型,在指定时间出现在指定场所内的人员数目。

对于长度相等的时间区间,出现在指定场所的指定人员类型的平均人数为

$$N(P_m, O_k) = \frac{1}{N_l} \sum_{l=1}^{N_l} N(P_m, O_k, T_l) \tag{4.34}$$

对于给定的时间区间,出现在给定场所的各种类型人员的总人数为

$$N(T, O_k) = \sum_{m=1}^{N_m} N(P_m, O_k, T_l) \tag{4.35}$$

则对于长度相等的时间区间,给定场所内出现的各种人员类型的平均人数为

$$N(O_k) = \frac{1}{N_l} \sum_{m=1}^{N_m} \sum_{l=1}^{N_l} N(P_m, O_k, T_l) \tag{4.36}$$

$N(O_k)$ 可用于计算给定场所内的局部集体风险(CLR):

■ 爆炸危险性评估及进展

$$CLR(O_k) = ILR(O_k) \cdot N(O_k) \qquad (4.37)$$

则全局整体风险为：

$$CR = \sum_{k=1}^{N_t} CLR(O_k) \qquad (4.38)$$

全局整体风险可以理解为爆炸事故发生时，某个区域内发生危险的人数的期望值，也可用 N 表示，再根据事故发生频率 F，可以在 $F-N$ 曲线中确定该场景的位置，与集体风险可接受标准曲线对比（图 4.28），即可确定该场景的风险是否可以接受，并以此为依据调整生产策略或增加安全措施。

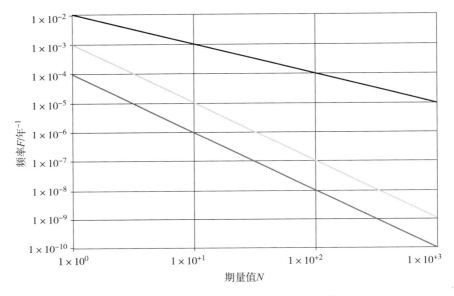

图 4.28 不同国家的集体风险标准（黑色线（英国），浅灰色线（荷兰），深灰色线（捷克））

下面通过一个典型实例介绍个人和集体风险的计算方法。一个简化的危险品生产园区如图 4.29 所示，该园区人口 50 人，30 人住在住宅区，其中 15 人在弹药库工作，20 人住在农场，周一到周五，所有人白天户外运动 2 h，周六到周日所有人白天户外运动 3 h，没有其他安排就待在家中。

（1）弹药库工作人员的个人风险：

以一周时间（168 h）为一个周期，分别计算他处于不同位置的时间比例：

弹药库：$40/168 = 0.24$

住宅区：$112/168 = 0.67$

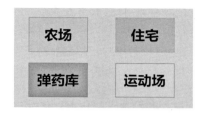

图 4.29　简化危险品生产园区示意图

运动场：16/168 = 0.01

（2）弹药库工作人员的局部个人风险（运动场）：
$$\text{ILR}（弹药库工作人员）= P（爆炸发生概率）× 0.01 × P（爆炸发生时运动场伤害概率）$$

（3）弹药库工作人员的全局个人风险：
$$\text{IR}（弹药库工作人员）= P（爆炸发生概率）×（0.01 × P（运动场伤害概率）+ 0.24 × P（弹药库伤害概率）+ 0.67 × P（住宅区伤害概率））$$

（4）整个生产园区的集体风险：

计算一周内某个地点的某种人员类型的平均暴露人数。

运动场：弹药库工作人员：15 × 16/168 = 1.43 人

住宅住户：15 × 16/168 = 1.43 人

农场住户：20 × 16/168 = 1.90 人

（5）运动场的集体风险：
$$\text{CLR}（运动场）= 1.43 × \text{ILR}（弹药库工作人员，运动场）+ 1.43 × \text{ILR}（住宅住户，运动场）+ 1.90 × \text{ILR}（农场住户，运动场）$$

（6）园区集体风险：
$$\text{CR} = \text{CLR}（运动场）+ \text{CLR}（弹药库）+ \text{CLR}（农场）+ \text{CLR}（住宅区）$$

第 5 章

爆炸损伤判定准则

5.1 损伤类型及机理

5.1.1 冲击波对人体的损伤

5.1.1.1 直接损伤

国内外学者深入研究了冲击波对生物的损伤效应,在冲击波损伤规律、损伤机理、生物的伤情特点等方面取得了重要的研究成果。

早在第一次世界大战时,人们就已经意识到冲击波会造成人体内伤,但尚不清楚内伤产生的原因。第二次世界大战期间,美国和瑞典等国先后开展了冲击波致伤理论的研究,对冲击波损伤效应有了初步认识。20 世纪 50 年代,美国开始对冲击伤进行较为系统的研究,成为冲击伤实质性研究的开始。1968 年,Bowen 等基于大量动物试验数据建立起冲击波损伤病理学数据库,绘制出了预测肺损伤的 Bowen 损伤曲线。接着 Bass、Gruss 和 Voort 等基于大量动物试验数据和模拟数据对 Bowen 损伤曲线进行了修正,绘制出修正 Bowen 损伤曲线。Stuhmiller 等建立了冲击波对人体肺脏的损伤评估模型,并以冲击波对肺脏做功为损伤程度评价指标,开发出损伤评估软件"INJURY"。Jönsson 等提出胸壁最大变形速度是预测肺损伤的关键参数,得到肺脏轻伤阈值为 5 m/s,重伤阈值为 10 m/s。Johnson 和 Yelverton 等提出用胸壁最大向内运动速度来进行损伤评估，临界损伤速度为 3~4.5 m/s，1% 致命损伤速度为 8~12 m/s，50% 致命损伤速度为 12~17 m/s。Axelsson 等基于 Johnson 和 Yelverton 等的研究基础，建立出冲击波创伤效应与冲击波之间的联系，并对胸壁运动速度的界定进行了修正，得出胸壁运动速度与 ASII（Adjusted Severity of Injury Index）创伤评分之间的关系。D'yachenko 等开发出冲击波在肺组织中传播的线性模型，确定了冲击波参数与肺水肿之间的关系。Lashkari 等采用数值模拟方法研究了爆炸特征和身体取向等因素对人体损伤程度的影响，发现身体呈 45°角时，人体的损伤程度最低。Lichtenberger 等基于数值模拟得出胸腔周围压力场和胸腔内应力场的分布情况，并提出冲击波超压损伤准则。法国滑铁卢大学的研究人员先后研究了爆炸冲击波造成的肺损伤，提出冲击波损伤准则的适用条件。Richmond 等给出了体重 70 kg 的人员在不同冲击波正压持续时间下的不同死亡率所对应的冲击波超压阈值。

  20 世纪 50 年代，我国陆续开展冲击伤的研究。王正国等先后研究了冲击伤的发生情况、病理情况、致伤机理、诊断治疗和个体防护等内容，并于 1983 年出版国际上第一部冲击波损伤的研究专著《冲击伤》，填补了我国冲击伤研究的空白，奠定了冲击伤研究的基础。周杰等模拟了平面冲击波对人体躯干的损伤过程，建立起用于评估爆炸冲击波肺损伤的人体胸部动力学模型。康建毅等采用动物试验和数值模拟方法研究了复杂冲击波对生物的损伤规律，建立出复杂爆炸环境下的冲击波损伤准则。秦俊华基于爆炸冲击波对人体的创伤评估理论，开发出爆炸冲击波对人体的创伤效应评估软件。高明德根据头部损伤准则（Head Injury Criterion，HIC）判定了爆炸冲击波对 Hybrid Ⅲ 50th 假人有限元模型（LSTC 公司开发）的损伤情况。王新颖等基于爆炸冲击波对羊的毁伤试验，获得爆炸冲击波作用下羊的超压 - 冲量损伤曲线及其表达式。陈渝基于建立的人体胸部模型，研究了爆炸冲击载荷下人体胸部的力学响应。杨春霞模拟了爆炸冲击波对羊肺脏的损伤过程，并通过动物试验验证了有限元模型的有效性。

  冲击波对动物损伤效应的实验研究虽然能获得冲击波的损伤机理，但存在动物试验难以真实反映出冲击波对人体的损伤情况，也无法准确描述冲击波在生物体内的传播过程，对于微观行为的研究更是有限。由于物种及个体的差异性，基于动物试验得到的冲击波损伤准则无法准确评估冲击波对人体的损伤，不同损伤准则具有非常明显的差异性。假人试验可以在一定程度上反映冲击波对人体的损伤情况，但由于假人模型与人的逼真度、价格昂贵、易损坏，在毁伤性试验中存在一定的局限性。

5.1.1.2 后钝损伤

防爆服是一种用于防护爆炸冲击波对人体伤害的装备,主要用于爆炸环境中人员的防护。当冲击波作用于穿防爆服的人体后,人体在冲击波和防爆服的双重冲击作用下出现的损伤即为防爆服后钝性伤(Behind Explosion-proof Blunt Trauma,BEBT)。防爆服后钝性伤产生的原因有:冲击波可能透过防爆服直达内脏,造成人体内脏破裂出血和七窍流血等损伤;防爆服与人体之间存在一定的间隙,其中的空气会受到强烈压缩作用而产生高压,从而对人体造成损伤;防爆服对人体强烈的冲击作用而造成的损伤。

防爆服按照防爆材料的不同可以分为软质防爆服和硬质防爆服。软质防爆服具有抗高压、耐高温、舒适性好、不产生二次破片、不影响人员活动等优点,广泛应用于爆炸冲击波的防护,但其防爆效果不及硬质防爆服,且容易造成严重的防爆服后钝性伤。硬质防爆服能够有效降低破片、冲击波和高温对人体的伤害,其防护区域大、重量大、舒适性差,会影响人员的行动。

防爆服保护人体免受冲击波伤害的前提是防爆服变形不能太大,如果产生较大变形,则人体内脏必然受到严重损伤。因此,易变形的软质防爆服无法有效降低冲击波对人体的损伤,反而会呈现出加重人体损伤的趋势。防爆服后钝性伤是普遍存在的,但还没有统一的标准来检测防爆服的防护性能,常用的检测方法是基于防爆服前后的冲击波能量梯度获得防爆服对冲击波能量的衰减率,从而判定防爆服的防爆性能。但该检测方法忽略了透过防爆服的冲击波对人体的损伤,以及防爆服对人体的冲击损伤,因此,该方法只适合检测防爆服对冲击波的防护能力,而不适用于评价防爆服对人体的防护效果。

早在20世纪70年代,就有人将石膏和塑料用于个体防护,但发现实际应用困难,尽管能有效衰减冲击波,但对人体的防护效果不佳。20世纪80年代,泡沫材料也被用于个体防护,但其防护效果也不佳。1986年,Phillips发现在爆炸环境中穿软质防爆服将会增加发病率和死亡率。后来,Phillips等以Kevlar纤维为防爆材料,对两组(各6只)穿防爆服和不穿防爆服的绵羊进行爆炸毁伤实验,发现有2只不穿防爆服的绵羊死亡,而穿防爆服的绵羊中有5只死亡,因而得到软质防爆服不仅起不到防护作用,反而会加重肺损伤,因此,他提出需要在软质防爆服与人体之间设置一层缓冲层,用于削弱冲击波对人体的钝性冲击作用。Thom研究了防爆材料对原发性冲击伤的影响,发现软质防爆材料(纤维)有加重肺损伤的趋势,而软硬复合防爆材料(纤维+陶瓷)起到了较好的防护效果。Rodríguez-Millán等研究了爆炸冲击作用下带防爆头盔的人体头部的力学响应,发现个别防爆装备不足以减轻爆炸性脑损伤,而完整的防爆装备可将颅内压降低 1/5，并确保头骨不发生骨折。

虽然防爆服后钝性伤的研究起步较早，但研究工作却很少，并且也主要是通过动物试验研究进行表征。

5.1.2 破片对人体的损伤

5.1.2.1 直接损伤

人类对破片伤的认识起源于 19 世纪末，但由于技术条件的限制，并不清楚其致伤原理。1899 年，Bircher 指出铅球破片（质量 12.5 g、直径 12.5 mm）对人体产生致命杀伤的临界速度为 100 m/s（动能为 62 J），而速度为 50 m/s（动能为 15 J）的破片只能擦伤皮肤而无法伤及骨骼，从而提出了破片动能杀伤判据。1907 年，Journée 提出不同直径的铅球穿透皮肤所需的碰撞速度均在 50 m/s 以上，并且与铅球大小和能量无关。1935 年，Callender 等对步枪弹的致伤机制进行了研究，奠定了"创伤弹道学"研究的理论基础。1956 年，Allen 与 Sperrazza 提出了著名的 A–S 杀伤判据，以人员在规定时间内丧失战斗力的概率来反映破片对人体的损伤。由美国陆军部出版的"Wound ballistics"，对实验研究和战伤资料进行了系统介绍。Sperrazza 等提出不同直径的子弹穿透皮肤所需的弹道极限速度需在 50 m/s 以上，侵入肌肉 2~3 cm 的弹道极限速度为 70 m/s，并指出子弹穿透皮肤的临界速度取决于弹头的断面比重。Wagner 和 Mattoo 基于实验研究提出穿透皮肤的临界比动能为 10~15 J/cm²，并发现破片穿透皮肤受到的阻力要比穿透同样厚度肌肉的阻力大 40% 左右。Kneubuehl 编写的 Wound ballistics: basics and applications 详细介绍了创伤弹道学相关理论技术。Amato 提出枪弹穿透骨骼的临界速度为 65 m/s。Zhen 等采用数值模拟方法研究了手枪弹入射角和速度对人体下颌骨的损伤过程。Huelke 等基于钢球对新鲜人股骨的射击实验，获得钢球对骨骼的致伤机理。Mota 等建立了人体颅骨模型，并分析了火器伤的致伤机理。

20 世纪 70 年代，我国陆军军医大学率先开展了创伤弹道学实验研究，成为我国创伤弹道学领域研究的开始。1985 年，刘荫秋等编著的《创伤弹道学概论》，对致伤原理及特点进行了阐述，奠定了我国创伤弹道学研究的基础。贾骏麒等研究了高速破片对长白猪颞下颌关节损伤的生物力学机制，并分析了柱形破片速度和长径比对损伤的影响。许川等分析了由爆炸产生的破片对人体的损伤机制和损伤特点。卢海涛等研究了低速钢球对人体模拟靶标的损伤，建立了钢质球形破片对皮肤冲击速度与剩余速度的关系式。陈渝斌等建立了猪下颌骨火器伤有限元模型，分析了破片速度、形状及质量等因素对骨骼损伤的影响。王敬夫等模拟了破片对猪下颌软硬复合组织的损伤过程，并对有限元模型的有效性进行验证。张金洋建立了包含人体主要组织器官的几何模型，分析了人体丧失战斗力的影响因素、人体损伤以及失能的评判标准和方法，并开发出人体易损性评估程序。王俊红研究了小破片对生物目标的损伤效应和失能效应，并分析了创伤和失能效应的主要影响因素。雷涛模拟了 7.62 mm 手枪弹对猪下颌骨致伤的动态过程，展示出骨骼碎片飞溅和骨折情况。

5.1.2.2 后钝损伤

防弹衣是一种用于防护枪弹或破片对人体伤害的装备，主要是通过防弹材料消释弹头的动能或将弹体破碎后形成的破片弹开，从而达到防弹的目的，对于减少军人和警察的伤亡起着非常重要的防护作用。虽然防弹衣的使用能够有效减少枪弹或破片造成的贯穿性损伤，并阻挡枪弹或破片穿透人体组织，但仍有部分能量会通过防弹衣传递给人体，造成胸腹部组织器官的后钝性损伤，甚至远达脑损伤，这种非贯穿性损伤现象称为防弹衣后钝性伤（Behind Armor Blunt Trauma，BABT）。据报道，美国士兵中就曾出现由于防弹衣后钝性伤而导致死亡的案例，虽然子弹没有击穿防弹衣，却震碎了 5 根肋骨，肋骨碎片插入心脏导致其死亡。然而，有些时候不穿防弹衣反而不会导致死亡。因此，从某种意义上讲，穿防弹衣致命的概率可能比不穿还要大。如果不穿防弹衣，只要枪弹或破片不击中人体的关键器官，就只会造成贯通伤，而不会导致死亡。

根据防弹材料的不同，防弹衣可以分为软质防弹衣、硬质防弹衣和软硬复合防弹衣。软质防弹衣具有柔软、轻质和舒适等优点，但被手枪弹击中后的变形较大，造成的防弹衣后钝性伤也比较严重。硬质防弹衣具有较好的防弹性能和抗非贯穿性损伤性能，但具有坚硬、笨重、不舒适、易产生二次破片等缺点。相对于单一材料的防弹衣，软硬复合防弹衣兼具软质防弹衣和硬质防弹衣的优点，具有更好的抗侵彻性能和抗非贯穿性损伤性能。根据 GA 141—2010《警用防弹衣》标准，防弹衣防弹性能的评价是利用背衬材料（如胶泥）来模拟人体躯干，在手枪弹有效击中情况下，防弹衣能阻断弹头，且背衬材料的最大凹陷深度不超过 25 mm，即认为防弹衣能有效防护手枪弹的杀伤作用，而 NIJ-0101.06 Ballistic Resistance of Body Armor 标准为 44 mm。由于没有考虑压力波和能量传递对人体损伤的影响，该评价方法无法弄清人体穿防弹衣后的损伤情况，只能用于评价防弹衣的防弹性能，而难以适用于防弹衣对人体防护性能的评价。

防弹衣后钝性伤的研究由来已久，国内外学者也对其进行了大量研究。1969 年，Shepard 等报道了首例防弹衣后钝性肺损伤的案例，由此开启了防弹衣后钝性伤的研究。Roberts 开发出人体躯干有限元模型，先后模拟了手枪弹对人体躯干的钝性损伤过程，并通过假人试验验证了有限元模型的有效性，从而开创了该领域数值模拟研究的先河。Kang 等研究了非穿透性弹道冲击下软质防弹衣的应力场分布，以及皮肤、骨骼和器官的力学响应。Kunz 等研究了由防弹衣后钝性伤引起的心脏损伤，并分析了心脏内压力波的形成及传播过程。Cannon 发现手枪弹击中防弹衣后，除了造成胸部钝挫伤，还可能造成间接脑损伤。Carr 等使用系统评价方法对可公开访问的文献进行分析，将 BABT 伤害及其严重程度进行了归类。Jolly 等研究了弹丸击中防弹衣后，人体胸部有限元模型的生物力学响应。董萍研究了软质防弹衣在手枪弹非贯穿弹道侵彻作用下的破坏形态，得到皮肤、骨骼和内脏器官应力场和压力场的演化规律。刘海基于动物实验和数值模拟研究，首次揭示了手枪弹对人体胸部钝性冲击作用而导致间接脑损伤的机制，并提出胸部与脑部之间的力学传导途径，即血液与血管、椎骨、皮下组织。张启宽研究了步枪弹对人体躯干的钝性冲击作用，得到组织器官压力场和应力场的分布及演化规律。

5.1.3　冲击波和破片对人体的联合损伤

冲击波和破片是爆炸性武器造成人体损伤的主要因素。当爆炸发生后，由于冲击波和破片初速度及速度衰减率的不同，冲击波和破片作用于目标的先后顺序会随目标距爆源距离的变化而变化。在近距离处，冲击波先作用于目标；在某个特定位置，冲击波和破片同时作用于目标；在远距离处，破片先作用于目标。因此，冲击波和破片对人体的联合损伤效应会受到冲击波和破片作用次序的影响。

20 世纪 90 年代，人们已经意识到冲击波和破片对目标的联合损伤要大于单独损伤。针对冲击波和破片的联合损伤，但不是简单相加，国内外学者开展了大量的研究，但多数研究是针对结构的毁伤，以动物和人体为目标的研究非常少。

Leppänen 等通过试验和数值模拟方法研究了冲击波和破片对混凝土的单独毁伤和联合毁伤，发现冲击波和破片对混凝土的联合毁伤程度大于单独毁伤程度。Nyström 等的研究也得到冲击波和破片的联合毁伤程度大于两者单独毁伤作用的结论。刘刚研究了破片和冲击波对直升机结构的联合毁伤过程，分析了破片和冲击波相遇位置的影响因素及其影响规律，得出冲击波和破片在距爆心 12.6 倍装药直径处相遇，并且破片和冲击波的联合毁伤程度大于破片和冲击波单独毁伤之和。董秋阳等利用 LS－DYNA 软件分析了破片和冲击波对靶板的联合毁伤过程，提出以时间差模拟破片和冲击波对目标的先后作用次序。杨志焕等研究了冲击伤复合破片伤对动物的致伤特点，发现破片具有加重肺冲击伤的作用。王昭领建立了颌面部破片与冲击波复合致伤模型，分析了复合致伤的特点与致伤机制。

爆炸事故发生后，会发生大量人员伤亡。了解伤员数量、伤情及损伤种类是伤员救治有序的基础。伤员损伤类型和伤情分类明确，伤员能及时得到救治。

5.2 损伤定级

损伤评分是对伤员损伤严重度评价的标准方法，主要有：按损伤解剖部位、特定伤情及相应的严重度划分，"简明损伤定级标准"（The Abbreviated Injury Scale，AIS）、"损伤严重度评分法"（Injury Severity Score，ISS）等方法是目前使用较多的评分定级方法；按伤员的生理状态划分，如修正创伤记分（RTS），据此进行创伤分类并指导复苏；按伤后生理参数变化（RTS）、损伤的解剖区域（ISS）和年龄（A）三种因素为依据的创伤预后和结局评估（TRISS）方法，用存活概率（P_s）表达伤员的结局。

5.2.1 简明损伤定级

1971 年美国医学会、美国机动车医学促进会和汽车工程师协会共同制定了"简明损伤定级标准"，是目前创伤分类与严重程度定级的重要工具。AIS 制定的最初目的是对车祸伤的类型和严重程度进行标准化的分类，它根据能量损耗、对生命的威胁程度、损害的持久程度、治疗周期以及发生率等参数编制了一套以解剖学为基础的损伤描述系统。先后有 1985、1990、1995、2005 和 2008 五个修订版本，2008 年最新版本损伤术语为 1 999 种，可确切定位损伤。

AIS 是以解剖学为基础、一致认同、全球通用的损伤严重度评分法，它将人体划分为头、面、颈、胸、腹和盆腔、颈椎、胸椎、腰椎、上肢、下肢、体表 11 个部位。依据损伤程度、对生命威胁性的大小将每个器官的每一处损伤评为 1~6 分，标记为 AISX（X = 1~6 或 9），见表 5.1。6 分并不意味着人体死亡，只是代表器官的最大损伤。

表 5.1　AIS – 90 的评分原则

分数（分级）	意义	举例	标记
1	轻度伤	一般区域皮肤伤（10 cm² 或 100 cm²）	AIS1
2	中度伤	脾浅表的挫伤	AIS2
3	较重伤	脾脏破裂，组织丢失	AIS3
4	严重伤，但无生命危险	包膜下脾破裂	AIS4
5	危重伤，具有死亡可能	脾门破裂，大块毁损	AIS5
6	极重伤，基本无法抢救	脑干伤、头颈离断、躯干横断、肝撕脱	AIS6
9	伤势不详（NFS）	资料不详，无法评分	AIS9

注：NFS 是指伤势缺乏进一步描述，评分从低。

5.2.2　损伤严重度评分

损伤严重度评分（ISS）把人体分为 6 个区。头颈：包括颅、脑、颈部、颈椎和颈脊髓；面部：包括五官和颌面部软组织与骨骼；胸部：胸壁软组织和骨性胸廓、胸内脏器、膈肌、胸椎和胸段脊髓；腹部和盆内脏器：腹壁、腹腔和盆腔脏器、腰椎和腰部脊髓与马尾；四肢、骨盆和肩胛带损伤：扭伤、骨折、脱位和断肢，但不包括颅骨、脊柱、肋骨架损伤；体表伤：包括体表任何部位的皮肤撕裂伤、挫伤、擦伤、烧伤等。将身体 3 个最严重损伤区域的最高 AIS 分值的平方和作为整体的损伤严重度评分（ISS）。

ISS 的有效范围为 1~75。ISS = 75 只见于两种情况：①有 3 个体区都含有 AIS5 的损害。根据 ISS 的定义，$5^2 + 5^2 + 5^2 = 75$，计算结果是 75。②规定全身任何一个损伤达到 AIS6，则 ISS 自动升值为 75。当 AIS 评分为 9 即 "伤势不详"时，9 不能用来计算 ISS 值。

一般将 ISS = 16 定为重伤的解剖标准。ISS 评分为 16 时有 10% 的死亡可能，当 ISS 值增加时死亡率更高。ISS ≤ 16 时为轻伤；ISS > 16 时为重伤；ISS > 25 时为严重伤。ISS > 20 时病死率明显增高，ISS > 50 时存活率很低。

ISS 有其局限性，因每个人体只有一处损伤参与评分，有可能导致患者伤情远远高于分数反映的伤情。同理，仅 3 处人体部位参与分数计算局限了个体附加损伤部位的伤情评估。因此，ISS 可能低估了患者严重的多处穿通伤，尤其是爆炸相关损伤。另外，患者的生理状况、年龄和基础性疾病也未纳入计算。

5.2.3　修正创伤评分

修正创伤评分见表 5.2。

表 5.2 修正创伤评分（RTS）表

呼吸频率/(次·min^{-1})	收缩压/(×0.133 kPa)	GCS 分值	分值
10~29	>90	13~15	4
>29	76~89	9~12	3
6~9	50~75	6~8	2
1~5	<50	4~5	1
0	0	3	0

注：用于指导入院前伤员分类，总分>11时为轻伤，总分<11时为重伤。

5.2.4 创伤与损伤严重度评估

1987 年 Boyd 等提出采用生理、解剖和年龄指标综合评价创伤严重度以预测伤员存活概率 P_s（Probability of Survival）。

1. TRISS 分值计算方法

TRISS（Trauma and Injury Severity Score）是一种以伤后生理参数变化（RTS）、损伤的解剖区域（ISS）和年龄（A）三种因素为依据的结局评估方法，用存活概率（P_s）表达伤员的结局。其计算公式为

$$P_s(\text{TRISS}) = 1/(1 + e^{-b}) \tag{5.1}$$

式中：e 为常数，其值为 2.718 282；b 为一系列变量的综合，包括生理评分值、解剖评分值、年龄评分值。b 的计算公式为

$$b = b_0 + b_1(\text{RTS}) + b_2(\text{ISS}) + b_3(A) \tag{5.2}$$

式中：b_0 为常数；$b_1 \sim b_3$ 为不同伤类不同参数的权重值，见表 5.3。

表 5.3 TRISS 参数的权重值

损伤类型	AIS 版本	b_0	b_1	b_2	b_3
钝器伤	1990	-1.305 4	0.975 6	-0.080 7	-1.982 9
钝器伤	1995	-0.449 9	0.808 5	-0.083 5	-1.743 0
贯通伤	1990	-1.897 5	1.006 9	-0.088 5	-1.142 2
贯通伤	1995	-2.535 5	0.992 4	-0.065 1	-1.136 0

评估出 GCS（格拉斯哥昏迷评分）、R（呼吸率）和 S（收缩压）分值，代入下式得到 RTS 值：

$$\text{RTS} = 0.936\ 8 \cdot \text{GCS} + 0.732\ 6 \cdot S + 0.296\ 8 \cdot R \tag{5.3}$$

然后计算 ISS 分值。

年龄（A）的计分：≥55 岁时，A=1；<55 岁时，A=0。

2. 评估结果判定

用存活概率（P_s）表达伤员的结局，通常认为 $P_s > 0.5$ 的病人一般能存活，$P_s < 0.5$ 的病人存活的可能性较小。如 $P_s > 0.5$ 的病人出现了死亡，应查明原因；$P_s < 0.5$ 的病人救治成功应总结经验。

5.3 冲击波对人体的损伤准则

国内外相关科研机构和研究人员基于动物实验、理论分析与战（事故）伤统计，提出了很多冲击波损伤准则。按照不同的评价参数，可以将冲击波损伤准则分为两类：①基于冲击波特征参数获得的损伤准则，如超压准则、冲量准则、超压–冲量准则、Bowen 损伤曲线和修正 Bowen 损伤曲线；②基于生物器官力学响应参数获得的数学模型和压力损伤准则，如 Stuhmiller 损伤模型和 Axelsson 损伤模型。其中，超压准则、Bowen 损伤曲线、修正 Bowen 损伤曲线和 Axelsson 损伤模型是最为常用的准则。为便于对比不同冲击波损伤准则下人体的损伤程度，以损伤概率的形式表示冲击波损伤准则对应的损伤等级。

5.3.1 超压准则、冲量准则及超压–冲量准则

冲击波超压和正压持续时间共同决定了人体的损伤程度，而冲量是超压和正压持续时间的函数，即 $I = \int p \, dT_+$，故冲量准则本质上是超压–正压持续时间准则。由于不同损伤准则所考虑的冲击波参数不同，因此，不同冲击波损伤准则都具有各自的优缺点，适用条件可结合目标的自振周期（T）和冲击波正压持续时间（T_+）进行判断，如表 5.4 所示。

表 5.4 不同冲击波损伤准则的比较

损伤准则	基本观点	优点	缺点	适用条件
超压准则	超压决定损伤程度	超压值易测量，使用简便	未考虑正压持续时间的影响	$T_+ \geq 10T$
冲量准则	冲量决定损伤程度	考虑了正压持续时间的影响	忽略了损伤效应存在临界超压的事实	$T_+ \leq T/4$
超压–冲量准则	超压和冲量共同决定损伤程度	同时考虑了超压和冲量的影响	无法直接得到冲量值，使用不便	$T/4 < T_+ < 10T$

5.3.1.1 超压准则

李铮等通过动物实验研究人体在不同爆炸当量作用下的冲击波伤害,对实验结果按照美国、俄罗斯对人员伤亡评定划分为5个等级,并进行了对比,结合国内外重大事故数据资料,给出了空气冲击波作用下的人员损伤标准,如表5.5所示。

表5.5 不同冲击波超压损伤判据 kPa

损伤程度	耳膜破裂	轻伤	中伤	重伤	死亡
李铮	13.73	13.73	29.43	49.05	≥127.49
动物实验	19.61	9.81~19.61	19.61~39.23	39.23~58.84	≥58.84
爆炸事故	13.73	10.79~27.46	27.46~49.04	49.04~127.49	≥127.49
俄罗斯	34.32	19.6~39.2		39.6~98.1	≥253.37
美国	34.32	15.69	23.54	53.94	≥186.33

损伤判据只给出不同冲击波超压下的人体损伤级别,没有详细说明受损部位及程度。

隋树元等编著的《终点效应学》给出冲击波对人体损伤的超压准则,如表5.6所示。

表5.6 冲击波超压对人体的损伤 kPa

损伤等级	损伤程度	冲击波超压/kPa	伤情描述	损伤概率/%
一	无伤	<20	无	0
二	微伤-轻伤	20~30	耳膜破裂,局部脏器点状出血	1
三	轻伤-中伤	30~50	听觉器官损伤、中等挫伤、骨折	10
四	中伤-重伤	50~100	内脏严重挫伤,可引起死亡	30
五	致命伤	>100	体腔破裂,可引起大部分人死亡	50

该等级分为5级,描述了不同等级对人体损伤的部位和程度,但损伤程度和冲击波超压是一个范围,对损伤的准确判断存在主观意识。

持续压力作用下人体的损伤情况如表5.7所示。

表5.7 持续压力作用下人体的损伤情况

冲击波超压/kPa	人体损伤程度
13.8~27.6	耳膜失效
27.6~41.4	出现耳膜破裂
103.5	50%出现耳膜破裂

续表

冲击波超压/kPa	人体损伤程度
138～241	死亡率1%
276～345	死亡率50%
379～448	死亡率99%

5.3.1.2 冲量准则

美国的 TM5-1300《抗意外爆炸作用的结构（设计手册）》给出的损伤准则为冲量准则，如表5.8所示，表征了持续时间3～5 ms空气爆炸冲击波对人体的不同部位的损伤，同时给出了肺脏超压与作用时间损伤概率曲线，如图5.1所示。

表5.8 持续时间3～5 ms空气爆炸冲击波对人体的不同部位的损伤 kPa

鼓膜		肺脏		死亡		
阈值	50%破裂	阈值	50%损伤	阈值	50%死亡	100%死亡
34.5	103.4	206～275.8	551.6	689.5～827.4	896.3～1 241.1	1 379～1 723.7

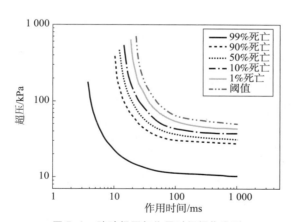

图5.1 肺脏超压与作用时间损伤准则

可以看出，死亡的阈值远远大于冲击波超压准则的阈值。

5.3.1.3 Richmond 损伤准则

Richmond 等通过一系列实验获得了样本质量为70 kg人群在不同冲击波正

压持续时间下人员死亡率超压阈值，如表 5.9 所示。

表 5.9　不同冲击波正压持续时间下人员死亡率超压阈值

损伤/%	正压持续时间/ms	400	60	40	10	5	3
1% 损伤	冲击波超压/kPa	254.8	284.2	313.6	480.2	901.6	2 146.2
50% 损伤		362.2	401.8	441.0	676.2	1 274.0	2 979.2
99% 损伤		499.8	548.8	607.6	931.0	1 724.8	4 145.4

Richmond 损伤准则给出不同超压作用时间人员死亡率，从时间跨度上可以看出是一个结合超压准则、冲量准则和超压-冲量准则的整合判断准则。

5.3.2　Bowen 损伤曲线

5.3.2.1　Bowen 损伤曲线及修正 Bowen 损伤曲线

Bowen 损伤曲线是基于大量动物损伤实验数据，按照相应的规则将爆炸环境中动物的损伤状态折合成人体的损伤状态。只要确定人体所处的爆炸环境（受正面压力、侧面压力或反射压力），再根据冲击波超压峰值和正压持续时间，即可在该曲线查到人体的损伤概率。虽然 Bowen 损伤曲线已经被广泛认可和使用，但只适合简单爆炸环境下的人体肺损伤评估，而不适用于复杂爆炸环境。

人体长轴方向与冲击波方向垂直（人体受正面压力）时的 Bowen 损伤曲线和修正 Bowen 损伤曲线如图 5.2 所示。人体长轴方向与冲击波方向平行（人体受侧面压力）时的 Bowen 损伤曲线如图 5.3 所示。人体长轴方向与冲击波方向垂直且靠近反射面（人体受反射压力）时的 Bowen 损伤曲线如图 5.4 所示。

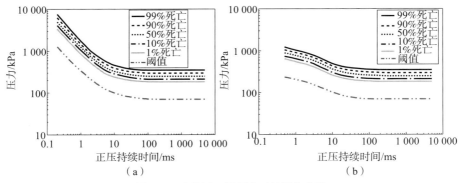

图 5.2　人体受正面压力时的损伤曲线
(a) Bowen 损伤曲线；(b) 修正 Bowen 损伤曲线

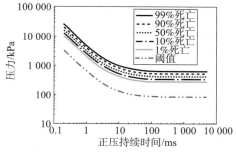
图 5.3 人体受侧面压力的 Bowen 损伤曲线

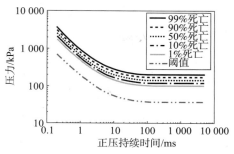
图 5.4 人体受反射压力的 Bowen 损伤曲线

从 Bowen 曲线中可以看出，在超压作用时间大于 30 ms 时，损伤概率不随作用时间的增长而增大；而在 30 ms 之前，损伤概率随超压作用时间的增长而增大。

5.3.2.2 基于 Bowen 损伤曲线推导

1. 人体躯干受正面压力时的 Bowen 损伤曲线

Bowen 损伤曲线同时考虑了冲击波超压和正压持续时间的影响，因此，可以将压力 p – 正压持续时间 T_+ 曲线转换为冲量 I – 正压持续时间 T_+ 曲线。

图 5.5 显示了人体躯干长轴方向与冲击波方向垂直（人体躯干受正面压力）时的 Bowen 压力 p – 正压持续时间 T_+ 损伤曲线和冲量 I – 正压持续时间 T_+ 损伤曲线。

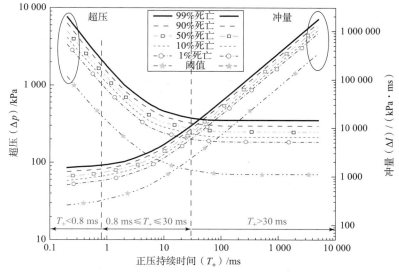
图 5.5 人体躯干受正面压力时的 Bowen 损伤曲线

■ 爆炸危险性评估及进展

从图 5.5 可以得出人体躯干受正面压力作用时，不同冲击波损伤准则的适用范围。根据 $p-T_+$ 曲线，当正压持续时间大于 30 ms 时，损伤概率受正压持续时间的影响很小，而主要由冲击波压力决定，故超压准则适用于正压持续时间长的冲击波的损伤评价；根据 $I-T_+$ 曲线，当正压持续时间小于 0.8 ms 时，损伤概率受正压持续时间的影响很小，而主要由冲击波冲量决定，故冲量准则适用于正压持续时间短的冲击波的损伤评价；根据 $p-T_+$ 和 $I-T_+$ 曲线，当正压持续时间介于 0.8～30 ms 时，损伤概率受正压持续时间的影响较大，由冲击波压力和冲量共同决定，故超压－冲量准则适用于正压持续时间为 0.8～30 ms 的冲击波的损伤评价。因此，应对人体躯干受正面压力时的 Bowen 损伤曲线进行拟合，并以分段函数的形式表示人体躯干受正面压力时的 Bowen 损伤曲线对应的冲量准则、超压－冲量准则和超压准则。

当 $T_+ \leq 0.8$ ms 时，人体躯干受正面压力时的 Bowen 损伤曲线近似为冲量准则：

$$I = \begin{cases} 1\,520 \sim, & 99\% \text{ 死亡} \\ 1\,260 \sim 1\,520, & 90\% \text{ 死亡} \\ 1\,000 \sim 1\,260, & 50\% \text{ 死亡} \\ 826 \sim 1\,000, & 10\% \text{ 死亡} \\ 675 \sim 826, & 1\% \text{ 死亡} \\ 257 \sim 675, & \text{阈值} \\ \sim 257, & \text{无伤害} \end{cases} \quad (5.4)$$

当 0.8 ms $< T_+ < 30$ ms 时，人体躯干受正面压力时的 Bowen 损伤曲线近似为超压－冲量准则：

$$\begin{cases} (p-342)(I-1\,494) = 374\,935, & 99\% \text{ 死亡} \\ (p-295)(I-1\,251) = 271\,338, & 90\% \text{ 死亡} \\ (p-253)(I-1\,051) = 191\,062, & 50\% \text{ 死亡} \\ (p-222)(I-888) = 136\,676, & 10\% \text{ 死亡} \\ (p-179)(I-705) = 105\,689, & 1\% \text{ 死亡} \\ (p-73)(I-258) = 21\,078, & \text{阈值} \end{cases} \quad (5.5)$$

当 $T_+ \geq 30$ ms 时，人体躯干受正面压力时的 Bowen 损伤曲线近似为超压准则：

$$p = \begin{cases} 350 \sim, & 99\% \text{ 死亡} \\ 296 \sim 350, & 90\% \text{ 死亡} \\ 249 \sim 296, & 50\% \text{ 死亡} \\ 212 \sim 249, & 10\% \text{ 死亡} \\ 184 \sim 212, & 21\% \text{ 死亡} \\ 70 \sim 184, & \text{阈值} \\ \sim 70, & \text{无伤害} \end{cases} \quad (5.6)$$

2. 人体躯干受侧面压力时的 Bowen 损伤曲线

图 5.6 显示了人体躯干长轴方向与冲击波方向平行（人体躯干受侧面压力）时的 Bowen 压力 p – 正压持续时间 T_+ 损伤曲线和冲量 I – 正压持续时间 T_+ 损伤曲线。

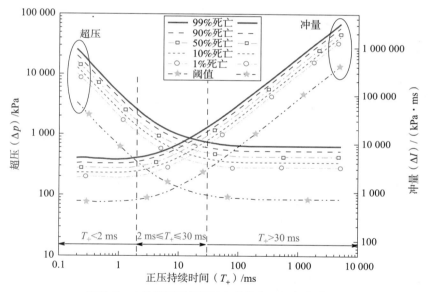

图 5.6 人体躯干受侧面压力时的 Bowen 损伤曲线

从图 5.6 可以得到人体躯干受侧面压力作用时，不同冲击波损伤准则的适用范围。与人体躯干受正面压力时的 Bowen 损伤曲线同理，人体躯干受侧面压力时的 Bowen 损伤曲线对应的冲量准则、超压 – 冲量准则和超压准则也可用分段函数表示。

当 $T_+ \leq 2$ ms 时，人体躯干受侧面压力时的 Bowen 损伤曲线近似为冲量准则：

$$I = \begin{cases} 5\ 063 \sim, & 99\% \text{ 死亡} \\ 3\ 996 \sim 5\ 063, & 90\% \text{ 死亡} \\ 3\ 167 \sim 3\ 996, & 50\% \text{ 死亡} \\ 2\ 536 \sim 3\ 167, & 10\% \text{ 死亡} \\ 2\ 004 \sim 2\ 536, & 1\% \text{ 死亡} \\ 660 \sim 2\ 004, & \text{阈值} \\ \sim 660, & \text{无伤害} \end{cases} \quad (5.7)$$

当 $2 \text{ ms} < T_+ < 30 \text{ ms}$ 时,人体躯干受侧面压力时的 Bowen 损伤曲线近似为超压 – 冲量准则:

$$\begin{cases} (p - 686)(I - 4\ 335) = 1\ 570\ 990, & 99\% \text{ 死亡} \\ (p - 526)(I - 3\ 415) = 1\ 363\ 950, & 90\% \text{ 死亡} \\ (p - 475)(I - 2\ 840) = 651\ 065, & 50\% \text{ 死亡} \\ (p - 342)(I - 2\ 160) = 569\ 322, & 10\% \text{ 死亡} \\ (p - 291)(I - 1\ 712) = 318\ 696, & 1\% \text{ 死亡} \\ (p - 94)(I - 594) = 27\ 443, & \text{阈值} \end{cases} \quad (5.8)$$

当 $T_+ \geqslant 30 \text{ ms}$ 时,人体躯干受侧面压力时的 Bowen 损伤曲线近似为超压准则:

$$p = \begin{cases} 630 \sim, & 99\% \text{ 死亡} \\ 523 \sim 630, & 90\% \text{ 死亡} \\ 420 \sim 523, & 50\% \text{ 死亡} \\ 341 \sim 420, & 10\% \text{ 死亡} \\ 280 \sim 341, & 11\% \text{ 死亡} \\ 84 \sim 280, & \text{阈值} \\ \sim 84, & \text{无伤害} \end{cases} \quad (5.9)$$

3. 人体躯干受反射压力时的 Bowen 损伤曲线

图 5.7 显示了人体躯干长轴方向与冲击波方向垂直且靠近反射面(人体躯干受反射压力)时的 Bowen 压力 p – 正压持续时间 T_+ 损伤曲线和冲量 I – 正压持续时间 T_+ 损伤曲线。

从图 5.7 可以得到人体躯干受反射压力作用时,不同冲击波损伤准则的适用范围。与人体躯干受正面压力时的 Bowen 损伤曲线同理,人体躯干受反射压力时的 Bowen 损伤曲线对应的冲量准则、超压 – 冲量准则和超压准则也可以用分段函数的形式表示。

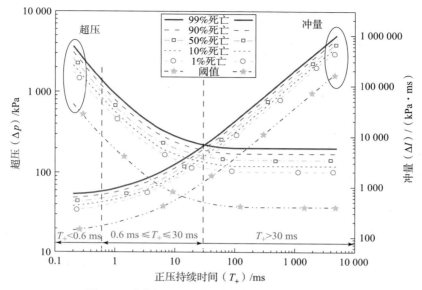

图 5.7 人体躯干受反射压力时的 Bowen 损伤曲线

当 $T_+ \leqslant 0.6 \text{ ms}$ 时,人体躯干受发射压力时的 Bowen 损伤曲线近似为冲量准则:

$$I = \begin{cases} 733 \sim, & 99\% \text{ 致死} \\ 620 \sim 733, & 90\% \text{ 致死} \\ 515 \sim 620, & 50\% \text{ 致死} \\ 422 \sim 515, & 10\% \text{ 致死} \\ 352 \sim 422, & 1\% \text{ 致死} \\ 140 \sim 352, & \text{阈值} \\ \sim 140, & \text{无伤害} \end{cases} \quad (5.10)$$

当 $0.6 \text{ ms} < T_+ < 30 \text{ ms}$,人体躯干受发射压力时的 Bowen 损伤曲线近似为超压-冲量准则:

$$\begin{cases} (p-181)(I-640) = 225\,613, & 99\% \text{ 致死} \\ (p-164)(I-571) = 142\,543, & 90\% \text{ 致死} \\ (p-142)(I-495) = 87\,282, & 50\% \text{ 致死} \\ (p-119)(I-415) = 67\,067, & 10\% \text{ 致死} \\ (p-98)(I-335) = 5\,662, & 31\% \text{ 致死} \\ (p-31)(I-130) = 10\,485, & \text{阈值} \end{cases} \quad (5.11)$$

当 $T_+ \geqslant 30 \text{ ms}$,人体躯干受发射压力时的 Bowen 损伤曲线近似为超压准则:

$$p = \begin{cases} 200 \sim, & 99\% \text{ 致死} \\ 170 \sim 200, & 90\% \text{ 致死} \\ 142 \sim 170, & 50\% \text{ 致死} \\ 120 \sim 142, & 10\% \text{ 致死} \\ 100 \sim 120, & 1\% \text{ 致死} \\ 37 \sim 100, & \text{阈值} \\ \sim 37, & \text{无伤害} \end{cases} \tag{5.12}$$

式（5.4）~式（5.12）显示了不同爆炸环境所对应的 Bowen 损伤曲线的数学表达式，以及各冲击波损伤准则的适用条件。只要确定好爆炸环境并获得冲击波正压持续时间，就可以选择对应的冲击波损伤准则进行评价。通过对比分析不同爆炸环境下的 Bowen 损伤曲线，可以发现在人体躯干长轴方向与冲击波方向垂直且冲击波发生反射（人体躯干受反射压力）的情况下，人体躯干损伤阈值最低，损伤程度最严重；当人体躯干长轴方向与冲击波方向垂直（人体躯干受正面压力）且冲击波无反射时，人体躯干损伤阈值和损伤程度次之；当人体躯干长轴方向与冲击波方向平行（人体躯干受侧面压力）且冲击波无反射时，人体躯干损伤阈值最高，损伤程度最轻。因此，冲击波对人体躯干的损伤不仅与冲击波特征参数有关，还与冲击波对人体躯干的作用方向以及人体躯干所处的爆炸环境有关。

只通过冲击波压力、冲量和正压持续时间来评价冲击波对人体躯干的损伤也具有一定的局限性，应该依据冲击波对人体躯干的作用特征来选取对应的冲击波损伤准则进行评价。

5.3.3 Stuhmiller 损伤模型

Stuhmiller 损伤模型的基本观点是：在爆炸冲击波的作用下，人体胸壁会向内运动并压缩肺脏，从而对人体造成损伤。因此，将爆炸冲击波对肺脏做功作为损伤程度的评价指标，来评估肺脏在爆炸冲击波作用下的损伤状态。该损伤模型可用于简单冲击波和复杂冲击波的损伤评估，但只能判断肺脏的损伤情况，并且使用起来也很不方便。Stuhmiller 建立的胸膜动力学模型如图 5.8 所示。

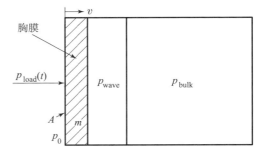

图 5.8 Stuhmiller 建立的胸膜动力学模型

肺脏是可压缩材料，肺内压与胸壁的运动关系式为

$$p(t) = p_0 \left[1 + \frac{1}{2}(\gamma - 1)\frac{v}{c_0}\right]^{\frac{2\gamma}{\gamma-1}} \qquad (5.13)$$

式中：$p(t)$ 为肺内压，t 为时间；p_0 为初始肺内压；γ 为比热比；v 为胸壁运动速度；c_0 为初始肺声速。

如果胸壁运动速度远小于初始肺声速，则 $\frac{v}{c_0} \to 0$。根据等价无穷小替换公式 $(1+bx)^a - 1 \sim abx$（当 $x \to 0$ 时），则

$$\left[1 + \frac{1}{2}(\gamma-1)\frac{v}{c_0}\right]^{\frac{2\gamma}{\gamma-1}} = \left[\left(1 + \frac{1}{2}(\gamma-1)\frac{v}{c_0}\right)^{\frac{2\gamma}{\gamma-1}} - 1\right] + 1 \sim \frac{v}{c_0}\gamma + 1 \qquad (5.14)$$

则式 (5.13) 线性化为

$$p(t) = p_0 + p_0\gamma\frac{v}{c_0} = p_0 + \rho_0 c_0 v \qquad (5.15)$$

根据牛顿第二运动定律，则 Stuhmiller 模型的动力学方程为

$$\frac{m}{A}\frac{dv}{dt} = p_{\text{load}}(t) - p_0\left[1 + \frac{1}{2}(\gamma-1)\frac{v}{c_0}\right]^{\frac{2\gamma}{\gamma-1}} - \frac{p_0 V}{V - Ax} \qquad (5.16)$$

式中：$\rho_0 = \gamma \frac{p_0}{c_0^2}$ 为初始肺密度；m 为胸壁的有效质量；A 为胸壁的有效面积；V 为肺脏的有效体积；x 为胸壁位移。

若胸壁运动速度和位移非常小，则 $\frac{v}{c_0} \to 0$ 且 $x \to 0$。由等价无穷小替换公式，则

$$\frac{m}{A}\frac{dv}{dt} = p_{\text{load}}(t) - \rho_0 c_0 v - \frac{P_0 A x}{V} \qquad (5.17)$$

以归一化功 W^* 作为肺损伤的评估参数，将其定义为压力波对肺脏做的总功（W）与肺体积和环境压力的乘积之比：

$$W^* = \frac{W}{p_0 V} = \frac{1}{p_0 V}\int A\rho_0 c_0 v^2 dt \qquad (5.18)$$

Stuhmiller 将肺损伤分为 5 个等级：无伤、微伤、轻伤、中伤、重伤，并得到肺损伤概率 – 肺组织做功曲线（图 5.9），继而拟合出肺脏各个损伤等级对应的损伤概率（G）与总功之间的关系式：

$$\ln\left(\frac{G}{1-G}\right) = b_0 + b_1\ln(W) \qquad (5.19)$$

式中：b_0、b_1 为经验常数。

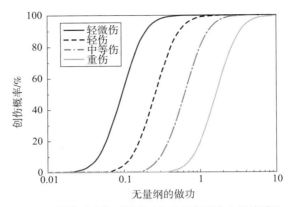

图 5.9　爆炸冲击波对肺做功与肺组织创伤之间的联系

5.3.4　Axelsson 损伤模型

Axelsson 损伤模型展示出损伤效应与 ASII 评分和胸壁最大向内运动速度之间的联系，不仅适用于简单冲击波损伤的评估，也适用于复杂冲击波损伤的评估。Axelsson 建立的单肺和单胸腔模型如图 5.10 所示。

根据牛顿第二运动定律，Axelsson 模型的动力学方程为

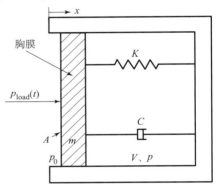

图 5.10　Axelsson 损伤模型

$$m\frac{d^2 x}{dt^2} + C\frac{dx}{dt} + Kx = A\left[p(t) + p_0 - \left(\frac{V}{V-Ax}\right)^\gamma \cdot p_0\right] \quad (5.20)$$

式中：m 为胸壁质量；x 为胸壁位移；t 为时间；C 为阻尼系数；K 为弹簧系数；A 为胸壁面积；$p(t)$ 为冲击波压力值；p_0 为环境压力；V 为肺脏体积；γ 为比热比。

基于实验数据得出 ASII 评分对应的损伤区间如表 5.10 所示，不仅可以评估肺脏的损伤，也可以评估肠胃和呼吸系统等胸部组织器官的损伤程度。ASII

表 5.10　不同损伤等级对应的 ASII 值和胸壁最大向内运动速度

损伤等级	无伤	微伤~轻伤	轻伤~中伤	中伤~重伤	>50%致命伤
ASII 评分	0.0~0.2	0.2~1.0	0.3~1.9	1.0~7.1	>3.6
胸壁最大向内运动速度/(m·s^{-1})	0.0~3.6	3.6~7.5	4.3~9.7	7.5~16.9	>12.8
损伤概率/%	0	1	10	30	50

评分与胸壁最大向内运动速度 V_{max} 之间的关系为

$$\text{ASII} = (0.124 + 0.117 V_{max})^{2.63} \quad (5.21)$$

通过分析冲击波作用下人体组织器官的力学响应参数，冲击波对人体躯干的损伤效应与冲击波特征参数（超压、冲量）密切相关，而这两个参数又是相互联系的（见第 6 章）。根据前述爆炸相似理论，冲击波超压和冲量计算公式均可由爆距 R 和 TNT 装药质量 W 的幂函数形式来表示。引入特征因子 C 和指数因子 α，记为

$$C = \frac{W^{\alpha}}{R} \quad (5.22)$$

由式（5.22）可知，不管 TNT 装药质量和爆距是否相同，只要保证特征因子 C 相等，那么冲击波超压值和冲量值就相等，则人体躯干损伤程度也相同。同时，指数因子 α 决定了冲击波损伤准则的形式，当 $\alpha = 1/3$ 时，冲击波超压占主导，则式（5.22）对应于冲击波超压准则；当 $\alpha = 2/3$ 时，冲击波冲量占主导，则式（5.22）对应于冲击波冲量准则；当 $\alpha = 1/3 \sim 2/3$ 时，冲击波超压和冲量均占主导，则式（5.22）对应于冲击波超压 - 冲量准则。

Axelsson 损伤模型是利用胸壁最大向内运动速度来判断人体的损伤情况，则基于 Axelsson 损伤模型和肋软骨速度（胸壁运动速度）可以获得人体躯干的损伤概率。通过分析胸壁运动速度与损伤概率之间的对应关系，得到爆距 R - TNT 药量 W 损伤曲线，如图 5.11 所示。

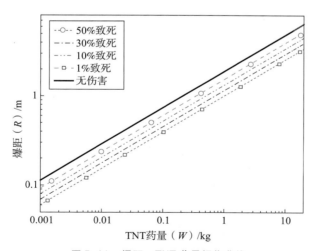

图 5.11　爆距 - TNT 药量损伤曲线

对爆距（R）- TNT 药量（W）损伤曲线进行拟合，可以得到如 $\alpha \lg W - \lg R = \lg C$ 形式的计算公式，即

$$\begin{cases} 0.401\lg W - \lg R = \lg 0.996, & 50\%\ \text{致死} \\ 0.403\lg W - \lg R = \lg 0.865, & 30\%\ \text{致死} \\ 0.400\lg W - \lg R = \lg 0.751, & 10\%\ \text{致死} \\ 0.409\lg W - \lg R = \lg 0.648, & 1\%\ \text{致死} \\ 0.425\lg W - \lg R = \lg 0.528, & \text{无伤害} \end{cases} \quad (5.23)$$

对式（5.23）进行转换得到

$$C = \begin{cases} \dfrac{W^{0.401}}{R} = 0.996, & 50\%\ \text{致死} \\ \dfrac{W^{0.403}}{R} = 0.865, & 30\%\ \text{致死} \\ \dfrac{W^{0.405}}{R} = 0.751, & 10\%\ \text{致死} \\ \dfrac{W^{0.409}}{R} = 0.648, & 1\%\ \text{致死} \\ \dfrac{W^{0.425}}{R} = 0.528, & \text{无伤害} \end{cases} \quad (5.24)$$

可以发现，所有 α 值介于 1/3 ~ 2/3，因此，式（5.24）对应于冲击波超压 – 冲量损伤准则。α 取平均值 0.407 时，则式（5.22）转化为

$$C = \frac{W^{0.407}}{R} \quad (5.25)$$

将式（5.24）得到的不同损伤概率对应的特征因子（C）绘制成如图 5.12 所示的损伤概率（G）- 特征因子（C）曲线。

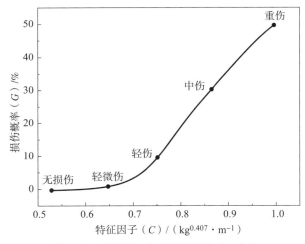

图 5.12　损伤概率与特征因子的对应关系

通过对图 5.12 进行数据拟合，得到损伤概率（G）与特征因子（C）之间的关系式：

$$G = \begin{cases} 0\%, & C < 0.528 \\ \dfrac{18.782}{1+10^{(9.591-12.427C)}} + \dfrac{40.695}{1+10^{(5.865-6.413C)}} - 0.467, & 0.528 \leq C \leq 0.996 \\ 50\% \sim 100\%, & C > 0.996 \end{cases} \tag{5.26}$$

由式（5.26）可以看出，人体躯干损伤概率（G）与特征因子（C）密切相关，并随特征因子的增大而增大。因此，只要知道爆距 R 和 TNT 装药质量 W，即可由式（5.25）计算得到特征因子值，然后查图 5.12 或代入式（5.26），获得人体躯干的损伤概率，并得出人体躯干的损伤等级。

基于相关文献上的冲击波动物毁伤实验数据，验证式（5.26）的准确性，如表 5.11 所示。

表 5.11　由动物实验和计算公式得到的损伤概率的比较

参考文献	动物种类	TNT 药量 /kg	爆距 /m	损伤概率/% 实验值	损伤概率/% 计算值
Axelsson	猪（23.2 kg）	2.6	4.0	1	0
Wang	山羊（30 kg）	4.0	2.30	10	12.0
		4.0	3.88	1	0
		4.0	7.78	0	0
		8.0	3.78	30	25.5
		8.0	5.24	10	0
		8.0	10.02	0	0
Dancewicz	兔	0.225	1.1	35	0
Cheng	大鼠（0.25～0.30 kg）	0.0004	0.05	30	23.6
		0.0004	0.075	0	0
		0.0004	0.1	0	0

Axelsson 等研究得到药量为 2.1 kg 的 B 炸药（2.6 kg TNT）、爆距为 4 m 时对猪（体重为 23.2 kg）造成 1% 的损伤概率，由式（5.26）得到的损伤概率为 0。

Wang 等研究了爆炸冲击波对山羊的损伤，TNT 药量为 4 kg，爆距为 2.30 m、3.88 m、7.78 m 的损伤概率分别为 10%、1%、0，由式（5.26）得到的损伤概率为 12.0%、0、0；TNT 药量为 8 kg，爆距为 3.78 m、5.24 m、

10.02 m 的损伤概率分别为 30%、10%、0，由式（5.26）得到的损伤概率为 25.5%、0、0。

Dancewicz 研究得到 TNT 药量为 0.225 kg、爆距为 1.1 m 时对兔子造成 35% 的损伤概率，而由式（5.26）得到的损伤概率为 0。

Cheng 等采用体重为 250~300 g 的大鼠，研究得到 TNT 药量为 400 mg、爆距为 5 cm、7.5 cm、10 cm 的损伤概率分别为 30%、0、0，而由式（5.26）得到的损伤概率分别为 23.6%、0、0。

由表 5.11 的数据可以发现，对于大动物，如羊、猪，利用式（5.26）评价得到的结论与实验结论大致吻合；而对于小动物，如兔、鼠，利用式（5.26）评价得到的结论与实验结论差距较大，主要原因是大动物对冲击波的耐受极限更大，其临界损伤值高于小动物。Richmond 提出的 50% 致命伤所对应的冲击波压力与体重之间的关系，也显示出冲击波损伤压力阈值随体重的增大而增大，如图 5.13 所示。因此，以往由小动物实验获得的冲击波损伤准则用来评估冲击波对人体等大动物的损伤是不正确的。

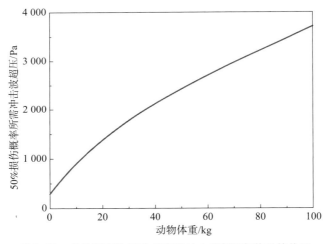

图 5.13　损伤概率为 50% 时所需冲击波超压与体重的关系

5.4　破片对人体的损伤判据

破片对人体的损伤主要由破片动能、速度、质量、材料、结构、形状、初始章动角（着靶姿势）、数量和空间分布等决定。破片动能和能量传递率（向人体组织器官）是影响破片致伤能力的两大要素。破片对人体的杀伤判据主要包括 GJB 1160—1991、GJB 2936—1997、GJB 4808—1997、动能杀伤判据、比动能杀伤判据、质量杀伤判据、分布密度杀伤判据、A - S 杀伤判据以及国军标给出的杀伤判据等。

战斗能力的丧失与受伤者所处的战斗条件有很大的关系。例如，在进攻战斗中的步兵，如果下肢受伤不能行走，则意味着进攻能力的丧失，可是，这样的伤员在防御战斗中则不一定丧失其防御能力。所以 GJB 1160—1991、GJB 2936—1997、GJB 4808—1997 杀伤判据丧失战斗力的条件概率分为进攻与防御。中弹者丧失战斗力的概率主要取决于破片传递能量、中弹部位和战斗条件，还与伤员的体质特点、精神状态等有关。

5.4.1 GJB 1160—1991 钢质球形破片对人员的杀伤判据

本标准规定了质量为 0.4~5 g、碰撞速度不大于 1 800 m/s 的单个钢质球形破片对人员的杀伤判据及其制定的准则和方法，适用于以钢质球形破片为杀伤元件的弹丸、战斗部等在论证、研究、设计和定型中的杀伤威力计算和评定。

人员为不着个人防护器材（头盔、防弹衣等）、使用步兵武器执行进攻或防御任务的单兵，被击中后未经任何救治。以丧失战斗防御为 30 s、进攻为 5 min 的概率作为判据。

丧失战斗力条件概率计算公式：

进攻 5 min

$$P(I/H) = 0.892[1 - e^{-A(mv^{2.6}-B)^c}] \quad (5.27)$$

防御 30 s

$$P(I/H) = 0.616[1 - e^{-A(mv^{2.6}-B)^c}] \quad (5.28)$$

式中：$P(I/H)$ 为丧失战斗力条件概率；m 为钢质球形破片质量，g；v 为钢质球形破片碰撞速度，m/s；A、B、C 为根据战斗任务和丧失战斗力时间而确定的系数，见表 5.12。

表 5.12 A、B、C 的数值

系数	进攻 5 min	防御 30 s
A	$1.601\,44 \times 10^{-3}$	$8.929\,16 \times 10^{-4}$
B	35 345.1	35 345.1
C	0.413 689	0.459 108

当 $mv^{2.6} \leq B$ 时，则 $P(I/H) = 0$。

形状与球形相近或局部致伤能力与球形破片相近的钢质破片，如粒状体、正立方体、长细比在 1 附近的圆柱体，可参照本标准近似计算其杀伤能力。

钢质球形破片杀伤判据对应的进攻 5 min 和防御 30 s 条件下破片速度和质量对损伤概率的影响规律，如图 5.14、图 5.15 所示。

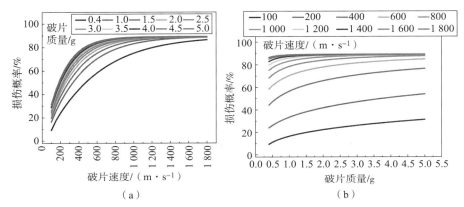

图 5.14　进攻 5 min 条件下破片速度和质量对损伤概率的影响（GJB 1160—1991）（附彩插）
（a）损伤概率 – 破片速度曲线；（b）损伤概率 – 破片质量曲线

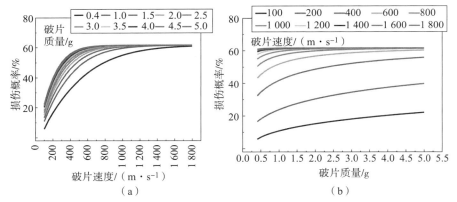

图 5.15　防御 30 s 条件下破片速度和质量对损伤概率的影响（GJB 1160—1991）（附彩插）
（a）损伤概率 – 破片速度曲线；（b）损伤概率 – 破片质量曲线

从图 5.14（a）、图 5.15（a）可以看出，当破片质量一定时，破片速度对损伤概率的影响非常明显；而破片速度达到一定值时，破片速度对损伤概率的影响很小。从图 5.14（b）、图 5.15（b）可以看出，当破片速度一定时，破片质量对损伤概率的影响也不明显。因此，对于速度较大的破片，可以用破片质量作为杀伤判据。

5.4.2　GJB 2936—1997 钢质自然破片对人员的杀伤判据

本标准规定了质量为 0.4~5 g、碰撞速度不大于 1 800 m/s 的单个钢质自然破片对人员的杀伤判据及其制定的准则和方法，适用于以钢质球形破片为杀伤元件的弹丸、战斗部等在论证、研究、设计和定型中的杀伤威力计算和评定。

人员为不着个人防护器材（头盔、防弹衣等）、使用步兵武器执行进攻或防御任务的单兵，被击中后未经任何救治。以丧失战斗防御为 30 s、进攻为 5 min 的概率作为判据。

丧失战斗力条件概率计算公式：

进攻 5 min

$$P(I/H) = \begin{cases} 0.911[1 - e^{-A(mv^{2.6}-B)^C}], & mv^{2.6} > B \\ 0, & mv^{2.6} \leqslant B \end{cases} \quad (5.29)$$

式中：$P(I/H)$ 为丧失战斗力条件概率；m 为钢质自然破片质量，g；v 为钢质自然破片碰撞速度，m/s；$A = 3.393\ 99 \times 10^{-4}$；$B = 79\ 244.7$；$C = 0.494\ 960$。

防御 30 s

$$P(I/H) = \begin{cases} 0.656[1 - e^{-A(mv^{2.6}-B)^C}], & mv^{2.6} > B \\ 0, & mv^{2.6} \leqslant B \end{cases} \quad (5.30)$$

式中：$A = 3.718\ 89 \times 10^{-4}$；$B = 79\ 244.7$；$C = 0.492\ 943$。

钢质自然破片杀伤判据对应的进攻 5 min 和防御 30 s 条件下破片速度和质量对损伤概率的影响规律，如图 5.16、图 5.17 所示。

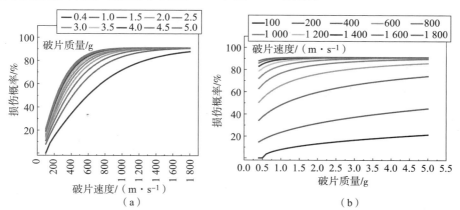

图 5.16　进攻 5 min 条件下破片速度和质量对损伤概率的影响（GJB 2936—1997）（附彩插）
（a）损伤概率 - 破片速度曲线；（b）损伤概率 - 破片质量曲线

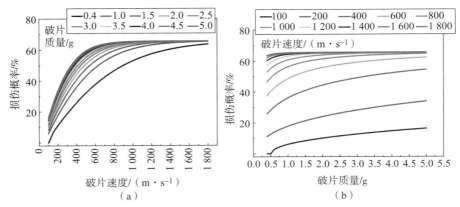

图 5.17 防御 30 s 条件下破片速度和质量对损伤概率的影响（GJB 2936—1997）（附彩插）
（a）损伤概率－破片速度曲线；（b）损伤概率－破片质量曲线

从图 5.16（a）、图 5.17（a）可以看出，当破片质量一定时，破片速度对损伤概率的影响非常明显；而破片速度达到一定值时，破片速度对损伤概率的影响很小。从图 5.16（b）、图 5.17（b）可以看出，当破片速度一定时，破片质量对损伤概率的影响也不明显。因此，对于速度较大的破片，可以用破片质量作为杀伤判据。

5.4.3　GJB 4808—1997（GJBz 20450—1997）小质量钢质破片对人员的杀伤判据

本标准规定了单个小质量钢质球形和平行六面体破片命中人员目标后的丧失战斗力条件概率判据，适用于在论证、研究、设计和定型中计算与评定以质量为 0.05~0.45 g、碰撞速度不大于 2 000 m/s 的钢质球形和平行六面体预制破片为杀伤元件的弹丸、战斗部对人员的杀伤威力。对于质量与撞击速度在本标准范围内，形状近似于球形、或近似于长细比为 0.5~4.0 平行六面体的钢质破片也可参照使用。

1. 小质量钢质球形破片对人员的杀伤判据

进攻 5 min：

$$P(I/H) = \begin{cases} 0.981[1 - e^{-A(mv^{3.909\,983}-B)^C}], & mv^{3.909\,983} > B \\ 0, & mv^{3.909\,983} \leqslant B \end{cases} \quad (5.31)$$

式中：$P(I/H)$ 为丧失战斗力条件概率；m 为钢质球形破片质量，g；v 为钢质球形破片碰撞速度，m/s；$A = 3.684\,176 \times 10^{-5}$；$B = 8.335\,509 \times 10^{6}$；$C = 0.420\,009\,1$。

防御 30 s：

$$P(I/H) = \begin{cases} 0.650[1 - e^{-A(mv^{3.909\,983} - B)^C}], & mv^{3.909\,983} > B \\ 0, & mv^{3.909\,983} \leq B \end{cases} \quad (5.32)$$

式中：$A = 1.761\,329 \times 10^{-4}$；$B = 8.335\,509 \times 10^{6}$；$C = 0.356\,972\,8$。

小质量钢质球形破片杀伤判据对应的进攻 5 min 和防御 30 s 条件下破片速度和质量对损伤概率的影响规律，如图 5.18、图 5.19 所示。

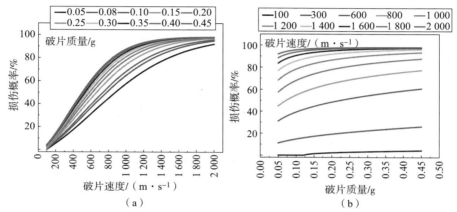

图 5.18 进攻 5 min 条件下破片速度和质量对损伤概率的影响 （GJBz 20450—1997）（附彩插）
（a）损伤概率 – 破片速度曲线；（b）损伤概率 – 破片质量曲线

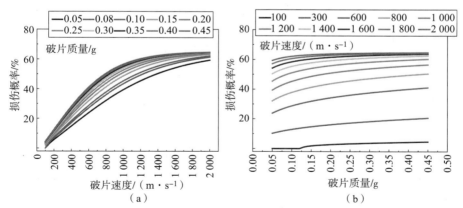

图 5.19 防御 30 s 条件下破片速度和质量对损伤概率的影响 （GJBz 20450—1997）（附彩插）
（a）损伤概率 – 破片速度曲线；（b）损伤概率 – 破片质量曲线

从图 5.18（a）、图 5.19（a）可以看出，当破片质量一定时，破片速度对损伤概率的影响非常明显；而破片速度达到一定值时，破片速度对损伤概率的影响很小。从图 5.18（b）、图 5.19（b）可以看出，当破片速度一定时，破片质量对损伤概率的影响也不明显。因此，对于速度较大的破片，可以用破片质量作为杀伤判据。

2. 小质量钢质平行六面体破片对人员的杀伤判据

进攻 5 min：

$$P(I/H) = \begin{cases} 0.891[1 - e^{-A(mv^{4.811\,366} - B)^C}], & mv^{4.811\,366} > B \\ 0, & mv^{2.6} \leq B \end{cases} \quad (5.33)$$

式中：$P(I/H)$ 为丧失战斗力条件概率；m 为钢质平行六面体破片质量，g；v 为钢质平行六面体破片碰撞速度，m/s；$A = 3.603\,47 \times 10^{-5}$；$B = 6.328\,893 \times 10^{8}$；$C = 0.326\,443\,3$。

防御 30 s：

$$P(I/H) = \begin{cases} 0.65[1 - e^{-A(mv^{4.811\,366} - B)^C}], & mv^{4.811\,366} > B \\ 0, & mv^{4.811\,366} \leq B \end{cases} \quad (5.34)$$

式中：$A = 5.514\,529 \times 10^{-5}$；$B = 6.328\,893 \times 10^{8}$；$C = 0.313\,765\,6$。

5.4.4 动能杀伤判据

破片、枪弹或小箭杀伤目标一般只以击穿为主，而击穿则是靠动能来完成的，所以通常以破片、枪弹或小箭的动能来衡量其杀伤效应。Bircher 在 1899 年提出以动能准则为标准的杀伤判据，这一观点被世界各国所认可，也是使用最为广泛的杀伤判据。但各国对破片致命杀伤的临界动能的界定并不统一，差异性也很大，如表 5.13 所示。

表 5.13　各国采用的破片动能杀伤判据

国家	法国	德国和美国	中国	俄罗斯
破片致命杀伤的临界动能/J	39	78	98	235

动能杀伤判据认为破片对人体的杀伤与破片数量和命中部位无关，只要有一枚杀伤破片命中人体，就可造成致命杀伤。包括美国在内的多数国家，都以 78 J 为破片动能杀伤判据，即当破片动能小于 78 J 时，无法造成致命杀伤，而大于 78 J 就能造成致命杀伤。由于动能杀伤判据未考虑破片速度、质量、形状以及命中部位的影响，并且该判据只适合衡量不稳定的沉重破片而不适用于现代杀伤武器，故已被多数国家废弃。

78 J 杀伤判据是研究人员经过下列研究得出的：测量人体立姿解剖图，求出人体正面的平均总投影面积为 0.492 m²，再求出其中易伤区（包括各脏器、体腔、肠道、直径 0.25 cm 以上和血管）的各部的平均正投影面积及其总和（0.22 m²），继而就可以求出易伤区各个单位的命中概率 P_i。

$$P_i = \frac{S_i}{S_m}, i = 1, 2, \cdots \qquad (5.35)$$

式中：S_i 为易伤部位 i 的下平均投影面积；S_m 为人体正面的平均总投影面积。不难看出，易伤区命中概率为 0.43。

测量人体各个断面，求出易伤区各部位由皮肤、骨骼和软组织所构成的防护层厚度。身体正面和背面的平均防护层厚度分别为 0.6 cm 和 3.3 cm。

利用已知的弹头或破片侵彻皮肤、肌肉、海绵状骨骼的能量损耗关系式，计算穿透易伤区各部位时所耗能量的最小值。结果表明，直径为 3.175 mm 的钢球侵彻易伤区中防护层最厚的部位时，最小穿透能量为 2.715~292.628 J。

计算"命中概率－防护层厚度分布"关系，再进一步求出"命中概率－最小穿透能量"关系。结果表明，与最小穿透能量 21 J 相应的命中概率为 0.6，与最小穿透能量 78 J 对应的命中概率为 0.9。

据此可以看出，78 J 判据实质上是某些弹头穿过典型人体大多数易伤区防护层时所需能量的最小值。显然，这个杀伤能量临界值有一定的实用价值，但也存在着相当大的局限性。

首先，弹丸穿透防护层后，还必须进一步破坏易伤区肌体，才能够产生停止作用。停止作用的大小不仅与防护层有关，还与防护层后的组织性质及其受损坏度有关。例如，穿透颅骨后破坏了脑组织与穿透腹壁破坏了肠系膜，二者的停止作用显然不一样。也就是说，杀伤效应不仅取决于穿透能量，还取决于侵彻部位及穿透防护层后释放的能量。有时，穿透目标的弹头或破片杀伤效应不一定好，未穿透目标的弹头或破片杀伤效应不一定差。所以，仅仅以穿透能量或能否穿透目标来评价弹头、破片杀伤效应，还不够严谨。

其次，这个判据没有考虑环境因素对杀伤效应的影响。

5.4.5 比动能杀伤判据

具有相同动能、不同形状的破片对人员的损伤是不一样的。由于破片的形状很复杂、运动的不稳定性和飞行过程中又是旋转的，破片与目标遭遇时的面积是随机变量，故用比动能来衡量破片的杀伤效应较动能更为确切。

$$e_d = \frac{E_d}{A} = \frac{1}{2}\frac{m}{A}V_0^2 \qquad (5.36)$$

式中：e_d 为破片的比动能；E_d 为破片的初始动能；A 为破片与目标遭遇面积的数学期望值；V_0 为破片的初速度；m 为破片的质量。

Sperrazza 提出穿透皮肤所需的最小着速（弹道极限）V_l 在 50 m/s 以上，侵入肌体 2~3 cm 时，所需弹道极限在 70 m/s 以上，并提出其速度与断面比重的关系：

$$V_l = \frac{125}{S} + 22 = 125\frac{A}{m} + 22 \tag{5.37}$$

穿透皮肤所需的最小比动能表达式为

$$e_l = \frac{1}{2}\frac{m}{A}V_l^2 \tag{5.38}$$

对于厚度一定的皮肤，最小比动能是确定的。通常来讲，破片致命杀伤的最小比动能为 160 J/cm^2，而擦伤皮肤的最小比动能为 9.8 J/cm^2。同时，各个国家或地区也对破片穿透皮肤的临界比动能进行了规定，如表 5.14 所示。

表 5.14 破片比动能杀伤判据

国家或地区	中国香港	瑞士	中国大陆	中国台湾	德国
穿透皮肤的临界比动能/($J \cdot cm^{-2}$)	7	10	16	20	36

GA/T 718—2007《枪支致伤力的法庭科学鉴定判据》规定了口径小于 20 mm 的非制式枪支弹丸穿透角膜而造成眼睛轻伤的临界比动能为 1.8 J/cm^2，而中国香港规定的临界比动能为 2.0 J/cm^2，Sellier 给出的临界比动能为 6 J/cm^2。非制式枪支弹丸的比动能计算公式为

$$e_0 = \frac{E_0}{A} = \frac{1}{2}\frac{m}{A}V_0^2 = \frac{2mV_0^2}{\pi d^2} \tag{5.39}$$

式中：e_0 为枪弹弹丸枪口比动能；E_0 为枪弹弹丸枪口动能；m 为枪弹弹丸质量；V_0 为枪弹弹丸枪口速度；A 为枪弹弹丸最大横截面积，即弹丸在枪管内运动时速度的垂直方向上的最大面积；d 为枪弹弹丸最大直径。

5.4.6 质量、速度杀伤判据

虽然破片质量、速度杀伤判据只基于质量、速度进行人体损伤评价，但仍然考虑了破片速度、质量的影响，其本质上仍是破片动能杀伤判据。对于高速破片，速度变化对其杀伤力的影响很小，而主要由质量决定，因而可以将破片质量作为杀伤判据。如 TNT 弹药爆炸后形成的破片初速度基本为 800~1 000 m/s，则破片致命杀伤质量为 1.0 g，如果破片初速度较大，也可取 0.5 g 或 0.2 g。对于质量一定的破片，速度是其杀伤力的主要影响因素，因而可以将破片速度作为杀伤判据。如子弹对人体致命杀伤的临界速度为 100 m/s，穿透骨骼的临界速度为 65 m/s，穿透皮肤的临界速度为 50 m/s。

5.4.7 分布密度杀伤判据

由杀爆战斗部爆炸形成的破片,其空间分布是不连续的。在破片飞行过程中,破片间隔会随飞行距离的增大而增大,故单个破片未必能够命中目标。因此,以动能、比动能或质量为破片杀伤判据并不能全面、准确地反映破片对人体的损伤,还应该考虑破片分布密度,并且破片命中和杀伤目标的概率随破片分布密度的增大而增大。

5.4.8 A-S 杀伤判据

1956 年,美国的 Allen 与 Sperrazza 综合考虑人体由负伤到丧失战斗力时间、人员在战场上承担的具体战斗任务,以创伤弹道学的研究成果提出了著名的 A-S 准则。Allen 和 Sperrazza 发现人体结构按功能可分为许多系统,每一系统又是由若干器官组成,各个器官又是由几种组织组成,局部器官和组织因杀伤而失效,将引起整个人体功能的丧失。该判据考虑了人员目标的作战任务和从受伤到丧失战斗力的时间要求,当人员受伤而不能执行其指定任务时即认为死亡。A-S 杀伤判据指出,任何系统弹体的损伤严重程度是 mv^β 的函数,并以 Weibull 函数表达如下:

$$P(I/H) = 1 - e^{-A(mv^\beta - B)^c} \tag{5.40}$$

式中:$P(I/H)$ 为人员在规定时间内丧失战斗力的概率;m 为破片质量,g;v 为破片速度,m/s;β、A、B、C 为由破片类型和人员承担的任务及丧失战斗力时间确定的常数。

第 6 章

爆炸伤的实验研究

由于不能用人体来研究爆炸引起的人体迅速变化及其对人体的影响，于是研究人员采用爆炸伤统计、软组织模拟物（如水、肥皂、明胶等）、动物或假人进行实验等方法。爆炸伤统计包括对伤亡者尸检和对伤口、伤道及组织、器官的详细调查以及对爆炸伤调查资料的研究。

6.1 非生物体模拟物和实验动物的选择

6.1.1 非生物体模拟物的选择

受伦理限制和受试动物之间的个体差异，必须有足够的实验数据，才能获得统计学上有显著性的结果。另外，某些非生物材料在反映爆炸与人体组织的能量传递方面具有直观、易测等特点。很多研究工作还需要借助于非生物模型。

6.1.1.1 水

水质均匀、透明，便于直接观察。大多数组织含水 80% 左右，故水的密度与肌体组织比较接近（低 5%）。介质对破片的作用，主要取决于介质密度与介质黏度，与结构因素关系不大。因此，破片对肌体组织的许多重要的致伤现象，能够在射击水的过程中表现出来。研究水中破片轨迹，是研究破片致伤机理的基础。例如，钢球射入水中时，球后形成一个锥形空腔，如图 6.1 所示。

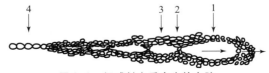

图 6.1　钢球射击后产生的空腔

1—首次扩大；2—首次崩溃；3—第二次扩大；4—尾迹（小气泡）

空腔的径向运动速度，大约是钢球运动速度的 1/10。水中空腔的最大排水量与钢球入水的动能成正比。水中空腔要经历 7~8 次扩大—缩小—扩大—缩小这种脉动，才会最终消失。当破片侵入组织时，组织内也会产生与此十分相似的空腔运动。破片在水中的阻力系数略低于在组织内的阻力系数。

6.1.1.2 肥皂

肥皂的密度与肌体组织相当，黏塑性大，破片通过后能留下定形的空腔，这个空腔的形状与最大瞬时空腔相似。肥皂空腔容积与破片传递的能量成正比，而且相关系数很好。由于使用肥皂实验方便，优点多，已广泛使用。

实验用肥皂的成分和性能如下（按重量百分比）：脂肪酸，53%；水，40%；游离碱（NaOH），<0.3%；硅酸钠，>2%；溶解度，>18 mg；硬度，2 260~1 776 g/cm；凝固点，37~45 ℃；密度，1 055 kg/m³。

6.1.1.3 明胶

明胶密度同肌肉相当，有弹性，破片通过后，能留下一个不规则的伤道，周围有一些径向扩展裂缝，这些裂缝是瞬时空腔造成的。裂缝数和扩展所及的径向范围，反映瞬时空腔的最大直径。据此算出的最大瞬时空腔的容积，与破片传递给明胶的能量成正比，但相关系数不及肥皂好。当评定破片在明胶内的效应时，先测定裂缝长度与永久伤道周围的长度，然后将裂缝长度乘以 2，再加上周边长度，它们之和就相当于瞬时空腔周边长度。计算容积时，可以假定伤道横截面为圆形。

从高速摄影照片看出，明胶内空腔运动的特性与水中的相似，但膨胀系数不同。破片在明胶中的阻力系数 $C_x = 0.35$，略低于人体组织的阻力系数 $C_x = 0.45$。

由于明胶富有弹性，裂缝长度以及永久伤道周长度的测量误差较大，因而能量数值的离散度往往比肥皂的相应数值要大。所以对翻滚较快的破片，明胶不是很合适的模拟物。

6.1.1.4 其他

黏土是一种廉价的模拟物，密度为 1.7 kg/cm³，由于密度大于肌肉组织，作用于弹头的减速力较大，在对黏土射击时，弹头容易变形破裂。

在创伤实验中，也有将非生物的材料与动物组织合在一起进行实验。

非生物材料只能在某一性能范围内，在某种程度上充当组织的模型。每种非生物材料都具有各自的特点，应针对不同的实验要求加以选择。

6.1.2 实验动物的选择

6.1.2.1 一般原则

动物实验能较全面、近似地反映人体的各种创伤效应,因而历来受到科学工作者的重视。实验动物应尽可能满足以下要求:破片在肌体内产生的创伤效应有较好的重复性;具有必要的伤道长度;皮肤强度尽可能接近人的皮肤;个体差异尽可能小;既经济又方便;体质健壮,食欲良好,皮毛光泽平顺,无急慢性疾病以及潜在性疾病;肌肉丰满、体态正常、四肢粗壮无畸形;步态稳健、反应灵敏,眼睛有神、鼻端较湿润,呼吸平衡无声。

6.1.2.2 各种动物的特点

1. 马和牛

马和牛肌肉丰满,容易获得较长的伤道。但成年的马和牛,体大、笨重、不便操作和搬运,需要特殊的外科专用器械和实验设备。马和牛很难实施全麻。全麻期间和伤后复苏阶段,难于长时间进行观察。马的横膈膜尖拱,腹部脏器沉重,如长时间伏卧,必向下压迫肺叶,造成严重的肺积液和缺氧。牛是反刍动物,消化系统复杂,往往易引起腹部膨胀,并经常下意识地将反刍物质(半流质)反复地吐出和咽下,在麻醉状态下容易发生误吸的危险。马和牛的皮肤也比人的皮肤厚而坚实,差别很大。此外,马、牛价格昂贵,所以很少用它们作为实验动物。

2. 羊

羊也属反刍动物,但实施全麻不像牛那样危险,对反刍鼓胀问题,只要采取必要的预防措施,即可避免致命危险,可以使用人身麻醉标准和器械。对强镇定剂和局部镇痛性神经阻断剂,配合使用的适应性很好。羊皮肤薄而柔软,比较接近人皮,但使用较大的羊,才能获得长伤道。

羊的性情温顺,不伤人,适应性较强,饲养方便,故使用较广泛。

3. 狗

狗属于哺乳纲、食肉目,已被驯化为家养动物,喜欢接近人,易于驯养,对外界环境适应能力强,稍加训练即能很好地配合各种实验。狗的静脉与动脉血管容易显露,便于抽血和静脉给药及气管切开,连接导管,进行连续较长时间的采血检查。狗的用药剂量和施行手术所用的器械均与人体相似,皮肤也与人较接近。但狗的皮下脂肪少而薄,容易产生皮下组织大面积撕离。狗毛对破片的射入也有影响,最好在实验时把受破片部位的毛剪掉。狗肢体肌肉不够丰满,为了得到较长的伤道,最好选用大狗。

4. 猪

猪是饲养的家畜,其皮肤组织结构、血液学、血液化学的各种常数都与人相近似,性情较温顺,不伤害人。中等大小的猪,一般就能得到足够长度的肌肉伤道。对猪容易进行训练,可以施行各种全麻方法。猪伤后,在麻醉条件下,可以观察 12 h 以上。特别是猪的皮肤构造与人皮相似,毛稀疏,肢体短粗,肌肉丰满,能造成较严重的伤道,便于观察投射物伤的伤道变化。猪的来源广泛,价格较合理,故猪也是创伤研究较常用的动物之一。缺点是猪体型较大,笨重,不易搬运,饲养和伤后护理比狗困难。猪的血管不如狗容易显露,采血标本有一定困难,伤口包扎也不易牢固,不太适合于作较长期观察。

5. 兔和猫

这两种动物容易获得,易饲养,故常被用在医学研究中的急慢性实验中。在早期的创伤研究中,也曾被选用,但其体型太小,目前已很少采用。

6. 大白鼠

实验室用的大白鼠是褐家鼠的白化变种,性情较凶猛、抗病力强,对外环境适应性强,成年鼠很少患病;一般情况下侵袭性不强,可在一笼内大批饲养,也不会咬人。医学上常用于神经-内分泌、营养、代谢性疾病、药物学、肿瘤、传染病、行为表现、放射医学、肝脏外科等方面的研究。

6.2 冲击波损伤实验

在实验室采用压缩气体驱动的激波管模拟爆炸冲击波,因受到激波管尺寸的限制,因此只能对小型动物进行实验。爆炸装置内炸药爆炸可以瞬间产生空气冲击波、破片;当爆炸装置为软包装时,爆炸装置主要产生的是冲击波;当爆炸装置为硬包装时,爆炸装置产生冲击波和破片两种杀伤源。

6.2.1 激波管冲击波损伤实验

6.2.1.1 实验装置

图6.2所示为激波管工作原理图,当刺破膜片后,高压腔内的高压气体进入低压腔,在低压腔就产生了冲击波。图6.3所示为激波管内 A_1 传感器、A_2 传感器两点测得的冲击波波形图。

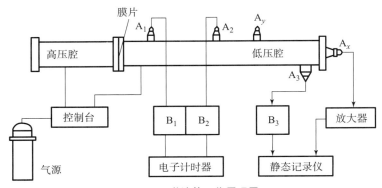

图6.2 激波管工作原理图

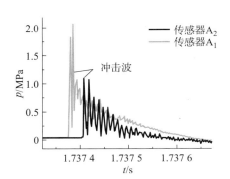

图6.3 激波管产生的典型冲击波波形图

用于爆炸研究的各种动物都应对其进行深度麻醉,在感觉恢复之前施行安乐死,以消除爆炸对其带来的痛苦。

以二级轻气炮高压舱为冲击波发生源,将炮管改造为生物激波管装置,激波管直径为250 mm。采用工业氮气作为冲击气体,通过改变气炮高压舱内气体压力控制冲击波强度。首先将轻气炮高压舱内充入一定压力的氮气,将麻醉处理后的兔安放在激波管内尾端。兔体后设有网状冲击波衰减装置,且激波管并未完全封闭。启动放气阀,高压舱内的氮气在激波管内产生冲击波对生物进行冲击。衰减装置对冲击波产生一定程度的反射,但由于反射波与兔头方向相反,属于开口冲击波,并具有反射冲击波的特点。管内压力由传感器 MLT0380 测定,经动态采集系统 Topview2k 存储与计算相应冲击波物理参数。

6.2.1.2 实验动物分组及制备

采用成年健康新西兰白兔 40 只,雌雄不限,体重 2.5~3.5 kg。实验前,动物适应环境 3 天,随机分成 5 组,每组 8 只,模拟某爆炸物外场实测距冲击源不同距离的冲击波参数进行损伤实验。其中,A、B、C、D 组的冲击波压力分别为 6.83 kPa、146.46 kPa、286.58 kPa、394.11 kPa,对应的作用时间分别为 4.2 ms、3.9 ms、3.2 ms、2.7 ms,con 组为未经冲击的对比组。为保持兔的姿态一致,冲击前均用戊巴比妥钠全麻后固定于激波管尾端铁笼中,放置于距离冲击波源 6 m 处,兔头朝向冲击源方向。冲击后取出,采用北岛式绑定并进行生理学指标检测、采血和取材,con 组直接进行相关指标检测。

6.2.1.3 实验结果

1. 急性肺损伤

肺损伤的宏微观形态学观察:图 6.4 为冲击前后肺损伤表观照片。与 con 组对比,A 组仅上叶局部有小块斑状出血;B 组肺叶出现较大范围出血斑,累及多个肺叶;C 组肺上叶及中叶表面有较多斑状出血,且 B 组与 C 组均出现明显"肋间压痕";D 组尽管表面血斑面积不及 B、C 组多,但气管与支气管均呈灰黑色,说明冲击波造成了严重的损伤。可见随冲击波强度增加,肺表观损伤程度增加。观察肺组织经 HE 染色后照片(图 6.5)可见,con 组结构完整,肺泡间隔均匀一致,壁光滑,可见少量粒细胞,肺泡腔中无渗出液、出血和灶性肺不张等情况。其他各组急性肺损伤组织可见肺间质、肺泡内出血及炎性细胞,肺泡间隔增宽,肺间质渗液明显,局灶的肺泡塌陷和肺不张,说明肺组织

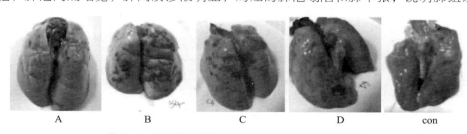

图 6.4 不同冲击波超压作用下的兔肺损伤表观照片

损伤程度随冲击波强度增加而显著增加。

图 6.5　不同冲击波超压作用下的兔肺显微组织

从肺损伤的形态学观察，并结合表面弥散性出血点数量和面积变化情况，分析得出在 A~D 组冲击强度下，随着冲击波超压增加，肺泡和毛细血管壁的损伤程度也增加，肺泡膜通透性增强，富含蛋白的液体漏入间质和肺泡腔。从 A 组轻度损伤和肺泡渗液到 D 组肺泡壁破裂及局部灶性出血，推断上述损伤造成了肺水肿程度的不断增加，并随观察时间延长而逐渐加重。其中微观原因是：冲击波作用下的肺组织产生大量应激和炎症因子，刺激气管黏膜、上皮细胞、支气管上皮细胞及肺血管内皮细胞，使它们产生大量内皮素，造成肺水肿程度的变化。冲击量越大，刺激量也越大，产生的反应也越重。

2. 冲击波对兔的基础生理指标的影响

与 con 组比，呼吸频率、心率方面，A 组有升高趋势，B、C 组显著升高，D 组升高非常显著，呼吸频率随着冲击波超压值的增大而升高。平均动脉压、动脉收缩压、动脉舒张压并非随着冲击波超压的增加而增加，而是明显降低。

3. 生物体基础生理指标变化

随着冲击波超压的增加，动物心率和呼吸频率逐渐加快，表明冲击波对心血管和呼吸系统存在明显的影响。但不同于通常应激反应，实验观察到血压随冲击波超压增加呈降低趋势。认为可能是冲击波造成肺出血的同时也造成了心脏和其他软组织损伤水肿，造成回心血量减少。对致伤组大体解剖观察到的心包水肿、心耳出血和心肌松弛等现象，同样证实了这一推断，如图 6.6 所示。

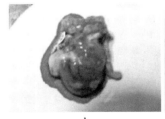

图 6.6　致伤心脏

通过测定动脉血液间接反映 pH 值的变化。实验发现，随着冲击波量级增加，pH 值呈低幅半正弦变化。pH 值反映肾和肺的调节功能变化，由此可看出肺、肾脏代谢的改变及对损伤的调节变化。

6.2.2 爆炸冲击波损伤实验

6.2.2.1 实验系统

爆炸冲击波对人体损伤的主要因素是超压和作用时间，这就决定了爆炸冲击波损伤实验的测量参数为压力。实验系统主要是由实验爆源、压力传感器、信号适配器（放大）、数据采集及处理子系统组成。

实验爆源：TNT 炸药，主要理化参数如表 6.1 所示。

表 6.1 TNT 主要理化参数

爆炸极限温度	爆发点	爆热	爆速	撞击感度
240 ℃	457 ℃（5 s）	4 650 kJ/kg	6 920 m/s	4%~8%（10 kg，25 cm）

传感器：超压测试中，压力信号测试一般使用压电式和压阻式传感器。主要参数是频率响应、量程、分辨率、精度和工作环境要求等。量程选择根据所用 TNT 炸药量与距离，先理论计算各测点的超压后确定，一般量程大于测量值的 20%。

信号适配器：压电式传感器需配电荷放大器，压阻式传感器需配数据放大器或动态应变仪。

数据采集及处理子系统：通用型动态测试分析仪、外场用远程数据采集器、高速摄影数据采集等。

6.2.2.2 实验测点布置

一般 TNT 在空中爆炸，这样爆心到地面的垂线是压力分布的轴对称线，通过轴线的任一平面上的压力等参数都是相同的。在实验测试中根据其特点及实验可靠性要求，最少在距爆心对称位置上布置 3 个动物损伤测试点和 3 个对照压力测试点，3 点取平均值才能确定此点状态下的压力等参数。

实验动物分组、制备和实验结果分析与激波管冲击波损伤实验相同。

爆炸冲击波实验，实验动物暴露于炸药的爆炸中，制造不同振幅和持续时间冲击波。实验所必需的条件和环境限制了研究冲击波损伤。

爆炸冲击波损伤实验规模大、涉及内容多。一定要制定好实验方案，确保实验安全及实验数据的可靠。

6.3 破片损伤实验

创伤弹道研究破片撞击和侵彻人体或动物所产生的现象,属于一个实验科学,实验中主要测量参数是破片速度、靶器官内的压力和伤道形状等。

6.3.1 实验装置

图 6.7 所示为一级轻气炮。轻气炮是进行高速碰撞实验的专用设备,它可以用来进行材料在高应变率($10^5 \sim 10^6 \text{ s}^{-1}$)下力学性能研究;也可用来进行动态模拟实验和测试元件的动态标定等。其具体功能包括:材料层裂实验;材料中应力波传播规律研究;得到材料的高压状态方程;应力传感器标定;材料或结构的冲击实验。

图 6.7 一级轻气炮

轻气炮配有激光光纤测速系统,可实现靶板自由表面质点速度的非接触测量。由于是非接触式测量,传感器在测得完整信号之前不会损坏;容易捕捉到弹性前驱波等具有短瞬时且自由表面质点速度剧烈变化特征的动态过程。

采用高速摄影机测量速度和记录碰撞过程,示波器记录压力传感器等参数。

6.3.2 速度和压力测量

破片射入肌体的速度表征能量大小，碰撞速度的测量可以采用铜丝网靶和测速仪来进行。原理是当破片依次穿过第一靶网和第二靶网时，用测时仪测出破片经过两个靶间的时间，用这个时间去除已知两个靶网间的距离，所得之商即为两靶中点平均速度。靶网的作用是当弹头穿过时，网丝被碰断而造成断路，从而给测时仪输入一信号。剩余速度的测量方法与入射速度测量方法基本相同，但要注意穿过靶标的破片飞行不稳定，有时靶标内会迸出飞溅物，还会先于弹头飞达靶网。

弹头通过透明介质时，借助高速摄影，可测出弹头位置及相应的时刻，从而推算出速度。如果介质不透明，要借助 X 光摄影。

肌体组织内压力表征损伤的轻重，压力测量可用压电式或压阻式传感器和示波器进行测量。

6.3.3 实验材料

破片损伤的基础实验，采用非生物肥皂代替被损伤器官进行原理实验。按照实验要求制作好的肥皂用保鲜膜严密包裹并确保在 7 天内完成实验，以防肥皂脱水风干。

实验用破片根据实验目的要求制造。本实验采用质量为 1.00 g 的 30CrMnSi 合金圆柱体破片，长径比为 1（$\phi 5.5\ mm \times 5.5\ mm$）。配套有与破片横截面精密匹配的树脂弹托。

如采用动物进行实验，实验动物分组及制备与激波管冲击波损伤实验相同。

6.3.4 实验结果

所有肥皂块在加载后均保持大体上的完整，破片均未穿透肥皂块。在其迎弹面，破片的侵彻形成了一个类似"石子落入宁静的水面"的"飞溅状"环形凸起，其边缘略呈毛刺状，如图 6.8 所示。

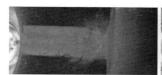

图 6.8 破片正交射击肥皂高速摄影

■ **爆炸危险性评估及进展**

　　环形凸起中间包绕着弹道入口，入口位于肥皂块底面正中，大致呈圆形。该入口直径随破片速度的增大显著增大，其中低速组的入口直径最小，所形成边缘飞溅状凸起也最不明显；高速组的入口直径最大，所形成边缘飞溅状凸起最明显，呈"喇叭花"状；中速组的入口形态介于上述两组之间。随着弹道深入，其直径的变化也具有很强的规律性：所有的弹道直径均随弹道的深入均匀缩窄，但低速组弹道缩窄的比例直观上较高速组更小。从肥皂靶的侧面观察，其外形轮廓仅中速组和高速组在靠近炮口的一端有轻度增宽，低速组增宽不明显，如图6.9所示。

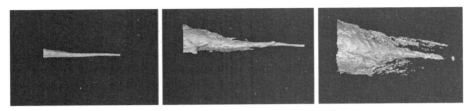

图6.9　低、中、高速破片射击肥皂创伤弹道

第 7 章

人体有限元模型

人体数值模拟研究是基于有限元方法、数值模拟技术和有限元分析程序而开展的。有限元方法由美国数学家 Courant 于 1943 年首次提出。Bruce 和 Peaceman 于 1953 年提出了数值模拟技术。美国 Hallquist 博士于 1976 年开发出用于求解高速碰撞和爆炸冲击等问题的 LS-DYNA 有限元分析程序。人体有限元模型的开发起源于人体数字模型的研究,而人体数字模型又是随着 CT、MRI 和 MIMICS 等医用技术的发展以及汽车安全性评价的需求而建立的。

7.1 人体几何模型

图 7.1 所示为身高 178 cm、体重 70 kg 左右的男性人体模型，该模型由皮肤、肌肉组织、骨骼系统、神经系统、淋巴系统、循环系统、消化系统、呼吸系统和泌尿系统等组成。骨骼系统包括胸骨、肋骨和肋软骨等 26 种骨骼。神经系统包括大脑和小脑等组织。循环系统包括动脉、静脉和心脏。消化系统包括胃、肝、脾、胰、大肠和小肠。呼吸系统包括横膈膜、肺脏、支气管和咽喉。泌尿系统包括肾脏和输尿管。

皮肤（图 7.2）位于身体表面，由表皮、真皮和皮下组织组成。心脏（图 7.3）由心肌构成，包括心房和心室，内部充满血液，位于胸腔中部偏左下方，并夹在两肺之间。肺脏（图 7.4）位于胸腔内，覆盖于心脏之上，由左叶和右叶组成，内部有 7 亿多个大小形状不一的肺泡，平均直径仅 0.2 mm，并经气管、支气管与喉、鼻相连。肝脏（图 7.5）由左叶和右叶组成，位于人体腹部，隐藏在右侧膈下和肋骨深面。胸骨由胸骨柄、胸骨体和剑突组成，位于胸前壁的正中。肋骨由 12 对左右对称的弧形小骨组成，后端均与胸椎相连，部分前端通过肋软骨与胸骨相连，分为真肋（第 1~7 肋）和假肋（第 8~12 肋）。肋软骨位于肋的腹侧和肺脏正前方，用于连接胸骨和肋骨。脊柱由 33 块椎骨、韧带、关节及椎间盘连接而成，其上端、中端和下端分别与颅骨、肋骨和髋骨相连接。胸部骨骼结构如图 7.6 所示。

第 7 章 人体有限元模型

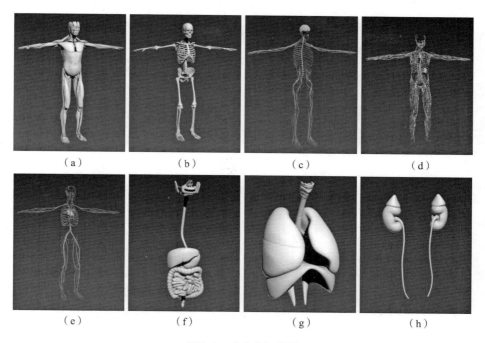

图 7.1 人体几何模型
（a）肌肉组织；（b）骨骼系统；（c）神经系统；（d）淋巴系统；
（e）循环系统；（f）消化系统；（g）呼吸系统；（h）泌尿系统

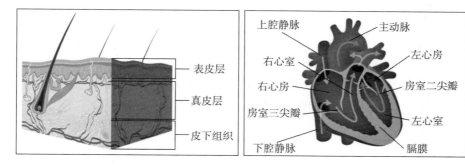

图 7.2 皮肤结构   图 7.3 心脏结构

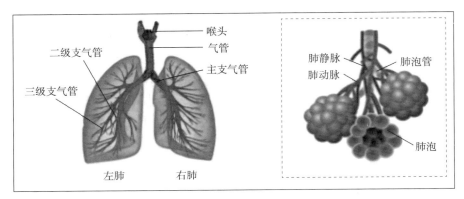

图 7.4　肺脏结构

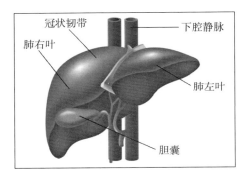

图 7.5　肝脏结构

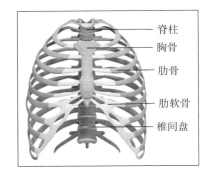

图 7.6　胸部骨骼结构

7.2　人体有限元模型的建立

由于冲击波对肺脏的损伤以及破片对心脏的损伤是使人致命的关键因素，因此，本书只采用人体躯干模型开展相关研究，建立皮肤（包括表皮、真皮、皮下组织）、骨骼系统（包括胸骨、肋骨、肋软骨、脊柱、椎间盘、锁骨和肩胛骨）、内脏器官（包括肾脏、胰脏、肝脏、心脏、肺脏、脾脏、胃）、血液、横膈膜和肌肉模型。

利用 3ds max、Rhinoceros 和 HyperMesh 软件建立人体躯干有限元模型，并采用 ANSYS/LS – DYNA 和 LS – PrePost 软件对有限元模型进行计算求解和数据分析。其中，3ds max 软件用于原始人体模型的编辑以及人体躯干模型文件格式的转换；Rhinoceros 为逆向工程软件，用于网格与实体的转换及几何模型的

第 7 章 人体有限元模型

优化；HyperMesh 为前处理软件，用于网格修复与划分、质量检查与优化和计算参数的设置；ANSYS/LS – DYNA 软件用于冲击波损伤模型的计算；LS – PrePost 软件用于查看和输出计算结果，数值分析步骤如图 7.7 所示。

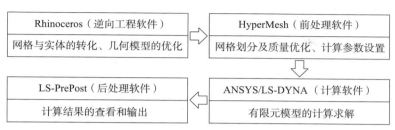

图 7.7　数值分析步骤

7.2.1　原始人体模型格式的转换

原始人体模型是由大量曲面构成的 3ds Max 格式的文件，并且存在诸多缺陷而未形成封闭的曲面，无法直接建立三维实体模型，故先用 3ds max 软件对人体模型进行编辑，并将人体模型转换成 STL 格式。

7.2.2　人体躯干模型的处理

STL 格式的人体躯干模型是由大量三角形 SHELL 单元组成的，存在很多缺失面和错误面，且网格质量较差（图 7.8 为优化前的肺脏网格）。因此，要利用 HyperMesh 软件对缺失面进行修补，对错误面进行修复，使整个模型成为一个封闭的曲面。同时，采用几何编辑功能对交叉的网格进行处理，并将不同骨骼的网格连接起来，以防止网格出现初始穿透。然后，对 SHELL 单元进行重新划分，以减少单元数量。最后，再次将模型输出为 STL 格式文件，优化后的肺脏网格如图 7.9 所示。

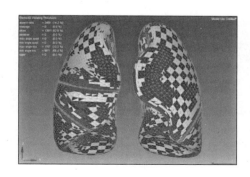

图 7.8　优化前的肺脏网格

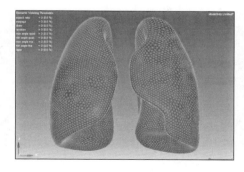

图 7.9　优化后的肺脏网格

7.2.3 将二维网格模型转换为实体模型与几何编辑

利用 Rhinoceros 软件将 STL 网格转换为多重曲面以生成三维实体模型，如图 7.10 所示。同时，对实体模型表面的凸起或凹陷部分进行几何优化，并减少几何曲面。几何编辑完成后，将实体模型导出为 STEP 格式文件，如图 7.11 所示。

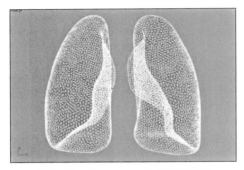

图 7.10 Rhinoceros 软件转换模型

图 7.11 肺脏三维实体模型

7.2.4 三维网格划分及质量优化

六面体网格和四面体网格是有限元中最常用的网格。对于同样的几何模型和网格尺寸，六面体网格质量高、数量少、计算时间短、计算精度好，但结构复杂的几何模型很难划分为六面体网格，并且也非常耗时。四面体网格数量要比六面体网格大得多，其计算效率低、计算精度差，但其适应性强，可以快速处理结构复杂的几何模型。因此，考虑到人体几何模型的复杂性，人体躯干有限元模型采用四面体网格。首先，将人体躯干几何模型导入 HyperMesh。为防止各组织器官之间的网格产生初始穿透，组织器官接触面以共节点方式连接。同时，对部分骨骼模型进行几何切割，将其切分为不同部分。然后，利用 automesh 模块将几何模型划分为二维三角形网格，并通过 QualityIndex 功能检查和优化网格质量。最后，在 Tetramesh 模块中将二维网格划分为三维四面体网格，并利用 Tetra Mesh Optimization 对四面体网格进行质量检查和优化，肺脏网格模型如图 7.12 所

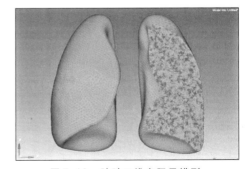

图 7.12 肺脏三维有限元模型

示。通过网格的质量检查和优化以及初始穿透的检查后，扭曲度、翘曲度、雅可比和长宽比等指标满足计算要求，且网格无初始穿透。

利用 HyperMesh 对人体躯干模型进行网格划分，得到如图 7.13 所示的人体躯干有限元模型。心脏、肺脏、肝脏和胸部骨骼等模型的结构特征接近于图 7.3～图 7.6 所示的组织器官的真实结构。因此，本章建立的人体躯干模型具有较高的结构逼真度。

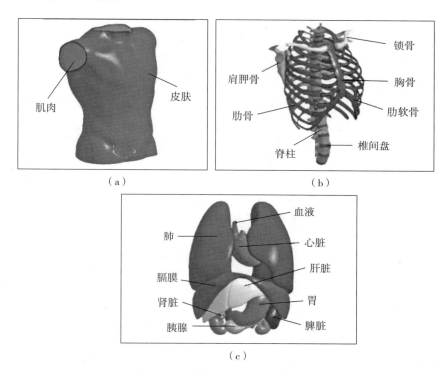

图 7.13　人体躯干有限元计算模型
(a) 皮肤/肌肉模型；(b) 骨骼模型；(c) 内脏器官模型

皮肤划分为 Belytschko-Tsay 壳单元，而其他人体组织器官划分为四面体单元，并采用 Lagrange 算法。基于 *SECTION_SHELL 关键字设置 SHELL 单元的厚度（皮肤的厚度），并定义沿 SHELL 单元厚度方向的积分点数量（皮肤层数，包括表皮层、真皮层和皮下组织）。基于 *INTEGRATION_SHELL 关键字设置表皮层、真皮层和皮下组织的 Normalized 坐标以及各皮肤层的厚度，并选取各皮肤层对应的材料模型。在冲击波损伤模型、防爆服和防弹衣后钝性损伤模型中，人体躯干模型网格尺寸较大；而在破片损伤模型及冲击波和破片联合损伤模型中，需要对人体躯干受破片命中区域的网格进行局部加密。各组织器官的单元数和节点数如表 7.1 所示。

表 7.1 各组织器官的单元数和节点数

组织器官	冲击波损伤模型、防爆服后钝性损伤模型、防弹衣后钝性损伤模型			破片损伤模型、冲击波和破片联合损伤模型		
	壳单元数	四面体单元数	节点数	壳单元数	四面体单元数	节点数
表皮	23 251	—	11 797	27 783	—	14 063
真皮		—			—	
皮下组织		—			—	
肌肉	—	1 126 178	237 772	—	3 386 075	624 545
肾脏	—	22 135	5 181	—	22 135	5 181
胰脏	—	4 618	1 193	—	4 618	1 193
肝脏	—	18 104	4 242	—	18 104	4 242
心脏	—	132 679	32 329	—	797 646	149 717
肺脏	—	149 059	30 835	—	149 059	30 835
脾脏	—	9 550	2 246	—	9 550	2 246
胃	—	12 943	3 000	—	12 943	3 000
横膈膜	—	28 333	7 823	—	28 333	7 823
血液	—	90 908	21 419	—	90 908	21 419
胸骨	—	8 559	2 469	—	304 692	54 646
肋骨	—	42 219	16 971	—	42 219	16 971
肋软骨	—	15 483	5 493	—	15 483	5 493
脊柱	—	152 571	39 653	—	152 571	39 653
椎间盘	—	12 641	4 596	—	12 641	4 596
锁骨	—	7 132	2 112	—	7 132	2 112
肩胛骨	—	24 137	7 534	—	24 137	7 534
总计	23 251	1 857 249	320 626	27 783	4 949 741	853 555

除皮肤外的组织器官之间的接触方式为自动面面接触 *CONTACT_AUTOM-ATIC_SINGLE_SURFACE，皮肤和肌肉之间的接触方式为面面固连接触 *CONTACT_TIED_SURFACE_TO_SURFACE。

7.3 人体躯干材料模型及参数

由于个体的差异性和组织器官的复杂性，人体结构特征和材料特性受种族、性别、年龄、身高、体重和生理状态等因素的影响，不同研究人员通过实验测得的人体材料参数均不相同，并且差异性非常大，因而在世界范围内尚未形成统一的人体材料模型和材料参数。肌肉和内脏器官采用黏弹性材料模型 *MAT_VISCOELASTIC，血液采用线弹性流体材料模型 *MAT_ELASTIC_FLUID，皮肤及骨骼采用线弹性材料模型 *MAT_ELASTIC，材料参数如表7.2所示。该人体躯干材料模型和材料参数均是参照经过大量有效性验证且使用最多的人体材料特性数据而确定的，并在文献中进行过数值模拟研究和有效性验证，因此，本书建立的人体躯干模型具有较高的生物力学逼真度。

表7.2 人体躯干模型的材料参数

组织器官	密度 ρ / (g·cm^{-3})	杨氏模量 E/GPa	泊松比 ν	体积模量 K/GPa	短时剪切模量 G_0/kPa	长时剪切模量 G_1/kPa	衰减系数 β/s^{-1}
表皮	1.30	0.031 5	0.45	—	—	—	—
真皮	1.20	0.031 5	0.45	—	—	—	—
皮下组织	0.971	3.4×10^{-5}	0.48	—	—	—	—
肌肉	1.12	—	—	2.9	200	195	100
肾脏	1.10	—	—	0.002 8	230	44	100
胰脏	1.10	—	—	0.002 8	230	44	100
肝脏	1.06	—	—	0.744	67	65	100
心脏	1.00	—	—	0.744	67	65	100
肺脏	0.60	—	—	0.744	67	65	100
脾脏	1.10	—	—	0.002 8	230	44	100
胃	1.05	—	—	0.744	67	65	100
横膈膜	1.00	0.065 5	0.40	—	—	—	—
血液	1.06	1×10^{-10}	0.50	2.00	—	—	—
胸骨	1.25	9.5	0.25	—	—	—	—
肋骨	1.08	9.5	0.20	—	—	—	—
肋软骨	1.07	0.002 5	0.40	—	—	—	—
脊柱	1.33	0.355	0.26	—	—	—	—

续表

组织器官	密度 ρ/ ($g \cdot cm^{-3}$)	杨氏模量 E/GPa	泊松比 ν	体积模量 K/GPa	短时剪切模量 G_0/kPa	长时剪切模量 G_I/kPa	衰减系数 β/s^{-1}
椎间盘	1.50	0.01	0.35	—	—	—	—
锁骨	1.08	9.5	0.20	—	—	—	—
肩胛骨	1.25	9.5	0.29	—	—	—	—

黏弹性材料模型 * MAT_VISCOELASTIC 的剪切松弛行为采用以下方程描述：

$$G(t) = G_\infty + (G_0 - G_\infty) e^{-\beta t} \tag{5.1}$$

7.4 人体冲击波损伤数值模拟分析步骤

利用 HyperMesh、ANSYS/LS – DYNA 和 LS – PrePost 软件建立和分析人体损伤模型的建立步骤，熟悉各软件的功能及使用方法。HyperMesh 为前处理软件，用于网格修复与划分、质量检查与优化和计算参数的设置，软件界面如图 7.14 所示；ANSYS/LS – DYNA 软件用于计算冲击波损伤模型，软件界面如

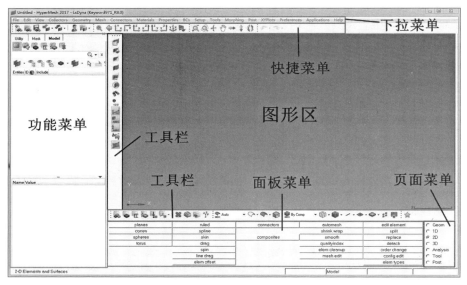

图 7.14 HyperMesh 界面

图 7.15 所示；LS – PrePost 软件用于几何模型的建立，以及计算结果的查看和输出，软件界面如图 7.16 所示。

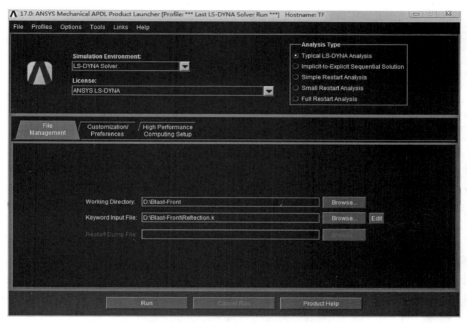

图 7.15　ANSYS/LS – DYNA 界面

图 7.16　LS – PrePost 界面

7.4.1 基于 LS – PrePost 软件创建几何模型

LS – PrePost 作为 ANSYS 下的前后处理软件，前处理用于建立几何及有限元模型，下面为创建几何模型的步骤。

（1）启动 LS – PrePost 软件（版本为 V 4.6.4）；

（2）单击绘图控制区的 Solid 按钮 ；

（3）在弹出的对话框中单击 Box 按钮 ；

（4）在 Create Box 方框中输入两个坐标点（-30，0，-40）和（30，60，40），然后单击 Apply，创建出如图 7.17 所示的空气几何模型；

（5）在主菜单中，依次选择"File"→"Save as"→"Save Geom As"命令，将几何模型保存为 STP 格式的"Air"文件。

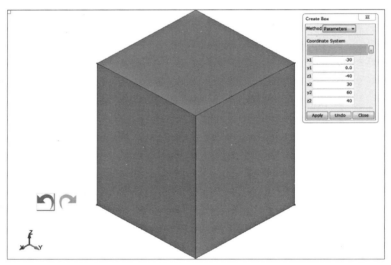

图 7.17　空气几何模型

7.4.2 基于 HyperMesh 软件进行前处理

第一步：启动 HyperMesh 软件。

（1）启动 HyperMesh 软件。

（2）在下拉菜单下单击"Preference"项。

（3）单击"User Profiles"项。

（4）设置模板类型为"LsDyna"，如图 7.18 所示。

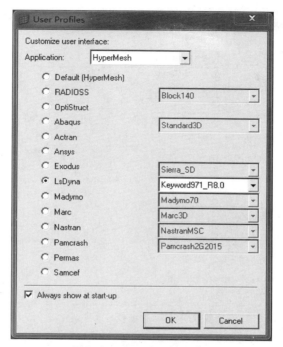

图 7.18　User Profiles 界面

(5) 单击"OK"按钮进入 Hypermesh_LS – Dyna 界面。

第二步：导入人体 K 文件和空气域几何模型。

导入的人体可以是 K 文件，也可以是 HM 模型和几何模型，现以导入 K 文件为例。若导入的是几何模型，则应对其进行有限元网格划分。

(1) 在快捷菜单中单击 Import 按钮 。

(2) 选择 Import Solver Deck 按钮 ，"File type"设置为"LsDyna [Keyword]"，在"File"中选择要导入的人体有限元模型（即 5.2.4 节建立的 Human FEM），"Import"设置为"All"，"Display"设置为"Custom"，如图 7.19 所示，最后单击"Import"按钮导入人体有限元模型。在功能菜单显示出 20 个 Components，如图 7.20 所示，包括肌肉（Muscle）、肾脏（Kidney）、胰脏（Pancreas）、肝脏（Liver）、心脏（Heart）、肺脏（Lung）、脾脏（Spleen）、胃（Stomach）、横膈膜（Diaphragm）、胸骨（Sternum）、肋骨（Ribs）、肋软骨（Costal cartridge）、脊柱（Vertebral column）、椎间盘（Intervertebral disc）、锁骨（Clavicle）、心脏内血液（Blood）、肩胛骨（Scapula）、表皮（Skin – Epidermis）、真皮（Skin – Demis）、皮下组织（Skin – Hypodermis）。在图形区可以显示出人体躯干模型，如图 7.21 所示。

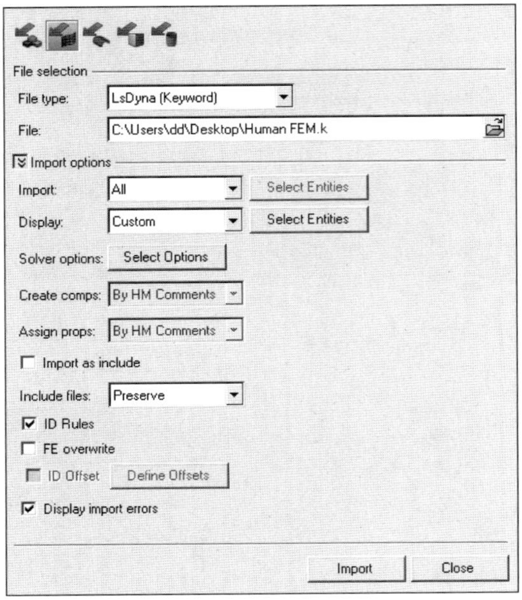

■ 爆炸危险性评估及进展

图 7.19　人体模型导入界面

图 7.20　人体躯干模型 Components 显示界面

第 7 章 人体有限元模型

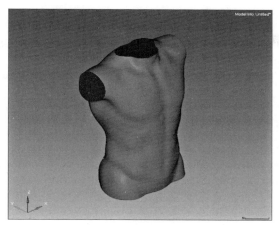

图 7.21　人体躯干模型图像显示界面

（3）选择"Import Geometry"按钮，"File type"设置为"Auto Detect"，单击"Select files"按钮选择要导入的空气几何模型 AIR，"Scale factor"设置为"1.0"，"Cleanup tol"设置为"Automatic"，最后单击"Import"按钮导入空气几何模型，如图 7.22 所示。

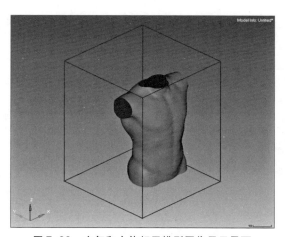

图 7.22　空气和人体躯干模型图像显示界面

第三步：空气网格划分。

（1）新建一个 Components，命名为"AIR1"，作为空气域；而将空气几何模型所在的 Components 命名为"AIR2"，作为冲击波生成域。

（2）在 Components 中选中"AIR1"，右击选择"Make Current"。

(3) 在页面菜单中选择"3D"。

(4) 单击面板菜单中的"solid map"进入六面体网格划分界面。

(5) 选择"one volume",界面左下方切换为"elems to current comp"(将网格置于 AIR1 中)。

(6) "elem size"设置为"1.000"(网格尺寸为 1 cm)。

(7) "volume to mesh"切换到"solid"。

(8) 选中图像区的空气几何模型。

(9) 单击"mesh"按钮开始划分网格。

(10) 单击"return"按钮返回。

(11) 在页面菜单中选择"Tool"。

(12) 单击面板菜单中的"organize"。

(13) 选中"collector",并切换到 elems,"dest component"设置为"AIR2",如图 7.23 所示。

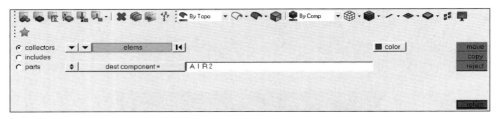

图 7.23　空气网格复制/移动界面

(14) 选中沿 Y 轴正方向的第一层网格。

(15) 单击"move"按钮将网格移动到 AIR2 中作为冲击波生成域。

(16) 单击"return"按钮返回主界面。

第四步:定义单元类型。

(1) 进入下拉菜单中的"Tools"→"Create Cards"→"*SECTION"选项。

(2) 建立 1 个 *SECTION_SOLID 卡片(作为人体有限元模型单元属性)、1 个 *SECTION_SHELL 卡片(作为皮肤的单元属性)和 2 个 *SECTION_SOLID_ALE 卡片(分别作为空气域和冲击波生成域的单元属性),分别命名为 SOLID、SHELL – SKIN、ALE1、ALE2。

(3) 进入功能菜单中的 Model 界面。

(4) 在"Properties"下拉菜单中右击"SOLID",将"ELFORM"设置为"1"(Lagrange 算法)。

(5) 在"Properties"下拉菜单中右击"ALE1",将"ELFORM"设置为

"11"(ALE 算法)。

(6)在"Properties"下拉菜单中右击"ALE2",将"ELFORM"设置为"11"(ALE 算法),并将"AET"设置为"5"(接受由关键字 *LOAD_BLAST_ENHANCED 定义的爆炸载荷)。

(7)在"Properties"下拉菜单中右击"SHELL-SKIN",将"ELFORM"设置为"2"(Belytschko-Tsay 算法),"NIP"设置为"1"(积分点个数,即皮肤层数,包括表皮层、真皮层和皮下组织层),勾选"Int_Rule_ID",在"IRID"下选择 *INTEGRATION_SHELL 卡片(定义皮肤层),"T1"设置为"0.41"(皮肤层厚度为 0.41 cm,其中,表皮层厚度为 0.1 mm,真皮层和皮下组织厚度均为 2 mm),"NLOC"设置为"-1"(SHELL 单元为底面),如图 7.24 所示。

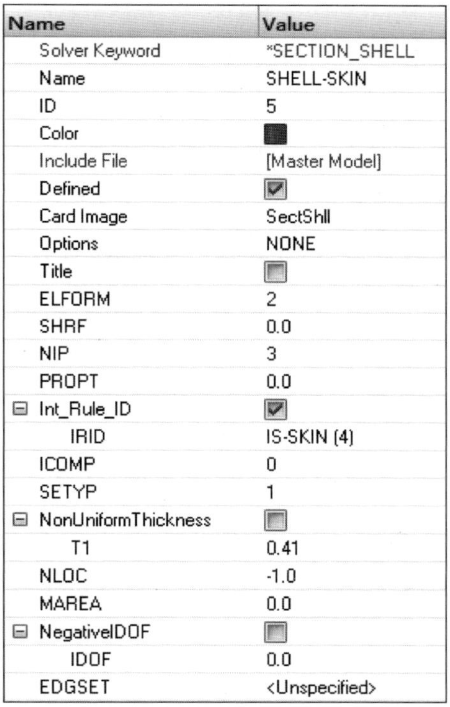

Name	Value
Solver Keyword	*SECTION_SHELL
Name	SHELL-SKIN
ID	5
Color	
Include File	[Master Model]
Defined	✓
Card Image	SectShll
Options	NONE
Title	
ELFORM	2
SHRF	0.0
NIP	3
PROPT	0.0
☐ Int_Rule_ID	✓
IRID	IS-SKIN (4)
ICOMP	0
SETYP	1
☐ NonUniformThickness	
T1	0.41
NLOC	-1.0
MAREA	0.0
☐ NegativeIDOF	
IDOF	0.0
EDGSET	<Unspecified>

图 7.24 皮肤单元属性定义界面

第五步:定义皮肤的积分方式。

(1)进入下拉菜单中的"Tools"→"Create Cards"→"*INTEGATION"选项。

(2)建立 1 个 *INTEGATION_SHELL 卡片,命名为"IS-SKIN"。

（3）在"Properties"下拉菜单中单击"IS – SKIN"，进入参数设置界面。

（4）"LSD_NIP"设置为"3"（积分点个数），"ESOP"设置为"0"（积分点等间距选项，0 表示自定义积分点坐标，1 表示积分点等间距），并定义积分点坐标（S）、加权系数（WF）以及各层材料模型（PID），如图 7.25 和图 7.26 所示。

图 7.25　皮肤积分方式定义界面

图 7.26　皮肤层厚度及材料模型定义界面

第六步：定义材料属性。

（1）进入下拉菜单中的"Tools"→"Create Cards"→"*MAT"选项，选择材料模型。

（2）建立 8 个 *MAT_VISCOELASTIC 卡片（作为肌肉和内脏器官的材料属性）、1 个 *MAT_ELASTIC_FLUID 卡片（作为血液材料属性）、11 个 *MAT_ELASTIC 卡片（作为皮肤和骨骼的材料属性）和 1 个 *MAT_NULL 卡片（作为空气域和冲击波生成域的材料属性），将其命名为 Components 中各自所对应的名称。

（3）分别单击"Materials"下拉菜单中的各个卡片，进入材料参数设置界面。

（4）*MAT_VISCOELASTIC 材料模型中需要定义材料密度（Rho）、体积模量（BULK）、短时剪切模量（G0）、长时剪切模量（GI）和衰减系数（BETA），如图 7.27 所示。

Name	Value
Solver Keyword	*MAT_VISCOELASTIC
Name	Muscle
ID	2
Color	
Include File	[Master Model]
Defined	☑
Card Image	MATL6
User Comments	Do Not Export
Title	☐
Rho	1.12
⊟ negBULKFlag	☐
BULK	0.029
⊟ negG0Flag	☐
G0	2e-006
⊟ negGIFlag	☐
GI	1.95e-006
⊟ negBETAFlag	☐
BETA	0.0001

图 7.27 黏弹性模型材料参数定义界面

（5）*MAT_ELASTIC_FLUID 材料模型中需要定义材料密度（Rho）、杨氏模量（E）、泊松比（Nu）和体积模型（K），如图 7.28 所示。

Name	Value
Solver Keyword	*MAT_ELASTIC_FLUID
Name	Blood
ID	18
Color	
Include File	[Master Model]
Defined	☑
Card Image	MATL1
User Comments	Do Not Export
Type	Regular
Fluid_Option	☑
Title	☐
Rho	1.06
E	1e-012
Nu	0.5
DA	
DB	
K	2e-005
VC	
CP	

图 7.28 线弹性流体模型材料参数定义界面

(6) *MAT_ELASTIC 材料模型中需要定义材料密度（Rho）、杨氏模量（E）和泊松比（Nu），如图7.29所示。

图7.29 线弹性模型材料参数定义界面

(7) *MAT_NULL 材料模型中只需要定义材料密度（Rho），如图7.30所示。

图7.30 空气材料参数定义界面

(8)进入下拉菜单中的"Tools"→"Create Cards"→"*EOS"选项,选择状态方程。

(9)建立1个*EOS_LINEAR_POLYNOMIAL卡片(作为空气域和冲击波生成域的材料属性),将其命名为"AIR"。

(10)在"Properties"下拉菜单中单击"AIR",进入参数设置界面。

(11)*EOS_LINEAR_POLYNOMIAL状态方程中需要定义状态方程常数(c_0、c_1、c_2、c_3、c_4、c_5、c_6)、初始内能(E_0)和初始体积(V_0),如图7.31所示。

Name	Value
Solver Keyword	*EOS_LINEAR_POLYNOMIAL
Name	AIR
ID	1
Color	
Include File	[Master Model]
Defined	✓
Card Image	EOS1
Title	
c0	0.0
c1	0.0
c2	0.0
c3	0.0
c4	0.4
c5	0.4
c6	0.0
E0	2.5e-006
V0	1.0

图7.31 空气状态方程参数定义界面

第七步:单元属性和材料属性的赋值。

(1)分别单击"Components"下拉菜单中的各个卡片,进入单元属性和材料属性选择界面。

(2)在"Property"中选择单元属性,"Materials"中选择材料模型,"EOSID"中选择状态方程,如图7.32所示。

第八步:定义单元算法*ALE_MULTI_MATERIAL_GROUP。

(1)进入下拉菜单中的"Tools"→"Create Cards"→"*ALE"选项。

(2)建立2个*ALE_MULTI_MATERIAL_GROUP卡片,分别命名为AMM1和AMM2;

(3)单击"Sets"下拉菜单中的"AMM1",在"Entity IDs"中选择"AIR1"。

Name	Value
Solver Keyword	*PART
Name	Muscle
ID	3
Color	
Include File	[Master Model]
Card Image	Part
Property	SOLID (2)
Material	Muscle (2)
Options	None
CurveForAdaptivity	
PrintOption	
EOSID	<Unspecified>
HGID	<Unspecified>
GRAV	0
ADPOPT	0
TMID	<Unspecified>
PartMove	
SectID	2
SectionName	SOLID
ELFORM	1
AET	0

图 7.32　单元属性和材料属性赋值界面

（4）单击"Sets"下拉菜单中的"AMM2"，在"Entity IDs"中选择"AIR2"。

第九步：建立 Part 集。

（1）进入下拉菜单中的"Tools"→"Create Cards"→"*SET"选项。

（2）建立 4 个 *SET_PART_LIST 卡片，分别命名为"FLUID"（流体集，包括空气域和冲击波生成域）、"SOLID"（固体集，包括整个人体模型）、"Human"（除皮肤外的人体模型）和"SKIN"（皮肤模型）。

（3）单击"Sets"下拉菜单中的"FLUID"，在"Entity IDs"中选择"AIR1"和"AIR2"。

（4）单击"Sets"下拉菜单中的"SOLID"，在"Entity IDs"中选择所有人体模型的 Components。

（5）单击"Sets"下拉菜单中的"Human"，在"Entity IDs"中选择除皮肤外的人体模型的 Components。

（6）单击"Sets"下拉菜单中的"SKIN"，在"Entity IDs"中选择皮肤模型的 Components。

第十步：设置接触条件。

(1)进入下拉菜单中的"Tools"→"Create Cards"→"*CONTACT"选项。

(2)建立1个*CONTACT_ERODING_SINGLE_SURFACE(单面侵蚀接触)和1个*CONTACT_TIED_SURFACE_TO_SURFACE(面面固连接触)卡片,分别命名为"ERODING"和"TIED"。

(3)进入功能菜单中的Model界面。

(4)单击"Groups"下拉菜单中的"ERODING"。

(5)单击"SSID"选择Sets集Human,并进行参数设置,如图7.33所示。

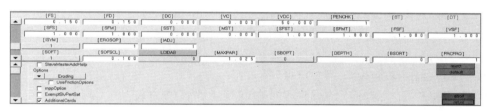

图7.33 单面侵蚀接触参数定义界面

(6)单击"Groups"下拉菜单中的"TIED"。

(7)单击"SSID"选择Sets集SKIN,单击"MSID"选择Sets集HUMAN并进行参数设置,如图7.34所示。

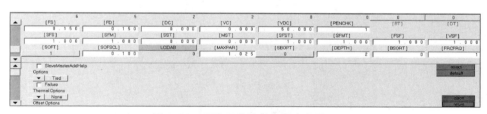

图7.34 面面固连接触参数定义界面

第十一步:定义流固耦合。

(1)进入下拉菜单中的"Tools"→"Create Cards"→"*CONSTRAINED"选项。

(2)建立*CONSTRAINED_LAGRANGE_IN_SOLID卡片,命名为"CLIS"。

(3)进入功能菜单中的Model界面。

(4)单击"Groups"下拉菜单中的"CLIS"。

(5)单击"MSID"选择Sets集FLUID,单击"SSID"选择Sets集SOLID,并进行参数设置,如图7.35所示。

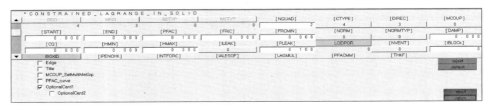

图 7.35　流固耦合参数定义界面

第十二步：定义 Segment 卡片。

（1）进入下拉菜单中的"Tools"→"Create Cards"→"*SET"选项。

（2）建立 2 个 *SET_SEGMENT 卡片，分别命名为"CS1"（用于放置爆炸载荷面）和"CS2"（用于放置非反射边界面）。

（3）进入功能菜单中的 Model 界面。

（4）单击"Contact Surfaces"下拉菜单中的"CS1"。

（5）在弹出的对话框中单击"Elements"。

（6）单击左上方按钮 ▼，切换为"add solid faces"。

（7）选择冲击波生成域的外边界面，如图 7.36 所示。

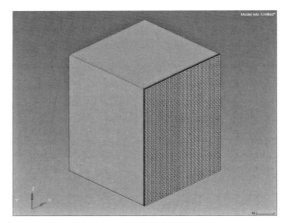

图 7.36　爆炸载荷面的选取

（8）单击"Return"按钮返回主界面。

（9）单击"Contact Surfaces"下拉菜单中的"CS2"，按照上述步骤（5）、（6）选择空气域的外边界面，如图 7.37 所示。

（10）单击"Return"按钮返回主界面。

第十三步：对应边界条件。

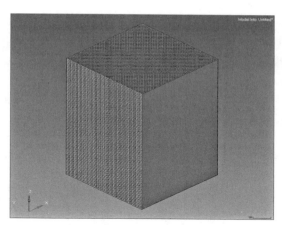

图 7.37　非反射边界面的选取

（1）进入下拉菜单中的"Tools"→"Create Cards"→"*BOUNDARY"选项。

（2）建立 1 个 *BOUNDARY_NON_REFLECTING 卡片，命名为"BNR"。

（3）进入功能菜单中的 Model 界面。

（4）单击"Load Collectors"下拉菜单中的"BNR"。

（5）在弹出的对话框中将"Set Segment Type"设置为"Set Segment"。

（6）单击"SSID"选择"CS2"，如图 7.38 所示。

Name	Value
Solver Keyword	*BOUNDARY_NON_REFLECTING
Name	BNR
ID	1
Color	
Include File	[Master Model]
Card Image	BoundNonReflect
2D_option	
Set Segment Type	Set Segment
SSID	CS2 (2)
AD	0.0
AS	0.0

图 7.38　非反射边界定义界面

第十四步：设置求解时间和时间步长。

（1）进入下拉菜单中的"Tools"→"Create Cards"→"*CONTROL"选项。

（2）建立 *CONTROL_TERMINATION 卡片和 *CONTROL_TIMESTEP 卡片。

(3) 在 * CONTROL_TERMINATION 卡片的“ENDTIM”选项中设置求解时间为 2 660 μs，如图 7.39 所示。

Name	Value
Solver Keyword	*CONTROL_TERMINATION
Include File	[Master Model]
Name	Termin
Status	☑
ENDTIM	2660.0
ENDCYC	0
DTMIN	0.0
ENDENG	0.0
ENDMAS	0.0
NOSOL	

图 7.39　求解时间设置界面

(4) 在 * CONTROL_TIMESTEP 卡片的“TSSFAC”选项中设置时间步长为 0.9，如图 7.40 所示。

Name	Value
Solver Keyword	*CONTROL_TIMESTEP
Include File	[Master Model]
Name	TimeStep
Status	☑
DTINIT	0.0
TSSFAC	0.9
ISDO	0
TSLIMT	0.0
DT2MS	0.0
LCTM	<Unspecified>
ERODE	0
MS1ST	0
⊟ AdditionalCards	☑
DT2MSF	0.0
DT2MSLC	<Unspecified>
⊟ Selective Mass scaling (IMSCL) options	None
IMSCL	0
RMSCL	0.0

图 7.40　时间步长设置界面

第十五步：设置 ALE 算法控制。

(1) 进入下拉菜单中的“Tools”→“Create Cards”→“ * CONTROL”选项。

(2) 建立 * CONTROL_ALE 卡片。

(3) 在 * CONTROL_ALE 卡片中进行参数设置，其中，参数“PREF”必

须设置为 1×10^{-6} Mbar（100 kPa）。

第十六步：设置 SOLID 和 SHELL 单元的计算控制。

（1）进入下拉菜单中的"Tools"→"Create Cards"→"*CONTROL"选项。

（2）建立 *CONTROL_SOLID 和 *CONTROL_SHELL 卡片。

（3）*CONTROL_SOLID 卡片用于控制 SOLID 单元，参数设置为缺省值。

（4）*CONTROL_SHELL 卡片用于控制 SHELL 单元，参数设置为缺省值，其中"THEORY"必须设置为"2"，表示 SHELL 为 Belytschko – Tsay 单元。

第十七步：设置输出类型和时间间隔。

（1）进入下拉菜单中的"Tools"→"Create Cards"→"*DATABASE"选项。

（2）建立 *DATABASE_BINARY_BLSTFOR、*DATABASE_BINARY_D3PLOT 和 *DATABASE_BINARY_D3THDT 卡片。

（3）*DATABASE_BINARY_BLSTFOR 卡片用于输出爆炸压力，数据输出时间间隔"DT"定义为 2 μs。

（4）*DATABASE_BINARY_D3PLOT 卡片用于输出 d3plot 文件，数据输出时间间隔"DT"定义为 2 μs。

（5）*DATABASE_BINARY_D3THDT 卡片用于输出单元和节点的数据，数据输出时间间隔"DT"定义为 2 μs。

第十八步：输出计算 K 文件。

（1）在用户界面顶栏单击"Export"。

（2）选择"Import Solver Desk"，将"File type"设置为"LsDyna"，"Template"设置为"Keyword971_R8.0"，单击"Files"选择导出路径并命名导出 K 文件"BLAST"，"Export"设置为"All"，最后单击"Export"按钮导出 K 文件，如图 7.41 所示。

第十九步：在 K 文件中定义爆炸载荷及加载方式。

由于 HyperMesh 中没有定义爆炸载荷及加载方式的关键字，故只能在 K 文件中添加。

（1）添加 *LOAD_BLAST_ENHANCED 关键字用于定义爆炸载荷，如图 7.42 所示。

图中，"bid"为爆源编号；"m"为等效 TNT 当量；"xbo""ybo""zbo"为 TNT 装药中心点的 x、y、z 坐标；"tbo"为起爆时间；"unit"为单位制，4（centimeters，grams，microseconds，Megabars），不同数字代表不同的协调单位；"blast"为爆炸类型，2（球形装药在空气中的爆炸，与地面的相互作用后没有对初始冲击波产生放大效应），不同数字代表不同的爆炸类型。

■ 爆炸危险性评估及进展

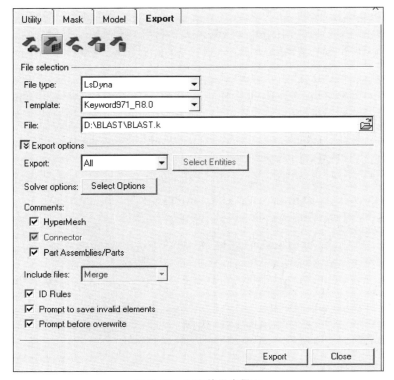

图 7.41　K 文件导出界面

图 7.42　爆炸载荷参数的定义

（2）添加 * LOAD_BLAST_SEGMENT_SET 关键字用于定义爆炸载荷的加载，如图 7.43 所示。

```
*LOAD_BLAST_SEGMENT_SET
$#      bid       ssid      alepid      sfnrb     scalep
          1          1           2        0.0        1.0
```

图 7.43　爆炸载荷加载的定义

图中，"bid"为 * LOAD_BLAST_ENHANCED 关键字的编号；"ssid"为 * SET_SEGMENT（CS1）关键字的编号；"alepid"为 * ALE_MULTI - MATERIAL_

GROUP（AMM2）关键字的编号。

7.4.3　基于 ANSYS/LS – DYNA 软件进行计算求解

第一步：启动 ANSYS/LS – DYNA 程序。

在 ANSYS 软件中启动 ANSYS Mechanical APDL Product Launcher 程序。

第二步：设置求解器和求解参数。

（1）"Simulation Environment"设置为"LS – DYNA Solver"，"License"设置为"ANSYS LS – DYNA"，"Analysis Type"设置为"Typical LS – DYNA Analysis"。

（2）在"File Management"下拉菜单中设置计算路径（Working Directory）和计算文件（Keyword Input File），如图 7.44 所示。

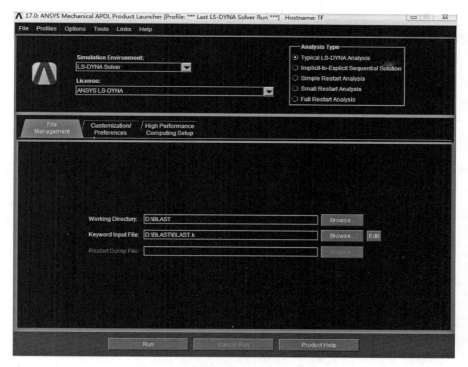

图 7.44　计算路径和计算文件设置界面

（3）在"Customization Preferences"下拉菜单中设置存储字节（Memory）和求解 CPU 数量（Number of CPUs），如图 7.45 所示。

■ 爆炸危险性评估及进展

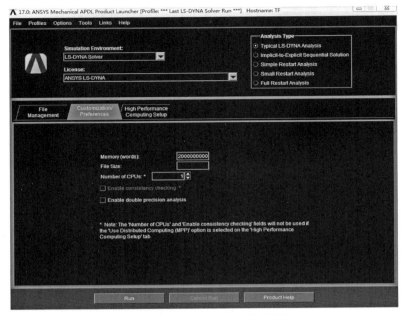

图 7.45　K 文件求解参数设置界面

第三步：启动和终止计算。

（1）单击"Run"按钮启动计算，计算求解可以显示爆炸冲击波到达目标的时间（Blast wave reaches structure at...）以及预计计算时长，如图 7.46 所示。

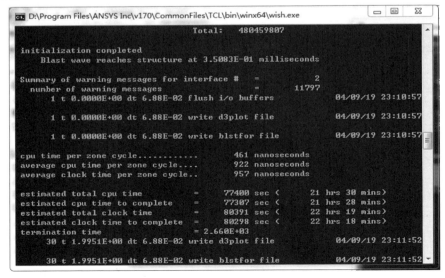

图 7.46　计算进度显示界面

（2）求解中可以采用重启动计算，其输入方式为：首先按"Ctrl + C"组合键中止计算；然后输入"SW *"进行重启动操作。

SW1：停止计算并输出重启动文件 d3dump；

SW2：重新预估计算时间并继续计算；

SW3：输出重启动文件并继续计算；

SW4：输出一个后处理步文件并继续计算。

（3）显示"Normal termination"即表示计算正常结束，可以关闭该窗口，如图 7.47 所示。

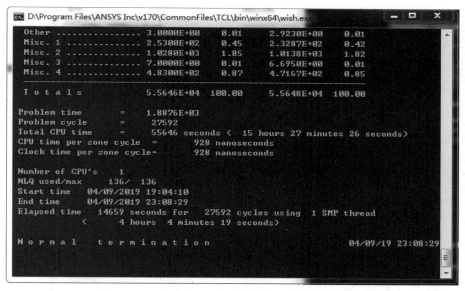

图 7.47　计算完成界面

7.4.4　基于 LS – PrePost 软件进行后处理

第一步：启动 LS – PrePost 软件。

第二步：显示 blastfor 文件的计算结果。

（1）用 LS – PrePost 软件打开 blastfor 计算文件。

（2）在图形绘制区域单击"Post"按钮，。

（3）在弹出的对话框中单击"Fringe Component"按钮，弹出如图 7.48 所示界面。

（4）单击"Segment"中的选项，可以显示冲击波生成域外边界面（爆炸载荷面）的压力等云图，如图 7.49 所示。

■ 爆炸危险性评估及进展

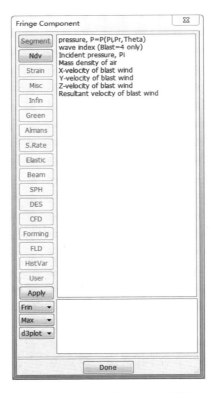

图 7.48 Fringe Component 界面

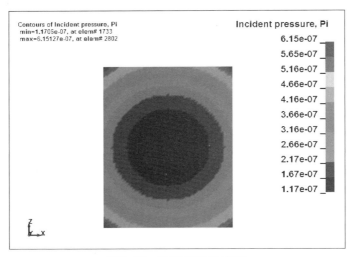

图 7.49 压力云图显示界面

（5）返回步骤（2），在弹出的对话框中单击"History"按钮，弹出如图 7.50 所示界面。

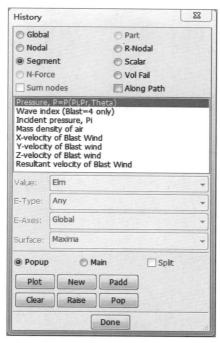

图 7.50　History 界面

第 8 章
冲击波对人体的损伤

冲击波对人体的损伤主要集中于含气器官，其中以肺损伤最为严重。本章主要研究基于 ANSYS/LS－DYNA 有限元分析软件，采用 LBE（Load_Blast_Enhanced）和 ALE（Arbitrary Lagrange－Euler）耦合法模拟爆炸产生的冲击波对人体躯干的直接损伤。

冲击波对人体躯干损伤（直接损伤）的研究内容包括：冲击波损伤模型的建立及验证；冲击波特征参数的分析与理论公式的推导；冲击波超压和冲量对人体躯干损伤程度的影响；冲击波的直接损伤机理及人体躯干组织器官的力学响应；人体损伤概率的比较以及冲击波损伤准则的分析和提出。

8.1 冲击波损伤模型

8.1.1 冲击波损伤模型的建立

利用 ANSYS/LS – DYNA 模拟爆炸冲击波对目标的作用过程，常用的数值模拟方法有 4 种。

1. ALE 方法

ALE 方法是爆炸冲击领域中最传统的模拟方法，应用范围非常广泛。它是利用炸药起爆获得爆炸冲击波，通过炸药、空气与目标之间的流固耦合作用实现爆炸冲击波对目标的毁伤过程，需要建立炸药（流体）、空气（流体）和目标（固体）网格模型，其中，炸药的定义方式有：①分别建立炸药与空气网格模型，并对炸药与空气网格进行共节点连接，但网格划分时需要进行几何切割，因此该方法较为复杂、建模效率低；②只建立空气网格模型，利用 *INITIAL_VOLUME_FRACTION_GEOMETRY 关键字将炸药填充到空气网格模型中（需定义炸药形状和尺寸），建模简单、效率高。总的来说，ALE 方法可以模拟任何类型的爆炸问题，但计算效率低、计算精度差。

2. S – ALE 方法

S – ALE（Structured ALE）是由 ALE 改进得到的，该方法不需要建立炸药和空气网格模型,而是基于 *ALE_STRUCTURED_MESH_CONTROL_POINTS 和 *ALE_STRUCTURED_MESH(需定义空气域的大小和网格数量)关键字自动生成空气域网格模型,并利用 *INITIAL_VOLUME_FRACTION_GEOMETRY 关键字将炸药填充到空气网格模型中。相对于 ALE 方法,该方法建模简单、运行速度快、占用内存少、计算稳定,但空气域只能是立方体。

3. LBE 方法

LBE 方法是通过 *LOAD_BLAST_ENHANCED 关键字设置球形 TNT 装药质量和中心点坐标来获得爆炸冲击波,然后利用 *LOAD_BLAST_SEGMENT_SET 关键字将爆炸冲击波载荷加载到目标迎爆面(目标正对爆源的面),从而实现爆炸冲击波对目标的毁伤过程。该方法只需建立目标网格模型,而不用建立炸药和空气网格模型,因而该方法建模速度快、计算精度好、计算效率高,但无法模拟冲击波在空气中的传播过程,也不能进行流固耦合分析。

4. Friedlander 方法

Friedlander 方法适用于模拟平面冲击波,该方法需建立冲击波生成域、空气域和目标网格模型。利用 Friedlander 方法模拟冲击波需要预先设定冲击波超压峰值和正压持续时间,并将其代入式(2.1)中得到 Friedlander 冲击波压力(p)—时间(t)曲线,然后由公式 $E = 2.5p + 0.25$(p 和 E 的单位均为 MPa)将冲击波压力(p)—时间(t)曲线转换为内能(E)—时间(t)曲线,最后利用 *BOUNDARY_AMBIENT_EOS 关键字将内能(E)—时间(t)曲线和相对体积(V)–时间(t)曲线($V = 1$)加载到冲击波生成域,即可在空气域中获得所需的冲击波。虽然 Friedlander 方法可以模拟任意超压和正压持续时间的平面冲击波,但冲击波从生成域向空气域传播以及在空气域中传播时会有能量损失,因此,冲击波的加载能量必须高于预设冲击波能量,从而确保作用于目标的入射冲击波是准确的。同时,还需要设置特定的边界条件保证冲击波能够在空气域中稳定传播。

综合 LBE 法(计算效率高)和 ALE 法(能流固耦合)的优点,采用 LBE 与 ALE 耦合方法(LBE – ALE)模拟 TNT 炸药爆炸产生的冲击波对人体躯干的作用过程。只需建立人体躯干模型,并定义包围人体躯干模型的部分空气域、冲击波生成域。爆炸载荷由关键字 *LOAD_BLAST_ENHANCED 定义,需要设置 TNT 当量和中心点坐标,然后通过 *LOAD_SEGMENT_SET 将爆炸载荷加载到冲击波生成域正对爆源的面。但该方法只适用于比例距离为 $0.147 \text{ m/kg}^{-1/3} < Z < 40 \text{ m/kg}^{-1/3}$ 的情况。

LBE 法爆炸载荷计算公式为

$$p(t) = p_r(t)\cos^2\theta + p_i(t)(1 + \cos\theta - 2\cos^2\theta) \qquad (8.1)$$

式中：θ 为面板上点相对于炸点形成的入射角度；$p_i(t)$ 为入射压力；$p_r(t)$ 为反射压力。

冲击波损伤模型由冲击波生成域、空气域和人体躯干三部分组成，以 cm‑g‑μs 单位制建立有限元分析模型，如图 8.1 所示。空气域长宽高为 60 cm × 60 cm × 80 cm，其中，冲击波生成域厚度为 1 cm，距人体躯干 5 cm，将空气域的外边界设置为非反射边界以模拟无限大空气域，冲击波生成域和空气域采用 ALE 算法并划分为六面体单元，网格尺寸为 1 cm。为模拟冲击波对人体躯干的损伤过程，冲击波生成域、空气域与人体躯干之间用 *CONSTRAINED_LAGRANGE_IN_SOLID 关键字进行流固耦合设置。

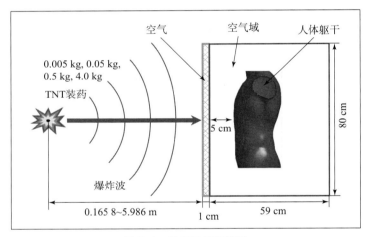

图 8.1　冲击波损伤模型

冲击波生成域和空气域采用空材料模型 *MAT_NULL 和线性多项式状态方程 *EOS_LINEAR_POLYNOMIAL，材料参数如表 8.1 所示。线性多项式状态方程为

$$p = C_0 + C_1\mu + C_2\mu^2 + C_3\mu^3 + (C_4 + C_5\mu + C_6\mu^2)E \qquad (8.2)$$

式中：$\mu = 1/V - 1$；V 为空气的相对体积；E 为空气的内能。

表 8.1　空气的材料参数

密度 ρ_0/ (kg·cm^{-3})	状态方程常数							初始内能 E_0/MPa	初始相对体积 V_0
	C_0/MPa	C_1	C_2	C_3	C_4	C_5	C_6		
1.29	0.0	0.0	0.0	0.0	0.4	0.4	0.0	0.25	1.0

8.1.2 冲击波损伤模型的验证

为验证冲击波损伤模型的准确性，基于 Neuberger 等的球形装药爆炸作用下圆形钢板的变形实验和 ALE 方法的数值模拟结果，采用 LBE 法和 LBE – ALE 耦合法进行相同工况的数值模拟。钢板划分为 SHELL 单元，采用 *MAT_JOHNSON_COOK 材料模型和 *EOS_GRUNEISEN 状态方程，材料参数如表 8.2 所示。通过数值模拟得到圆形钢板中心点的变形情况，如表 8.3 所示。将钢板最大变形量的实验值与模拟值进行比较（图 8.2），可以发现 LBE – ALE 值与实验值、ALE 值和 LBE 值吻合较好，最大相对误差分别为 4.26%、5.52% 和 7.57%，因此，LBE – ALE 方法可用于后续的冲击波损伤研究。

表 8.2　钢板的材料参数

密度 ρ/ (g·cm^{-3})	杨氏模量 E/GPa	泊松比 ν	屈服应力 A/MPa	应变硬化系数 B/MPa	应变硬化指数 N	应变率系数 C	温度相关系数 M
7.80	210	0.28	950	560	0.26	0.014	1.03

表 8.3　钢板最大变形量的实验值与模拟值

工况编号	钢板厚度/m	钢板直径/m	TNT 药量/kg	爆距/m	钢板最大变形量/cm			
					实验值	ALE	LBE	LBE – ALE
No.1	0.02	1.00	3.75	0.20	5.40	5.24	5.25	5.17
No.2	0.01	0.50	0.468	0.10	2.60	2.59	2.51	2.70
No.3	0.02	1.00	8.75	0.20	10.70	10.48	10.28	10.65
No.4	0.02	1.00	8.75	0.13	16.50	16.30	16.30	17.20

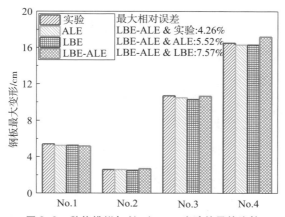

图 8.2　数值模拟与 Neuberger 实验结果的比较

8.2 冲击波超压和冲量对人体躯干损伤程度的影响

在冲击波的作用下，人体损伤主要取决于冲击波超压、冲量、正压持续时间和作用方向。根据 Bowen 损伤曲线可知，当人体躯干长轴方向与冲击波传播方向垂直（人体躯干受正面压力时），人体损伤是最严重的，因此，主要考虑人体躯干受冲击波正面压力作用时，冲击波超压和冲量对其损伤程度的影响。通过模拟冲击波对人体躯干的损伤过程，获得人体躯干组织器官的力学响应，以及冲击波超压和冲量对人体躯干损伤程度的影响规律。同时，基于冲击波损伤准则判定人体躯干的损伤情况，对比不同冲击波损伤准则下人体躯干的损伤程度。

8.2.1 不同药量爆炸源的冲击波超压计算工况

为研究人体躯干在不同爆炸载荷下的力学响应，球形 TNT 装药位于人体躯干中心点（心脏附近）正前方，选用 4 种 TNT 药量（W = 0.005 kg、0.05 kg、0.5 kg、4.0 kg）进行数值模拟。通过改变人体躯干与爆源之间的距离（爆距），在每个 TNT 药量下确定 8 个冲击波压力值（p = 1 000 kPa、800 kPa、600 kPa、400 kPa、300 kPa、200 kPa、100 kPa、50 kPa），并将其分成对应的 8 个计算工况（No.1 ~ No.8），共 32 个工况，如表 8.4 所示。对于所有计算工况，爆距 R 在 0.165 8 ~ 5.986 0 m 范围内，比例距离 Z 在 0.964 4 ~ 3.778 5 m·kg$^{-1/3}$ 范围内，满足 LBE – ALE 方法的适用条件。

表 8.4 冲击波损伤的计算工况

第一组	0.005 kg TNT							
模拟编号	No.1	No.2	No.3	No.4	No.5	No.6	No.7	No.8
爆距/m	0.165 8	0.180 8	0.208 5	0.244 5	0.277 8	0.335 3	0.457 8	0.636 2
第二组	0.05 kg TNT							
模拟编号	No.1	No.2	No.3	No.4	No.5	No.6	No.7	No.8
爆距/m	0.355 3	0.393 1	0.447 1	0.531 8	0.604 5	0.720 6	0.987 6	1.392 0
第三组	0.5 kg TNT							
模拟编号	No.1	No.2	No.3	No.4	No.5	No.6	No.7	No.8
爆距/m	0.768 5	0.849 6	0.960 8	1.145 3	1.304 0	1.555 0	2.105 0	2.998 0
第四组	4.0 kg TNT							
模拟编号	No.1	No.2	No.3	No.4	No.5	No.6	No.7	No.8
爆距/m	1.539 8	1.699 8	1.928 5	2.303 0	2.612 5	3.126 0	4.284 0	5.986 0

8.2.2 入射冲击波特征参数

如果用基于冲击波特征参数得到的损伤准则来评价冲击波对人体躯干的损伤情况，就需要获得人体躯干表面空气单元的入射冲击波特征参数。因此，当研究入射冲击波特征参数时，空气域和人体躯干之间不进行流固耦合（即冲击波不会受到人体躯干的反射），从而获得距 TNT 装药最近的人体躯干表面的空气单元的压力和冲量曲线，并将其作为评价冲击波对人体损伤的入射压力和入射冲量。图 8.3 和图 8.4 分别显示出不同 TNT 装药质量下冲击波压力及冲量变化曲线，图 8.5 显示出冲击波在空气中传播的平均速度随比例距离的变化曲线。

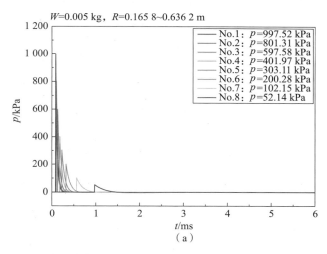

(a)

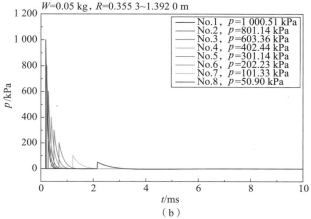

(b)

图 8.3 入射冲击波压力变化曲线（附彩插）

(a) 0.005 kg TNT；(b) 0.05 kg TNT

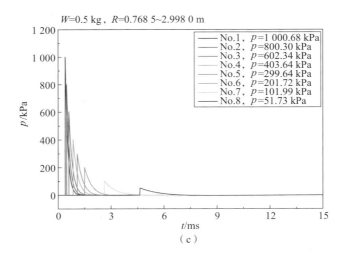

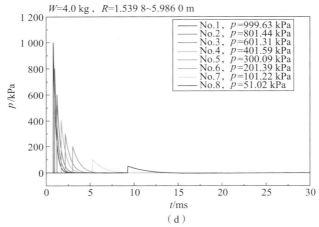

图 8.3 入射冲击波压力变化曲线（附彩插）（续）

(c) 0.5 kg TNT； (d) 4.0 kg TNT

根据图 8.3 所示的入射冲击波压力变化曲线，可以看出由数值模拟获得的不同 TNT 药量下的冲击波超压峰值基本保持一致，但正压持续时间不同。冲击波超压峰值范围为 50.90 ~ 1 000.68 kPa、正压持续时间范围为 0.30 ~ 4.72 ms。

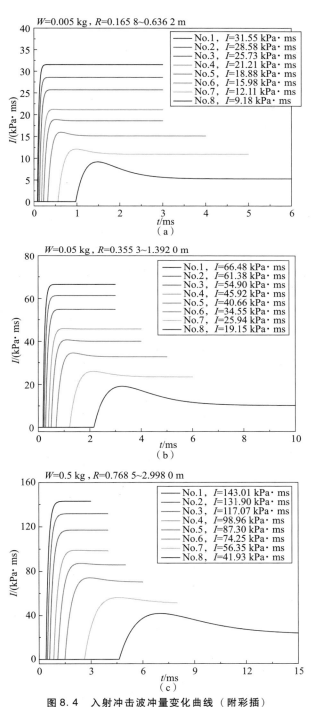

图 8.4 入射冲击波冲量变化曲线（附彩插）

(a) 0.005 kg TNT；(b) 0.05 kg TNT；(c) 0.5 kg TNT

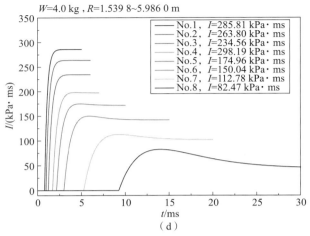

图 8.4 入射冲击波冲量变化曲线（附彩插）（续）

(d) 4.0 kg TNT

根据图 8.4 所示的入射冲击波冲量变化曲线，可以看出由数值模拟获得的不同 TNT 药量下的冲击波冲量峰值（范围为 9.18～285.81 kPa·ms）明显不同，主要是受正压持续时间的影响。同时，可以发现高压对应的冲量曲线呈现出先上升后稳定的变化趋势，而低压对应的冲量曲线呈现出先上升再下降，最后保持稳定的变化趋势，这种差异性是由冲击波负压引起的。随着比例距离的增大，冲击波超压峰值越小，曲线的负压特征越明显。

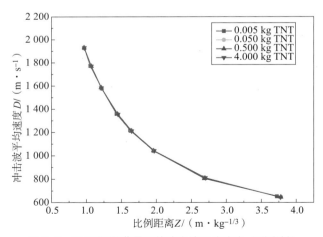

图 8.5 不同 TNT 药量下的冲击波平均速度（附彩插）

根据图 8.5 所示的不同 TNT 药量下的冲击波平均速度，可以发现比例距离一定时，不同 TNT 药量下的冲击波平均速度基本相同，均在 644.46 ~ 1 931.29 m/s 范围内。

通过以下理论计算公式对数值模拟获得的冲击波超压值和冲量值进行验证。

Sadovskyi 超压值理论计算公式：

$$p_1 = 985.58 \left(\frac{W^{\frac{1}{3}}}{R}\right)^{2.49} = \begin{cases} \dfrac{1070}{Z} - 1000, & Z \leqslant 1 \\ \dfrac{76}{Z} + \dfrac{255}{Z^2} + \dfrac{650}{Z^3}, & 1 \leqslant Z \leqslant 15 \end{cases} \quad (8.3)$$

正压区比冲量理论计算公式：

$$I_1 = \frac{c}{Z}\sqrt[3]{W} = c\left(\frac{W^{\frac{2}{3}}}{R}\right) = \frac{c}{X} \quad (8.4)$$

式中：下标 1 表示理论值；$Z = R/W^{1/3}$ 为比例距离；$X = R/W^{2/3}$；R 为测点与爆心之间的距离（m）；W 为等效 TNT 当量（kg）；p_1 为冲击波超压峰值（kPa）；I_1 为正压区比冲量（kPa·ms）；$c = 196 \sim 245$。

图 8.6 所示为冲击波特征参数理论值与模拟值的比较。通过对比分析得到模拟值与理论值吻合较好，冲击波压力和冲量的相对误差分别在 3.2% ~ 8.4% 和 3.3% ~ 9.8% 范围内，因此，采用 LBE - ALE 方法得到的爆炸冲击波参数是合理的。

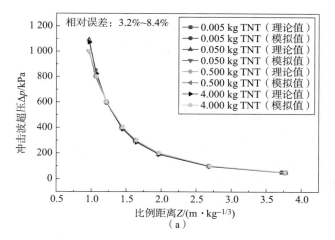

图 8.6 冲击波特征参数理论值与模拟值的比较（附彩插）
（a）冲击波超压

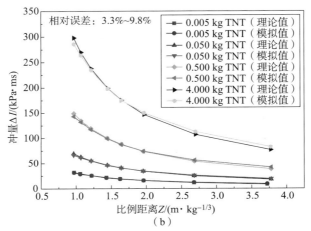

图8.6 冲击波特征参数理论值与模拟值的比较（附彩插）（续）
(b) 冲击波冲量

对数值模拟获得的冲击波超压、冲量和平均速度进行数据拟合，得到比例距离为 $0.9644\ \text{m}\cdot\text{kg}^{-1/3} < Z < 3.7785\ \text{m}\cdot\text{kg}^{-1/3}$ 时，爆炸冲击波特征参数的计算公式：

$$p_2 = 928.01\left(\frac{W^{\frac{1}{3}}}{R}\right)^{2.26} = \frac{928.01}{Z^{2.26}} \tag{8.5}$$

$$I_2 = 177.24\left(\frac{W^{\frac{2}{3}}}{R}\right) = 177.24\frac{\sqrt[3]{W}}{Z} \tag{8.6}$$

$$D_2 = 1864.84\left(\frac{W^{\frac{1}{3}}}{R}\right)^{0.84} = \frac{1864.84}{Z^{0.84}} \tag{8.7}$$

式中：下标 2 表示模拟值；p_2 为冲击波超压峰值（kPa）；I_2 为冲击波冲量（kPa·ms）；D_2 为冲击波在空气中的平均传播速度（m/s）。

根据式（8.5）~式（8.7）和图8.5可以得到：冲击波超压峰值和平均速度只取决于比例距离，并随比例距离的增大而减小。冲击波平均速度越大，则冲击波压力上升时间越小，因此，冲击波压力上升时间也只由比例距离唯一决定，并随比例距离的增大而增大。冲击波冲量峰值由比例距离和TNT装药质量共同决定，并随比例距离的增大而减小，但比例距离一定时，冲击波冲量峰值随TNT药量的增大而增大。

8.2.3 冲击波压力场分布

图8.7显示了0.5 kg TNT – No.1计算工况下人体躯干表面的冲击波压力场分布。冲击波载荷在0.398 ms时首先作用于人体躯干距爆源最近的部位，

并且该部位所受的冲击波压力最大，压力峰值为 1 000 kPa，随后冲击波压力以该部位为中心点不断向外衰减。因此，整个人体躯干均会受到冲击波的作用，但不会同时受到同等载荷的冲击波作用，其原因为：①球形 TNT 装药产生的冲击波波阵面并非平面而是球形；②人体躯干各部位与爆源的距离各不相同。这就反映出冲击波是以波阵面的形式作用于人体躯干的，其作用面积较大，因此，冲击波对整个人体躯干均具有明显的损伤效应。

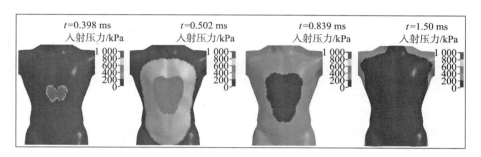

图 8.7　不同时刻人体躯干表面入射冲击波压力分布（0.5 kg TNT – No.1）（附彩插）

冲击波作用于人体躯干（障碍物）时，会在人体躯干周围（左侧、右侧、顶端、低端）形成绕流现象，如图 8.8 所示。当绕流绕到人体躯干后方继续运动时，就会发生相互碰撞现象，从而造成碰撞区（人体躯干后方）压力的骤然升高。

空气域尺寸会影响冲击波的绕流，因而也会影响到人体躯干的力学响应。如果要全面准确地反映冲击波对人体躯干的损伤情况，就必须建立大尺寸空气域以减小冲击波绕流对人体躯干力学响应的影响，但空气域尺寸的增大又会导致冲击波损伤模型计算时间的增加。如果采用 2 个 CPU 进行求解，且求解时间（计算终止时间）为 1 ms 时，则空气域尺寸为 60 cm × 60 cm × 80 cm 的冲击波损伤模型的计算时间约 7 h，空气域尺寸为 100 cm × 80 cm × 120 cm 的冲击波损伤模型的计算时间约 11 h，空气域尺寸为 150 cm × 150 cm × 150 cm 的冲击波损伤模型的计算时间约 27 h。对于冲击波正压持续时间较短的冲击波损伤模型，其求解时间较短，故采用大尺寸空气域进行求解的计算时间是可以接受的；而对于冲击波正压持续时间较长的冲击波损伤模型，需要设置较长的求解时间，采用大尺寸空气域进行求解，必然会花费大量的计算时间，如 4 kg – No.8 计算工况，其求解时间为 30 ms，计算时间约 810 h（约 34 天），这显然是不可接受的。因此，为减少空气域尺寸对冲击波绕流的影响和冲击波损伤模型的计算时间，对于计算成本与计算精度之间的矛盾，可以选择一个合适尺寸

■ 爆炸危险性评估及进展

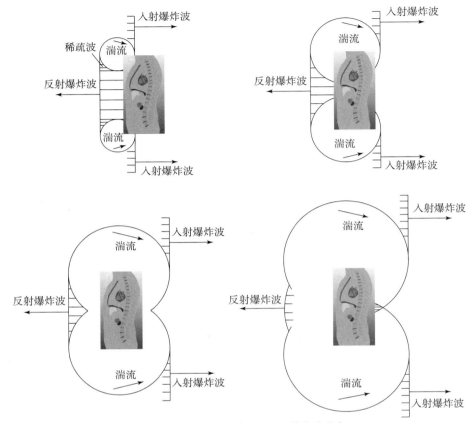

图 8.8　冲击波在人体躯干周围的绕流现象

的空气域进行求解，从而达到所需计算精度。

采用长宽高为 60 cm × 60 cm × 80 cm 空气域进行冲击波损伤的研究，最长计算时间约 210 h（约 9 天），该计算时间是可以接受的。为验证该空气域尺寸的合理性，对以上三种空气域尺寸对冲击波绕流和人体躯干力学响应的影响程度进行分析。通过对比肋软骨的最大速度，得出空气域尺寸对人体躯干力学响应参数的影响范围在 3% 内，故认为采用的空气域尺寸是合理的。根据冲击波对人体的损伤形式也可以发现，在正面冲击波的作用下，人体躯干前部受到的压力和冲量最大，组织器官前部（朝向爆源部分）的损伤最为严重，力学响应参数最大。同时，人体躯干组织器官力学响应参数监测点位于组织器官前部，而冲击波绕流主要影响人体躯干后部，因此，冲击波绕流对本书监测的组织器官力学响应参数的影响是有限的，并且对人体躯干损伤的影响也是非常有限的。

8.3 人体躯干组织器官的力学响应

当研究冲击波作用下人体躯干组织器官的力学响应时，空气域和人体躯干之间必须进行流固耦合（即冲击波会有反射、透射和绕射现象）。由于冲击波对人体躯干损伤的评价只会用到入射冲击波特征参数，考虑反射冲击波、透射冲击波（渗透到人体躯干组织器官中的冲击波）和绕射冲击波（人体躯干周围的冲击波）的特征参数没有太大的意义，这里不做这部分研究。

以组织器官最大应力为应力测量点，选取第 5 根胸骨、肋骨和肋软骨前表面中心位置为速度测量点。由于肋软骨位于两叶肺脏的正前方，在冲击波的作用下，肋软骨会对肺脏产生正面的压缩作用，故本书将肋软骨速度作为胸壁运动速度，以评价冲击波对肺脏的损伤。

图 8.9 显示了 TNT 药量为 0.005 kg、爆距为 0.165 8~0.636 2 m、入射冲击波压力为 52.14~997.52 kPa、入射冲击波冲量为 9.18~31.55 kPa·ms 时，人体躯干组织器官的力学响应曲线。

图 8.10 显示了 TNT 药量为 0.05 kg、爆距为 0.355 3~1.392 0 m、入射冲击波压力为 50.90~1 000.51 kPa、入射冲击波冲量为 19.15~66.48 kPa·ms 时，人体躯干组织器官的力学响应曲线。

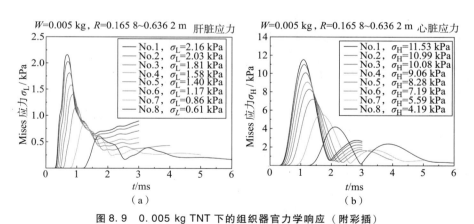

图 8.9　0.005 kg TNT 下的组织器官力学响应（附彩插）

（a）肝脏的 Mises 应力随时间的变化；（b）心脏的 Mises 应力随时间的变化

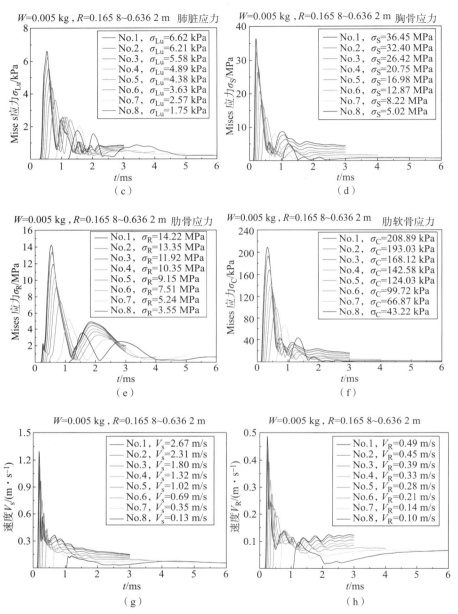

图 8.9 0.005 kg TNT 下的组织器官力学响应（附彩插）（续）

(c) 肺脏的 Mises 应力随时间的变化；(d) 胸骨的 Mises 应力随时间的变化；
(e) 肋骨的 Mises 应力随时间的变化；(f) 肋软骨的 Mises 应力随时间的变化；
(g) 胸骨速度随时间的变化；(h) 肋骨速度随时间的变化

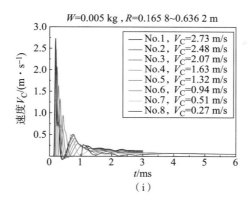

(i)

图 8.9　0.005 kg TNT 下的组织器官力学响应（附彩插）（续）
（i）肋软骨速度随时间的变化

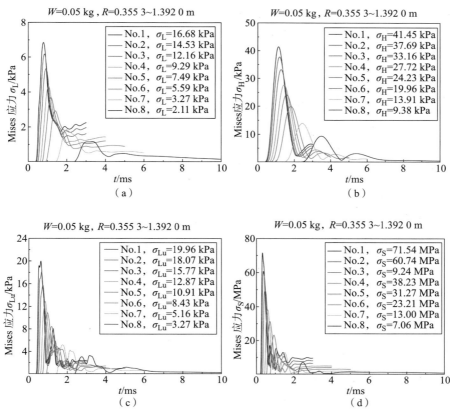

图 8.10　0.05 kg TNT 下的组织器官力学响应（附彩插）
（a）肝脏应力；（b）心脏应力；（c）肺脏应力随时间的变化；（d）胸骨应力随时间的变化

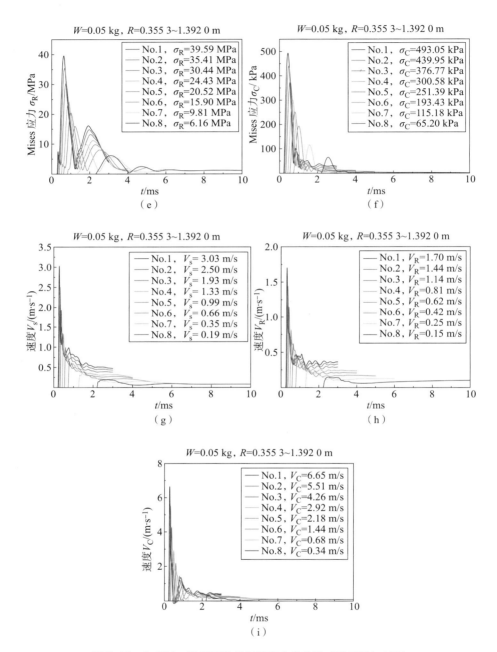

图 8.10　0.05 kg TNT 下的组织器官力学响应（附彩插）（续）

（e）肋骨应力随时间的变化；（f）肋软骨应力随时间的变化；（g）胸骨速度随时间的变化；（h）肋骨速度随时间的变化；（i）肋软骨速度随时间的变化

图 8.11 显示了 TNT 药量为 0.5 kg、爆距为 0.768 5~2.998 0 m、入射冲击波压力为 51.73~1 000.68 kPa、入射冲击波冲量为 41.93~143.01 kPa·ms 时，人体躯干组织器官的力学响应曲线。

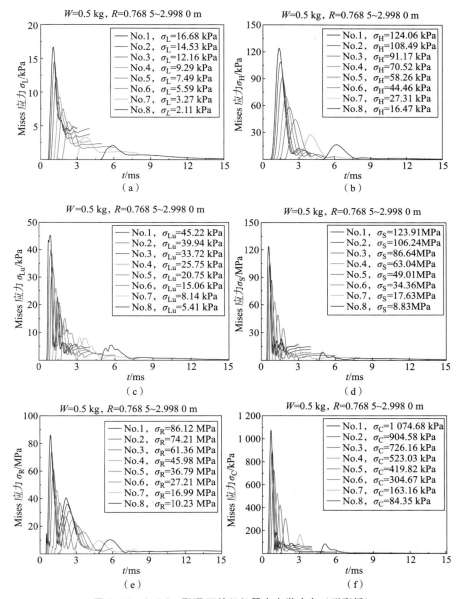

图 8.11　0.5 kg TNT 下的组织器官力学响应（附彩插）
（a）肝脏应力随时间的变化；（b）心脏应力随时间的变化；（c）肺脏应力随时间的变化；（d）胸骨应力随时间的变化；（e）肋骨应力随时间的变化；（f）肋软骨应力随时间的变化；

■ 爆炸危险性评估及进展

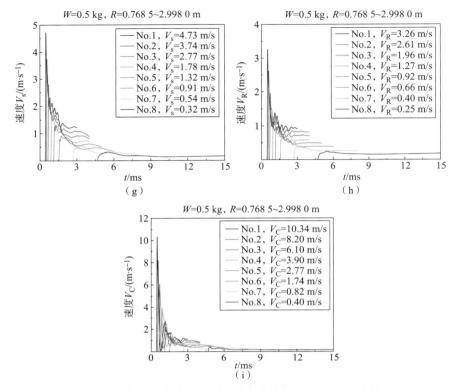

图 8.11　0.5 kg TNT 下的组织器官力学响应（附彩插）（续）
（g）胸骨速度随时间的变化；（h）肋骨速度随时间的变化；（i）肋软骨速度随时间的变化

图 8.12 显示了 TNT 药量为 4.0 kg、爆距为 1.539 8～5.986 0 m、入射冲击波压力为 51.02～999.63 kPa、入射冲击波冲量为 82.47～285.81 kPa·ms 时，人体躯干组织器官的力学响应曲线。

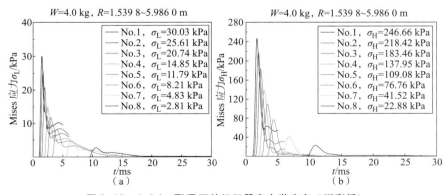

图 8.12　4.0 kg TNT 下的组织器官力学响应（附彩插）
（a）肝脏应力随时间的变化；（b）心脏应力随时间的变化

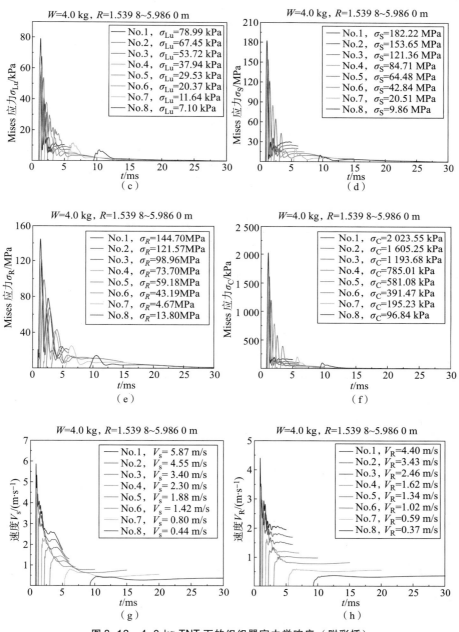

图 8.12 4.0 kg TNT 下的组织器官力学响应（附彩插）
(c) 肺脏应力随时间的变化；(d) 胸骨应力随时间的变化；(e) 肋骨应力随时间的变化；(f) 肋软骨应力随时间的变化；(g) 胸骨速度随时间的变化；(h) 肋骨速度随时间的变化

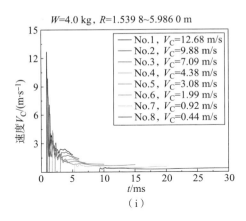

图 8.12　4.0 kg TNT 下的组织器官力学响应（附彩插）（续）
(i) 肋软骨速度随时间的变化

人体躯干组织器官的力学响应会受其力学性能、组织结构和空间位置的影响。由图 8.9 可知，在不同的冲击波压力下，不同组织器官的应力峰值、最大速度均存在差异性，并且应力峰值、最大速度出现的时间也不同，如冲击波压力峰值为 1 000.68 kPa 和 800.30 kPa 时，心脏应力峰值分别出现在 1.360 ms、1.468 ms 处，为 124.06 kPa、108.49 kPa；肺脏应力峰值分别出现在 0.876 ms、0.946 ms 处，为 45.22 kPa、39.94 kPa；胸骨最大速度分别出现在 0.482 ms、0.566 ms 处，为 4.73 m/s、3.74 m/s；肋软骨最大速度分别出现在 0.492 ms、0.574 ms 处，为 10.34 m/s、8.20 m/s。但应力及速度的变化趋势基本相同，均呈现先迅速增大、后缓慢衰减的趋势。

当爆炸冲击波作用到人体躯干后，由于冲击波压力瞬间达到峰值，组织器官的应力及速度会瞬间响应并很快达到峰值，如压力峰值为 1 000.68 kPa 的冲击波在 0.398 ms 时作用于人体躯干，心脏应力响应开始的时间为 0.438 ms，并于 1.358 ms 时达到峰值；肋软骨速度响应开始的时间为 0.398 ms，并于 0.492 ms 时达到峰值。随着冲击波压力的衰减，组织器官的应力和速度也将随之衰减，但由于应力波在人体躯干组织器官中传播时，会受到组织器官的反射作用，尤其是骨骼，从而导致组织器官的应力及速度曲线出现一定程度的波动。同时，根据前面提到的冲击波平均速度和压力上升时间随比例距离的增大而减小，并结合组织器官应力及速度变化曲线，发现随着冲击波超压峰值的减小（比例距离增大），组织器官应力和速度上升时间越长，力学响应速度越缓慢，如冲击波压力峰值为 1 000.68 kPa 和 800.30 kPa 时，冲击波平均速度分别为 1 930.95 m/s、1 770.11 m/s，心脏应力上升时间分别为 0.920 ms、

0.950 ms，肋软骨速度上升时间分别为 0.094 ms、0.098 ms。因此，冲击波平均速度和压力上升时间也会影响组织器官的力学响应。

图 8.13 和图 8.14 分别显示了组织器官的应力峰值和速度峰值，可以发现应力峰值及速度峰值与比例距离和 TNT 药量存在密切的联系。

当 TNT 药量一定时，冲击波超压、组织器官应力峰值和速度峰值均随比例距离的增大而减小；当比例距离一定时，冲击波冲量、组织器官应力峰值和速

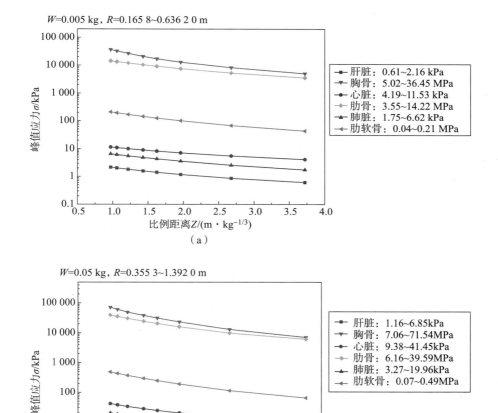

图 8.13　不同 TNT 药量下各组织器官的峰值应力
（a）0.005 kg TNT；（b）0.05 kg TNT

■ 爆炸危险性评估及进展

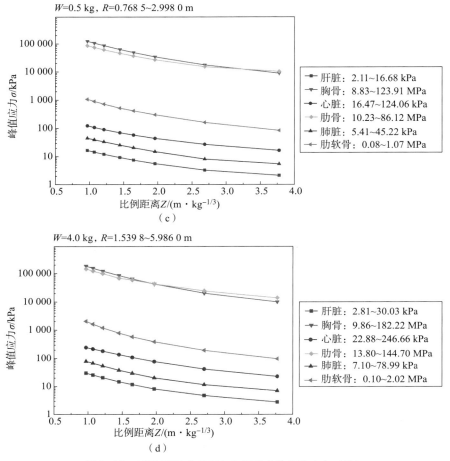

图 8.13 不同 TNT 药量下各组织器官的峰值应力（续）
（c）0.5 kg TNT；（d）4.0 kg TNT

度峰值均随 TNT 药量的增大而增大。例如，TNT 药量为 0.05 kg、爆距为 0.447 1 m 时，得到的冲击波压力、冲量和肋软骨速度分别为 603.36 kPa、54.90 kPa·ms、4.26 m/s；而 TNT 药量为 0.5 kg、爆距为 2.105 0 m 时，得到的压力、冲量和肋软骨速度分别为 101.99 kPa、56.35 kPa·ms、0.82 m/s。可以看出冲击波冲量基本相同，但冲击波压力相差 6 倍，从而造成肋软骨速度的巨大差异性，故冲击波压力会影响人体躯干的损伤。TNT 药量为 0.005 kg、爆距为 0.165 8 m 时，得到的冲击波压力、冲量和肋软骨速度分别为 997.52 kPa、31.55 kPa·ms、2.73 m/s；而 TNT 药量为 4.0 kg、爆距为 1.539 8 m 时，得到的压力、冲量和肋软骨速度分别为 999.63 kPa、285.81 kPa·ms、16.37 m/s。可以看出冲击波压力基本相同，但冲击波冲量相差 9 倍左右，从而造成肋软骨速度的差异性，故冲击波冲量也会影响人体躯干的损伤。因此，人体躯干的损伤情况是由冲击波压力和冲量共同决定的，而冲击波压力和冲量又是通过正压持续时间 T_+ 联系起来的，即 $I = \int p \mathrm{d} T_+$，故冲击波正压持续时间也是决定人体躯干损伤程度的主要因素。

由于组织器官的力学性能、组织结构和空间位置的不同，造成了组织器官的应力和速度峰值的差异性。数值模拟得到所有计算工况下的肝脏、心脏、肺脏、胸骨、肋骨和肋软骨的应力峰值范围分别为 0.61~30.03 kPa、4.16~246.66 kPa、1.75~78.99 kPa、5.02~182.22 MPa、3.55~144.70 MPa、0.04~2.02 MPa，可以看出骨骼的应力比软组织的应力大一个量级，这是由于骨骼比软组织坚硬，承受了大部分的能量，所以骨骼会对内脏器官起到一定的保护作用。

图 8.14 显示了所有计算工况下，肌肉、肝脏、心脏、肺脏、胸骨、肋骨和肋软骨的最大速度范围分别为 0.06~2.40 m/s、0.11~4.61 m/s、0.08~3.41 m/s、0.07~3.33 m/s、0.14~5.14 m/s、0.10~4.40 m/s、0.27~12.68 m/s。由于各组织器官运动速度的不同，会导致组织器官产生相对位移，从而造成组织器官接触面上的损伤。在爆炸冲击波的作用下，心脏和肺脏的运动速度相对较小，这就很容易造成组织器官接触面上产生剪切伤、压伤或拉伤。另外，即使某些组织器官的运动速度峰值基本相同，但其力学性能、组织结构和空间位置会影响速度峰值出现的时间，最终导致组织器官速度的不同，从而造成组织器官接触面上的损伤。因此，组织器官运动速度的差异性也是造成人体躯干损伤的重要因素。

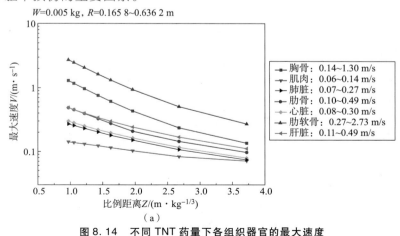

图 8.14　不同 TNT 药量下各组织器官的最大速度
(a) 0.005 kg TNT

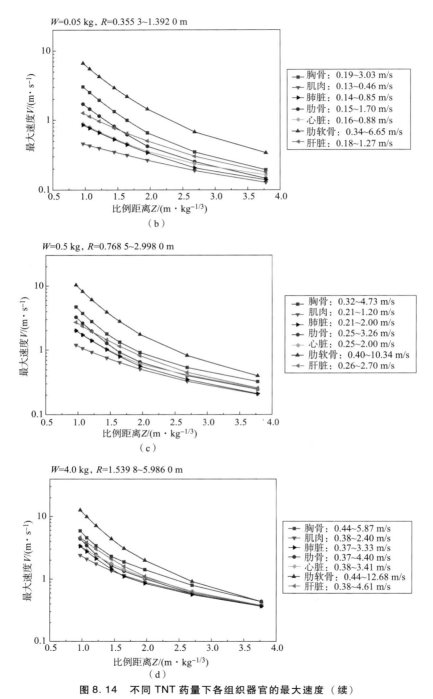

图 8.14　不同 TNT 药量下各组织器官的最大速度（续）

(b) 0.05 kg TNT；(c) 0.5 kg TNT；(d) 4.0 kg TNT

8.4 冲击波对人体损伤的评估

根据数值模拟得到的冲击波超压和正压持续时间以及胸壁最大向内运动速度，然后基于超压准则、修正 Bowen 损伤曲线和 Axelsson 损伤模型评价得到的不同爆炸载荷下人体躯干的损伤概率，如图 8.15 所示。

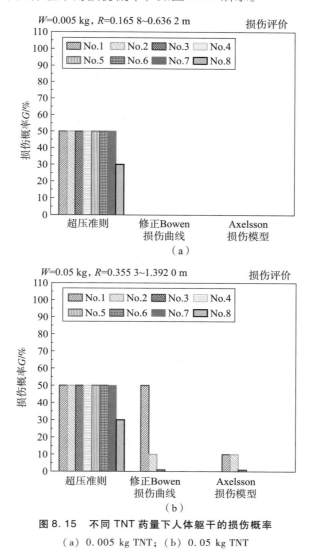

图 8.15 不同 TNT 药量下人体躯干的损伤概率
（a）0.005 kg TNT；（b）0.05 kg TNT

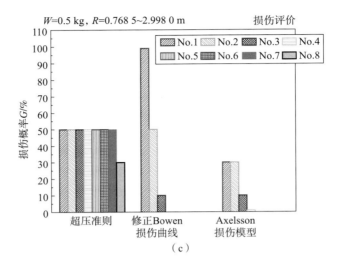

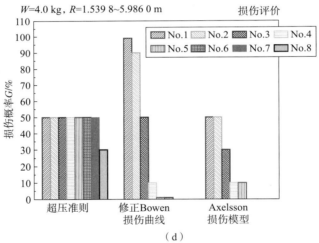

图 8.15 不同 TNT 药量下人体躯干的损伤概率（续）
（c）0.5 kg TNT；（d）4.0 kg TNT

通过对比不同损伤准则下人体躯干的损伤概率，发现不同冲击波损伤准则得到的损伤概率均不一样，并且差异性较大，主要原因是不同冲击波损伤准则考虑的参数不同。当冲击波超压一定时，人体躯干损伤概率随冲击波冲量的增大而增大；当冲击波冲量一定时，人体躯干损伤概率也随冲击波超压的增大而增大。如 0.05 kg TNT – No.3 和 0.5 kg TNT – No.7 对应的冲击波冲量值均为

55 kPa·ms 左右，而压力值分别为 603.36 kPa 和 101.99 kPa，由超压准则、修正 Bowen 损伤曲线和 Axelsson 损伤模型得到 0.05 kg TNT-No.3 的损伤概率分别为 50%、1% 和 1%，而 0.5 kg TNT-No.7 的损伤概率分别为 50%、0 和 0，可以看出在冲击波冲量相同而压力不同时，由不同损伤准则得到的损伤概率的差异性较大。0.005 kg TNT-No.1 和 4.0 kg TNT-No.1 对应的冲击波压力值均为 1 000 kPa 左右，而冲量值分别为 31.55 kPa·ms 和 285.81 kPa·ms，0.005 kg TNT-No.1 的损伤概率分别为 50%、0 和 0，而 4.0 kg TNT-No.1 的损伤概率分别为 50%、99% 和 50%，可以发现在冲击波压力相同而冲量不同时，由不同损伤准则得到的损伤概率的差异性也很大。因此，在评价爆炸冲击波对人体躯干的损伤情况时，应该综合考虑冲击波压力和冲量对人体躯干损伤情况的影响。

8.4.1 冲击波超压准则

基于冲击波超压准则，并根据冲击波入射压力峰值得到不同 TNT 药量下人体躯干损伤概率完全一样，但实际损伤并不相同。主要原因是冲击波超压准则只考虑了冲击波超压，而忽略了正压持续时间，同时该准则将压力超过 100 kPa 的冲击波的损伤概率定义为 50%，因此，采用超压准则评价人体躯干的损伤情况，具有一定的局限性。

如果将不同损伤概率对应的冲击波超压值换算成胸壁运动速度，则冲击波超压大于 100 kPa 时，损伤概率在 50% 以上，损伤等级为重伤甚至死亡，对应的胸壁运动速度为 0.51 m/s；而冲击波超压为 50~100 kPa 时，人体躯干损伤概率为 30%，损伤等级为中伤至重伤，对应的胸壁运动速度为 0.27 m/s。

8.4.2 修正 Bowen 损伤曲线

基于修正 Bowen 损伤曲线考虑冲击波入射压力峰值与正压持续时间，得到如图 8.15 所示的不同计算工况所对应的损伤概率。经对比分析得到修正 Bowen 损伤曲线下，人体躯干损伤概率为 99%、90%、50%、10% 和 1% 所对应的胸壁运动速度分别为 10.34 m/s、10.27 m/s、6.65 m/s、5.51 m/s 和 3.33 m/s。因此，造成人体躯干微伤的胸壁运动速度阈值为 3.33 m/s，轻伤阈值为 5.51 m/s，重伤阈值为 6.65 m/s。

8.4.3 Axelsson 损伤模型

Axelsson 损伤模型体现了损伤效应与 ASII 评分和胸壁最大向内运动速度

之间的联系,不仅适用于简单冲击波损伤的评估,也适用于复杂冲击波损伤的评估。从图8.15可以看到其是判断最宽松的准则,据报道它最符合实际情况。

8.5 冲击波对人体躯干的损伤机理

图8.16显示了TNT药量为0.5 kg、爆距为0.768 5 m、入射冲击波压力为1 000.68 kPa、冲量为143.01 kPa·ms时,心脏、肺脏、肝脏和骨骼在不同时刻的应力分布。

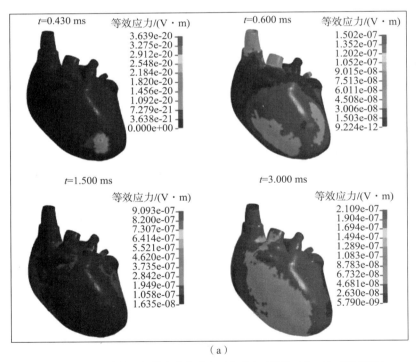

(a)

图8.16 不同时刻组织器官应力分布(0.5 kg TNT – No.1)(附彩插)

(a) 心脏应力分布

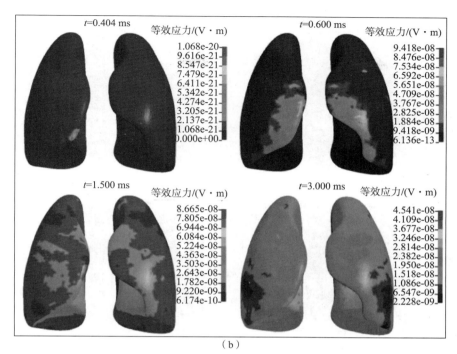

(b)

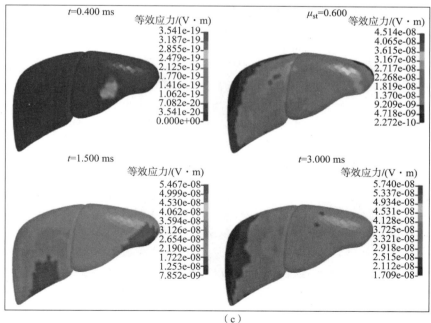

(c)

图 8.16　不同时刻组织器官应力分布（0.5 kg TNT – No. 1）（附彩插）（续）
（b）肺脏应力分布；（c）肝脏应力分布

■ 爆炸危险性评估及进展

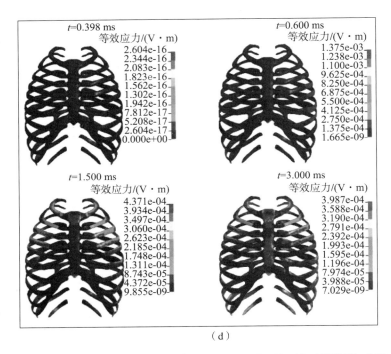

（d）

图 8.16　不同时刻组织器官应力分布（0.5 kg TNT – No.1）（附彩插）（续）
（d）骨骼应力分布

冲击波于 0.398 ms 时开始作用于人体躯干，从图 8.16 中观察到骨骼、肝脏、肺脏和心脏应力出现的时间分别为 0.398 ms、0.400 ms、0.404 ms 和 0.430 ms，其力学响应时间具有明显的差异性，并且骨骼应力出现的时间最早，其次是肝脏和肺脏，而心脏最后出现应力。这是因为在冲击波的作用下，距爆源最近的皮肤会首先变形而产生应力波，然后通过肌肉逐渐传播到胸骨、肋骨、肋软骨、肝脏、肺脏和心脏等组织器官，从而造成了组织器官力学响应时间的差异性，也体现了应力波由表及里、由近到远的传播规律。同时，由于肝脏前没有骨骼的保护作用，而肺脏和心脏位于骨骼系统内，且心脏又夹在两叶肺脏之间，故肝脏的应力响应时间早于肺脏，肺脏又早于心脏。

另外，人体躯干正面朝向爆源时，组织器官的前部首先产生应力，然后以应力波的形式依次传播到组织器官内部和后部，并在传播过程中衰减，如心脏前部在 0.430 ms 产生应力，最大应力峰值为 32.79 kPa，而后部在 0.780 ms 时才产生应力，最大应力峰值为 13.22 kPa。由图 8.11 得到心脏、肺脏、肝脏、胸骨、肋骨和肋软骨的应力峰值分别为 124.06 kPa、45.22 kPa、16.68 kPa、123.91 MPa、86.12 MPa 和 1.07 MPa，其中，肺脏、肝脏、胸骨、肋骨和肋软骨的最大应力峰值均位于距爆源最近的器官前部，心脏最大应力峰值位于动脉和静脉处。结合图 8.16 也发现在冲击波正面作用下，心脏、肺脏和肝脏中比较大的应力主要集中出现在正对爆源的前部，因此，肺脏前部的肺泡很容易被压垮而破裂，从而成为肺损伤较为严重的区域。然而，心脏除了前部受到较大的应力外，动脉和静脉也表现出较大的应力集中，并且动脉和静脉处的应力要大于心脏前部，如心脏动脉处的最大应力峰值为 124.06 kPa，而心脏前部的最大应力峰值为 32.79 kPa，主要是因为动脉和静脉壁太薄，在冲击波作用下很容易发生变形而产生较大的应力。故爆炸冲击波作用于人体躯干后，很容易造成心脏静脉和动脉的爆裂而导致心脏出血。

冲击波对人体的损伤效应，一方面是冲击波与人体组织器官作用时产生的应力波而导致的破裂、内爆裂等形式的损伤，另一方面是人体组织器官在冲击波作用下产生不同的运动速度而导致的组织器官接触面上的剪切伤、压伤和拉伤等损伤。

第 9 章
破片对人体的损伤

基于 ANSYS/LS-DYNA 软件，研究单个破片对人体的直接损伤过程，并分析破片对人体的损伤机理。破片对人体损伤（直接损伤）的研究内容主要包括：破片损伤模型的建立及验证；破片动能、速度、质量、尺寸、形状、命中部位及手枪弹对人体躯干损伤程度的影响；破片对人体的损伤机理及组织器官的力学响应规律；破片杀伤判据的分析。

9.1 破片损伤模型

9.1.1 破片损伤模型的建立

破片损伤模型由破片和人体躯干组成,以 cm-g-μs 单位制建立,如图 9.1 所示。

将破片划分为六面体网格,并采用 Lagrange 算法。由于破片对心脏的损伤是使人致命的关键因素,因此,本书用破片射击心脏来研究破片对人体躯干的损伤,射击部位位于心脏正前方的人体躯干中线上。破片与人体躯干组织器官之间的接触方式为面面侵蚀接触(*CONTACT_ERODING_SURFACE_TO_SURFACE)。

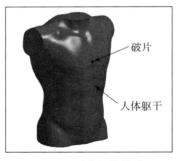

图 9.1 破片损伤模型

为准确模拟破片在人体躯干中的运动过程,需要在破片射击部位对人体躯干模型进行局部网格加密,加密后的网格数量为 730 万左右,如果采用 2 个 CPU 求解,且求解时间(计算终止时间)为 1 ms,则计算时间约 230 h(约 10 天)。如果在破片击穿人体躯干后终止计算,且求解时间预计在 5 ms 以上,则计算时间预计在 1 150 h(约 48 天)以上。若人体网格变形过大,则计算时间会更长。本书以破片击入心脏为人体致命损伤的判据,则研究破片在心脏后方的运动规律没有太大的意义。同时，考虑到计算规模的原因，只在破片射击部位对心脏前方的组织器官模型和心脏模型进行局部网格加密，并在破片击穿心脏后终止计算。加密区网格尺寸为 0.6 mm 左右，加密后的网格数量为 495 万个左右，如果采用 2 个 CPU 求解，且求解时间为 1 ms 时，则计算时间约 69 h（约 3 天）。

在破片（除手枪弹）射击人体躯干的过程中，不考虑破片的变形，故采用刚体材料模型 *MAT_RIGID，计算中只需要定义破片的密度。

根据 GA 141—2010《警用防弹衣》标准，选择三级防弹下的手枪弹进行研究，枪弹类型为 1951 年式 7.62 mm 手枪弹，弹头结构为圆头铅芯、覆铜钢被甲，长度为 13.8 mm，直径为 7.80 mm，质量为 5.60 g，初速度为 (515±10) m/s。手枪弹采用 *MAT_JOHNSON_COOK 材料模型和 *EOS_GRUNEISEN 状态方程，材料参数如表 9.1 所示。JOHNSON-COOK 本构模型考虑了材料在大变形、高温、高压和高应变率下的动态行为，其屈服应力的表达式为

$$\sigma_y = (A + B\bar{\varepsilon}^{\mathrm{p}})(1 + c\ln\dot{\varepsilon}^*)(1 - T^{*n}) \quad (9.1)$$

式中：A 为屈服应力；B 为应变硬化系数；n 为应变硬化指数；c 为应变率相关系数；m 为温度相关系数；$\bar{\varepsilon}^{\mathrm{p}}$ 为等效塑性应变；$\dot{\varepsilon}^* = \dot{\varepsilon}/\dot{\varepsilon}_0$ 为无量纲等效塑性应变率，其中 $\dot{\varepsilon}_0$ 为参考应变率；$T^* = (T - T_{\mathrm{room}})(T_{\mathrm{melt}} - T_{\mathrm{room}})$ 为相对温度，其中 T_{room} 为室内温度，T_{melt} 为熔化温度。

JOHNSON-COOK 损伤模型表明了不同参数的相对影响，同时它通过累积损伤考虑了变形过程中的相关路径。该模型采用了一个与应变、应变率、温度和压力相关的常数值，断裂应变为

$$\varepsilon^{\mathrm{f}} = [D_1 + D_2 \mathrm{e}^{D_3 \sigma^*}][1 + D_4 \ln\dot{\varepsilon}^*][1 + D_5 \ln\dot{\varepsilon}^*] \quad (9.2)$$

式中：$\sigma^* = p/\sigma_{\mathrm{eff}}$；$\sigma_{\mathrm{eff}}$ 为 Von Mises 等效应力。当破坏参数 $D = \sum(\Delta\bar{\varepsilon}^{\mathrm{p}}/\varepsilon^{\mathrm{f}})$ 达到 1 时，发生破坏。

表 9.1 钢被甲和铅芯的材料参数

材料	密度 ρ/(g·cm^{-3})	剪切模量 G/GPa	屈服应力 A/MPa	应变硬化系数 B/MPa	应变硬化指数 n	应变率相关系数 c	温度相关系数 m	熔化温度 T_{melt}/K
钢	7.83	77	792	510	0.26	0.014	1.03	1 793
铅	11.35	7	14	18	0.685	0.035	1.8	756
铜	8.57	47.27	90	292	0.31	0.025	1.09	1 356

续表

材料	室温 T_{room}/K	参考应变率 EPSO/s^{-1}	比热容 C_P/(J·kg^{-1}·K^{-1})	失效参数				
				D_1	D_2	D_3	D_4	D_5
钢	294	1.0	477	5.0	0.0	0.0	0.0	0.0
铅	297	1.0	124	0.8	0.0	0.0	0.0	0.0
铜	294	1.0	385	1.0	0.0	0.0	0.0	0.0

材料	$v_s - v_p$ 曲线的截距 C/(J$^{\frac{1}{2}}$·kg$^{-\frac{1}{2}}$)	Gruneisen 常数 γ_0	γ_0 的一阶体积修正 a	初始内能 E_0/(J·kg^{-1})	初始体积 V_0/m^3	$v_s - v_p$ 曲线的斜率系数		
						S_1	S_2	S_3
钢	0.456 9	2.17	0.46	0.0	1.0	1.49	0.0	0.0
铅	0.200 6	2.74	0.0	0.0	0.0	1.429	0.0	0.0
铜	0.200 6	2.74	0.0	0.0	0.0	1.49	0.0	0.0

Gruneisen 状态方程将压缩材料的压力定义为

$$p = \frac{\rho_0 C^2 \mu \left[1 + \left(1 - \frac{\gamma_0}{2}\right)\mu - \frac{a}{2}\mu^2\right]}{\left[1 - (S_1 - 1)\mu - S_2 \frac{\mu^2}{\mu+1} - S_3 \frac{\mu^3}{(\mu+1)^2}\right]^2} + (\gamma_0 + a\mu)E \quad (9.3)$$

将膨胀材料的压力定义为

$$p = p = \rho_0 C^2 \mu + (\gamma_0 + a\mu)E \quad (9.4)$$

式中：C 为 $v_s - v_p$（冲击波速度-质点速度）曲线的截距；S_1、S_2 和 S_3 为 $v_s - v_p$ 曲线的斜率系数；γ_0 为 Gruneisen 常数；a 为对 γ_0 的一阶体积修正；E 为材料内能；$\mu = \rho/\rho_0 - 1$；ρ_0 为材料的初始密度。

9.1.2 破片损伤模型的验证

为验证破片损伤模型的准确性，基于 Roberts 等的手枪弹钝性损伤实验和数值模拟研究，采用北约制 9 mm 手枪弹，并以 430 m/s 的初速度射击美国司法研究院研制的厚度为 10.82 mm 的 Ⅲa 级 Kevlar 软质防弹衣。手枪弹弹头为卵形铅芯、铜被甲，直径为 9.03 mm，长度为 15.51 mm，质量为 7.45 g，结构如图 9.2 所示。

将 Roberts 所用的软质防弹衣模型和手枪弹以及本书建立的人体躯干模型用于破片损伤模型的验证。软质防弹衣采用 *MAT_COMPOSITE_DAMAGE 材料模型和 Chang-Chang 准则，材料参数如表 9.2 所示。人体躯干模型材料参

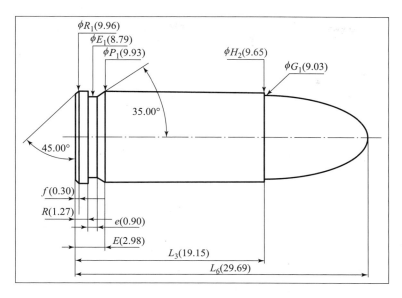

图9.2　9 mm手枪弹的结构图

数参考表9.2的数据(与Roberts数值模拟所用的材料参数相同)。

表9.2　Kevlar材料参数

杨氏模量			泊松比			剪切模量		
E_a/GPa	E_b/GPa	E_c/GPa	v_{ba}	v_{ca}	v_{cb}	G_{ab}/GPa	G_{bc}/GPa	G_{ca}/GPa
156	90.9	17.3	0.051	0.192	0.19	1.89	1.6	1.6
密度	失效材料体积模量	剪切强度	纵向拉伸强度	横向拉伸强度	横向压缩强度	法向拉伸强度	横向剪切强度	
ρ/(g·cm^{-3})	KFAIL/GPa	S_c/GPa	X_t/GPa	Y_t/GPa	Y_c/GPa	SN/GPa	S_{yz}/GPa	S_{zx}/GPa
1.38	—	0.105	2.5	2.5	—	—	—	—

图9.3显示了由本书计算和Roberts得到的心脏前部中心点处的压力曲线。本书得到的心脏压力峰值为0.886 MPa,而Roberts得到的心脏压力峰值的实验值和模拟值分别为0.841 MPa和0.743 MPa,与本书结果的相对误差分别为5.1%和19.2%。可以看出本书的结果与Roberts的研究结果大致吻合,因此,本书建立的防弹衣后钝性损伤模型是合理的。但由于人体研究的难重复性,本书结果与Roberts的结果仍存在一定的误差,这是由人体躯干几何模型、防弹衣几何模型和测量点的差异性所造成的。

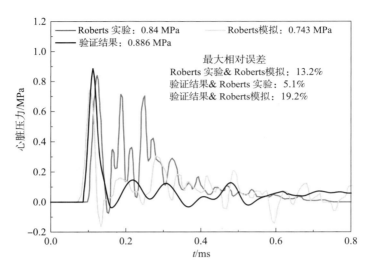

图 9.3　数值模拟结果与 Roberts 得到的心脏压力的比较

9.2　破片对人体躯干的损伤

通过模拟不同破片特征参数对人体躯干的损伤，分析破片动能、速度、质量、尺寸、形状、命中部位和手枪子弹对人体躯干损伤的影响规律，并探讨破片对人体躯干的损伤机理。由于破片密度不是影响人体损伤的主要因素，故在破片动能（质量）、质量（速度）和尺寸的研究中，通过改变破片密度以保持破片其他特征参数的一致性。

为便于区分不同计算工况，对其进行编号。破片损伤模型的编号方式为：形状－初始动能－初始速度－质量－尺寸，如 S－78－228－3－0.69 表示破片形状为球形、初始动能为 78 J、初始速度为 228 m/s、质量为 3 g、直径为 0.69 cm（S 表示球形破片、C 表示柱形破片、F 表示方形破片）。手枪弹损伤模型的编号方式为：手枪弹类型－初始动能－初始速度－质量，如 51－743－515－5.6 表示手枪弹类型为 1951 年式、初始动能为 743 J、初始速度为 515 m/s、质量为 5.6 g。

9.2.1　破片动能（速度）对人体躯干损伤程度的影响

根据破片动能杀伤判据（国际标准为 78 J、中国标准为 98 J），当破片质量(3 g)、密度(17.56 g/cm³)、形状(球形)、尺寸(直径 0.69 cm)和命中部位(有骨骼)一定时,研究破片动能(速度)对人体躯干损伤的影响,即 68 J(213 m/s)、78 J(228 m/s)、88 J(242 m/s)、98 J(256 m/s)、108 J(268 m/s)条件时,数值模拟结果如图 9.4、图 9.5 和表 9.3 所示。

图 9.4 显示了不同破片动能(速度)下,破片正向运动速度衰减为 0 后停留在人体躯干中的位置或击穿心脏后的位置。对于所有动能(速度)的破片,其在人体躯干中的运动均比较平稳。当破片动能(速度)为 68 J(213 m/s)时,可以击穿胸骨,但不会击入心脏,破片最终于 946 μs 停留在肌肉中;破片动能(速度)为 78 J(228 m/s)时,可以击入心脏但不会击穿,击入心脏

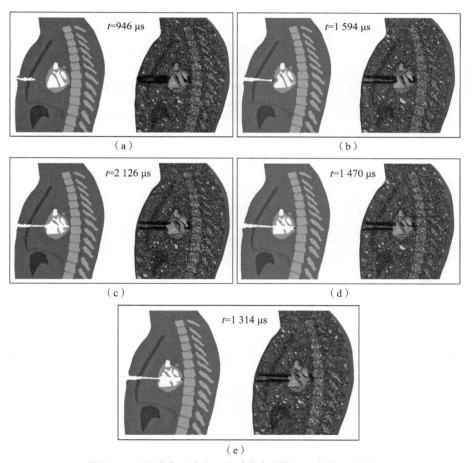

图 9.4 不同动能(速度)的破片在人体躯干中的运动状态
(a) S-68-213-3-0.69;(b) S-78-228-3-0.69;(c) S-88-242-3-0.69;
(d) S-98-256-3-0.69;(e) S-108-268-3-0.69

的深度为 0.63 cm，破片最终于 1 594 μs 停留在肌肉和心脏接触面处；破片动能（速度）为 88 J（242 m/s）时，心脏刚好被击穿，破片最终于 2 126 μs 停留在心脏后壁；破片动能（速度）为 98 J（256 m/s）和 108 J（268 m/s）时，心脏分别于 1 470 μs 和 1 314 μs 被击穿。因此，高速破片更容易击穿人体躯干而造成贯通伤，低速破片则更容易造成盲管伤。

图 9.5 显示了不同破片动能（速度）下，破片在人体躯干中的运动规律。动能（速度）为 68 J（213 m/s）和 78 J（228 m/s）的破片均不能击穿心脏，其剩余速度和剩余动能均为 0，空腔长度（或击入深度）分别为 5.53 cm 和 9.27 cm。然而，动能（速度）为 88 J（242 m/s）、98 J（256 m/s）和 108 J（268 m/s）的破片均能击穿心脏，破片击穿心脏后的剩余速度分别为 72.51 m/s 和 84.11 m/s，剩余动能分别 8.01 J 和 10.76 J。胸骨对破片能量的衰减较大，而肌肉等软组织对破片能量的衰减很小，这是由于骨骼的硬度和刚度要比软组织大得多，承受了大部分的破片能量。因此，破片初始动能（初始速度）越大，则破片击穿心脏后的剩余动能和剩余速度越大，空腔长度也越大。

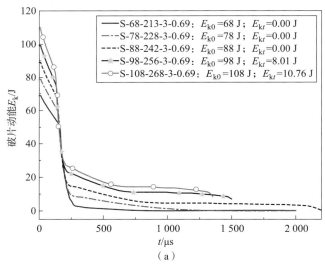

图 9.5　破片动能（速度）对破片运动规律的影响

(a) 破片动能变化曲线

第9章 破片对人体的损伤

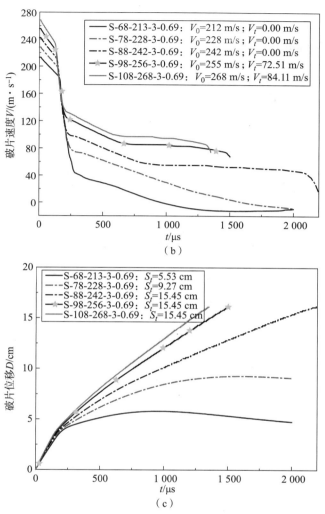

图9.5 破片动能（速度）对破片运动规律的影响（续）
（b）破片速度变化曲线；（c）破片位移变化曲线

表9.3 破片动能（速度）对人体躯干损伤的影响

代号	破片初始条件					击穿心脏/运动停止			心脏	
	动能/J	质量/g	形状	直径/cm	速度/(m·s^{-1})	剩余速度/(m·s^{-1})	剩余能量/J	空腔长度/cm	是否击穿	击入深度/cm
S-68-213-3-0.69	68	3	球形	0.69	213	0	0	5.53	否	0

续表

代号	破片初始条件					击穿心脏/运动停止			心脏	
	动能/J	质量/g	形状	直径/cm	速度/(m·s^{-1})	剩余速度/(m·s^{-1})	剩余能量/J	空腔长度/cm	是否击穿	击入深度/cm
S-78-228-3-0.69	78	3	球形	0.69	228	0	0	9.27	否	0.63
S-88-242-3-0.69	88	3	球形	0.69	242	0	0	15.45	是	7.06
S-98-256-3-0.69	98	3	球形	0.69	256	72.51	8.01	15.45	是	7.06
S-108-268-3-0.69	108	3	球形	0.69	268	84.11	10.76	15.45	是	7.06

数值模拟结果表明，当破片质量、形状、尺寸和命中部位一定时，破片动能（速度）会显著影响人体躯干的损伤程度，破片动能（速度）越高，破片的击入深度越大，故破片的杀伤效果越强。如果以破片击入心脏为人体躯干致命损伤的条件，由破片动能（速度）对人体躯干损伤研究，得到质量为 3 g、密度为 17.56 g/cm³、直径为 0.69 cm 的球形破片对人体躯干造成致命杀伤的临界动能为 78 J、临界速度为 228 m/s。

9.2.2 破片动能（质量）对人体躯干损伤程度的影响

由破片动能（速度）研究得到破片临界致伤速度为 228 m/s。保持破片速度为 228 m/s 且形状（球形）、尺寸（直径 0.69 cm）和命中部位（有骨骼）不变，通过改变破片密度，研究破片动能（质量）对人体躯干损伤的影响，即 26 J（1 g）、52 J（2 g）、78 J（3 g）、104 J（4 g）、130 J（5 g），破片密度分别为 5.85 g/cm³、11.70 g/cm³、17.56 g/cm³、23.41 g/cm³、25.26 g/cm³ 条件时，计算结果如图 9.6、图 9.7 和表 9.4 所示。

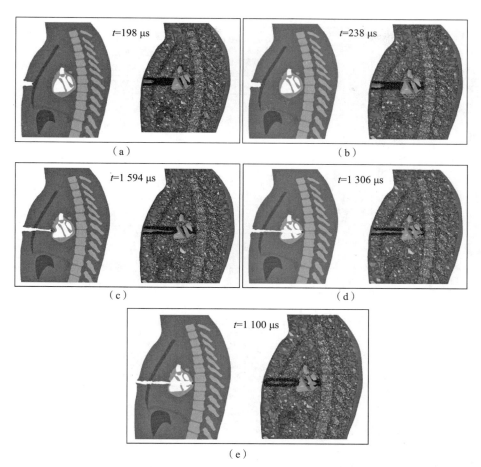

图 9.6　不同动能（质量）的破片在人体躯干中的运动状态

（a）S-26-228-1-0.69；（b）S-52-228-2-0.69；（c）S-78-228-3-0.69；
（d）S-104-228-4-0.69；（e）S-130-228-5-0.69

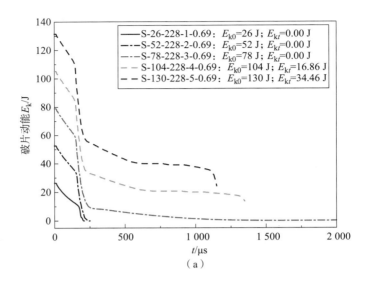

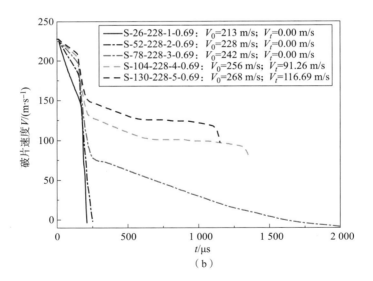

图9.7 破片动能（质量）对破片运动规律的影响
(a) 破片动能变化曲线；(b) 破片速度变化曲线

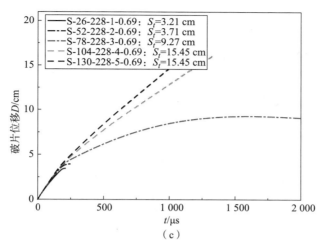

图 9.7 破片动能（质量）对破片运动规律的影响（续）

（c）破片位移变化曲线

表 9.4 破片动能（质量）对人体躯干损伤的影响

代号	破片初始条件					击穿心脏/运动停止			心脏	
	动能/J	质量/g	形状	直径/cm	速度/(m·s^{-1})	剩余速度/(m·s^{-1})	剩余能量/J	空腔长度/cm	是否击穿	击入深度/cm
S-26-228-1-0.69	26	1	球形	0.69	228	0	0	3.21	否	0.29
S-52-228-2-0.69	52	2			228	0	0	3.71	否	0.79
S-78-228-3-0.69	78	3			228	0	0	9.27	否	0.63
S-104-228-4-0.69	104	4			228	91.26	16.86	15.45	是	7.06
S-130-228-5-0.69	130	5			228	116.69	34.46	15.45	是	7.06

图 9.6 显示了不同破片动能（质量）下，破片正向运动速度衰减为 0 后停留在人体躯干中的位置或击穿心脏后的位置。对于所有动能（质量）的破片，其在人体躯干组织中的运动都很平稳。当破片动能（质量）为 26 J（1 g）和 52 J（2 g）时，破片均能击入胸骨但不会击穿，击入深度分别为 0.29 cm 和 0.79 cm，破片最终分别于 198 μs 和 238 μs 停留在肌肉和骨骼接触面处；破片动能（质量）为 78 J（3 g）时，可以击入心脏但不会击穿，击入心脏的深度

为 0.63 cm，破片最终于 1 594 μs 时停留在肌肉和心脏接触面处；当破片动能（质量）为 104 J（4 g）和 130 J（5 g）时，破片均能击穿心脏，击穿时间分别为 1 306 μs 和 1 100 μs。由于大质量破片的速度衰减较快，故大质量破片更容易击穿人体躯干而造成贯通伤，小质量破片则更容易造成伤道较浅的盲管伤。

图 9.7 显示不同破片动能（质量）下，破片在人体躯干中的运动规律。动能（质量）为 26 J（1 g）、52 J（2 g）和 78 J（3 g）的破片均不能击穿心脏，形成的空腔长度分别为 3.21 cm、3.71 cm 和 9.27 cm。然而，动能（质量）为 104 J（4 g）和 130 J（5 g）的破片均能击穿心脏，击穿心脏后的剩余速度分别为 91.26 m/s 和 116.69 m/s，剩余动能分别为 16.86 J 和 34.46 J。由此得出，破片初始动能（质量）越大，则破片击穿心脏后的剩余动能和剩余速度越大，空腔长度也越大。

数值模拟结果表明，当破片速度、形状、尺寸和命中部位一定时，破片动能（质量）会显著影响人体躯干的损伤程度，影响规律表现为破片动能越高（质量越大），破片越容易击穿心脏，其击入深度越大，破片对人体躯干造成的损伤也越严重。如果以破片打到心脏为人体躯干致命损伤的判断标准，由破片动能（质量）对人体躯干损伤研究，得到速度为 228 m/s、直径为 0.69 cm 的球形破片对人体躯干造成致命杀伤的临界动能为 78 J、临界质量为 3 g。

9.2.3 破片质量（速度）对人体躯干损伤程度的影响

根据不同破片动能（速度）和破片动能（质量）的数值模拟结果得到破片造成人体躯干致命损伤的临界动能为 78 J，因此，在保持破片动能为 78 J 且形状（球形）、尺寸（直径 0.69 cm）和命中部位（有骨骼）不变的情况下，通过改变破片的密度，研究破片质量（速度）对人体躯干损伤的影响，即 1 g（395 m/s）、2 g（280 m/s）、3 g（228 m/s）、4 g（197 m/s）、5 g（177 m/s），对应的破片密度分别为 5.85 g/cm^3、11.70 g/cm^3、17.56 g/cm^3、23.41 g/cm^3、25.26 g/cm^3，数值模拟结果如图 9.8、图 9.9 和表 9.5 所示。

图 9.8 显示了不同破片质量（速度）下，破片正向运动速度衰减为 0 后停留在人体躯干中的位置或击穿心脏后的位置。对于所有质量（速度）的破片，其在人体躯干中的运动都很平稳。当破片质量（速度）为 1 g（395 m/s）时，可以击入胸骨 0.92 cm，但不会击穿，破片最终于 146 μs 时停留在肌肉与胸骨的接触面处；当破片质量（速度）为 2 g（280 m/s）时，破片可以击穿胸骨但不会击入心脏，最终于 830 μs 时停留在肌肉中；当破片质量（速度）为 3 g（228 m/s）时，可以击入心脏 0.63 cm 但不会击穿，破片最终于 1 594 μs 时停

留在肌肉和心脏接触面处;质量(速度)为 4 g(197 m/s)和 5 g(177 m/s)的破片均可以击穿心脏,击穿时间分别为 2 470 μs 和 2 360 μs。

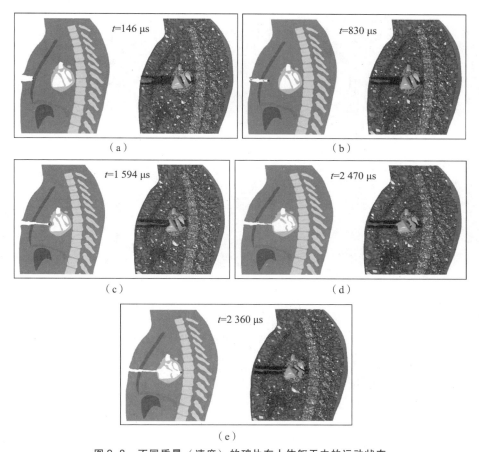

图 9.8　不同质量(速度)的破片在人体躯干中的运动状态
(a) S-78-395-1-0.69;(b) S-78-280-2-0.69;(c) S-78-228-3-0.69;
(d) S-78-197-4-0.69;(e) S-78-177-5-0.69

图 9.9 显示了破片初始动能为 78 J 时,质量(速度)对破片运动状态的影响。质量(速度)为 1 g(395 m/s)、2 g(280 m/s)和 3 g(228 m/s)的破片均无法击穿心脏,其剩余速度和剩余动能均为 0,最大空腔长度分别为 3.84 cm、5.87 cm 和 9.27 cm。然而,质量(速度)为 4 g(197 m/s)和 5 g(177 m/s)的破片均可以击穿心脏,击穿心脏后的剩余速度分别为 36.46 m/s 和 43.13 m/s,剩余动能分别为 2.70 J 和 4.72 J。由此得出,破片初始动能为 78 J 时,破片质量越大,则破片杀伤效果越强;但破片初速度越大,破片杀伤

效果反而越弱，这与破片速度影响规律的研究结论矛盾，主要是由于破片质量也是变化的。因此，在该破片动能下，损伤程度主要由破片质量决定。

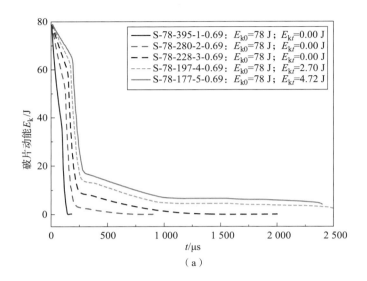

(a)

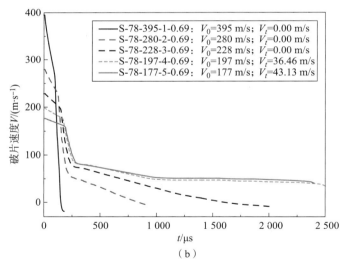

(b)

图 9.9　破片质量（速度）对破片运动状态的影响

（a）破片动能变化曲线；（b）破片速度变化曲线

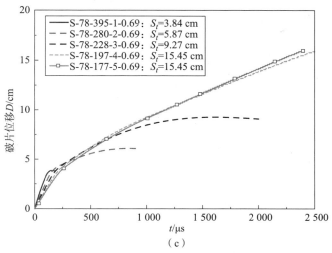

图9.9 破片质量（速度）对破片运动规律的影响（续）

（c）破片位移变化曲线

表9.5 破片质量（速度）对人体躯干损伤的影响

代号	破片初始条件					击穿心脏/运动停止			心脏	
	质量/g	动能/J	形状	直径/cm	速度/(m·s^{-1})	剩余速度/(m·s^{-1})	剩余能量/J	空腔长度/cm	是否击穿	击入深度/cm
S-78-395-1-0.69	1	78	球形	0.69	395	0	0	3.84	否	0
S-78-280-2-0.69	2				280	0	0	5.87	否	0
S-78-228-3-0.69	3				228	0	0	9.27	否	0.63
S-78-197-4-0.69	4				197	36.46	2.70	15.45	是	7.06
S-78-177-5-0.69	5				177	43.13	4.72	15.45	是	7.06

数值模拟结果表明，当破片动能、形状、尺寸和命中部位一定时，破片质量和速度均会显著影响人体躯干的损伤程度。破片质量越大（初速度越低），心脏越容易被击穿，破片击入深度（空腔长度）也越大，因而破片对人体躯干的损伤也就越严重。同时，在该破片动能下，破片质量对损伤程度的影响起决定性作用。即使初始动能相同的破片，其他特征参数的不同也会显著影响破

片的杀伤效果。因此，在评价破片对人体躯干的杀伤作用时，不能只考虑破片动能对杀伤效果的影响，还应该综合考虑破片质量和速度等特征参数的影响。

9.2.4 破片尺寸对人体躯干损伤程度的影响

在保持破片动能（78 J）、质量（3 g）、速度（228 m/s）、形状（球形）和命中部位（有骨骼）不变的情况下，通过改变破片的密度，研究破片尺寸（球形破片直径）对人体躯干损伤的影响，即 0.44 cm、0.69 cm、0.90 cm、1.27 cm、1.48 cm，对应的破片密度分别为 65.55 g/cm³、17.56 g/cm³、7.83 g/cm³、2.82 g/cm³、1.78 g/cm³，数值模拟结果如图 9.10、图 9.11 和表 9.6 所示。

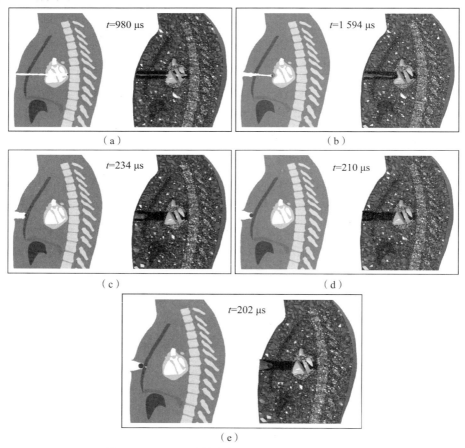

图 9.10　不同尺寸的破片在人体躯干中的运动状态
(a) S-78-228-3-0.44；(b) S-78-228-3-0.69；(c) S-78-228-3-0.90；
(d) S-78-228-3-1.27；(e) S-78-228-3-1.48

图 9.10 显示了不同破片尺寸下，破片正向运动速度衰减为 0 后停留在人体躯干中或击穿心脏后的位置。对于直径为 0.44~1.48 cm 的球形破片，其在人体组织中的运动状态均比较平稳。直径为 0.44 cm 的球形破片可以于 980 μs 时击穿心脏；当球形破片直径为 0.69 cm 时，可以击入心脏但无法击穿，击入心脏的深度为 0.63 cm，破片最终于 1 594 μs 时停留在肌肉和心脏接触面处；当球形破片直径为 0.90 cm、1.27 cm 和 1.48 cm 时，破片均能击入胸骨但不

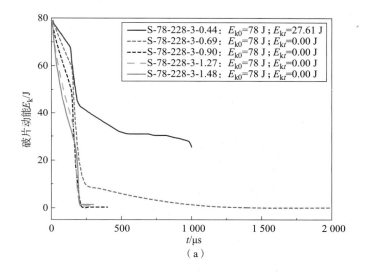

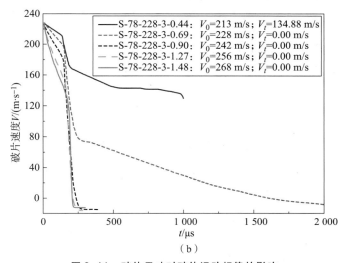

图 9.11　破片尺寸对破片运动规律的影响
（a）破片动能变化曲线；（b）破片速度变化曲线

■ 爆炸危险性评估及进展

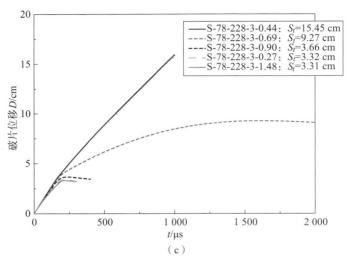

图 9.11　破片尺寸对破片运动规律的影响（续）

（c）破片位移变化曲线

会击穿，击入胸骨的深度分别为 0.74 cm、0.40 cm 和 0.39 cm，破片最终分别于 234 μs、210 μs 和 202 μs 停留在胸骨前部与肌肉接触面处。因此，在其他破片特征参数一定的情况下，小尺寸破片更容易击穿人体躯干，从而对人体躯干造成致命损伤。

表 9.6　破片尺寸对人体躯干损伤的影响

代号	破片初始条件					击穿心脏/运动停止				心脏	
	直径/cm	动能/J	质量/g	形状	速度/(m·s^{-1})	剩余速度/(m·s^{-1})	剩余能量/J	空腔长度/cm	是否击穿	击入深度/cm
S-78-228-3-0.44	0.44	78	3	球形	228	134.88	27.61	15.45	是	7.06
S-78-228-3-0.69	0.69				228	0	0	9.27	否	0.63
S-78-228-3-0.90	0.90				228	0	0	3.66	否	0
S-78-228-3-1.27	1.27				228	0	0	3.32	否	0
S-78-228-3-1.48	1.48				228	0	0	3.31	否	0

图 9.11 显示了不同破片尺寸下，破片在人体躯干中的运动规律。直径为 0.44 cm 的球形破片可以击穿心脏，击穿心脏后的剩余速度为 134.88 m/s，剩余动能为 27.61 J；直径为 0.69 cm、0.90 cm、1.27 cm 和 1.48 cm 的球形破片均无法击穿心脏，其剩余速度和剩余动能均为 0，空腔长度分别为 9.27 cm、3.66 cm、3.32 cm 和 3.31 cm。由此可以得出，尺寸对破片的杀伤效果具有非常显著的影响，其影响规律表现为：破片尺寸越小，则破片击穿心脏后的剩余动能和剩余速度越大，人体躯干组织中形成的空腔长度也越大，但破片在人体躯干组织中形成的空腔开口尺寸却随着破片尺寸的减小而减小，这是由破片的尺寸效应造成的。破片尺寸对其运动规律的影响主要与破片射击人体躯干过程中受到的阻力有关。大尺寸破片在射击人体躯干过程中，与人体躯干的作用面积较大，受到的阻力也就越大，因此，大尺寸破片能量衰减速度也就越快，从而导致破片的击入深度（空腔长度）越小。小尺寸破片的作用面积较小，受到的阻力较小，能量衰减较慢，造成的空腔尺寸较大。

数值模拟结果表明，即使动能、质量、速度、形状和命中部位完全相同的破片，其几何尺寸也会显著影响破片的杀伤效果，而几何尺寸又是由破片的材料密度反映的，因此，破片的材料类型也是一个非常重要的影响因素。破片尺寸越小（破片密度越大），其对人体躯干的击入深度越大，故小破片更容易击入人体躯干，从而造成严重的损伤。

9.2.5 破片形状对人体躯干损伤程度的影响

在保持破片动能（78 J）、质量（3 g）、密度（17.56 g/cm³）、速度（228 m/s）、尺寸和命中部位（有骨骼）不变的情况下，研究不同破片形状对人体躯干的损伤情况，即球形、圆柱形、方形时，数值模拟结果如图 9.12、图 9.13 和表 9.7 所示。

图 9.12 显示了不同破片形状下，破片正向运动速度衰减为 0 后停留在人体躯干中的位置或击穿心脏后的位置。可以看出，球形破片可以击入心脏但不会击穿，其击入心脏的深度为 0.63 cm，最终于 1 594 μs 时停留在肌肉和心脏接触面处。然而，柱形破片和方形破片均未击入心脏，最终分别于 828 μs 和 760 μs 时停留在肌肉中。因此，三种形状的破片均对人体躯干造成了盲管伤。

破片形状对人体躯干损伤的影响主要是由破片的阻力系数决定的，而阻力系数又由形状系数决定。破片的形状系数与其阻力面积呈正相关，球形、柱形和方形破片的马赫数均为 0.67，柱形破片长径比和方形破片的长宽比均为 1，根据破片阻力系数与马赫数之间的关系，则球形破片的阻力系数最小，其次是柱形破片，而方形破片的阻力系数最大。因此，对于形状系数较大的柱形破片

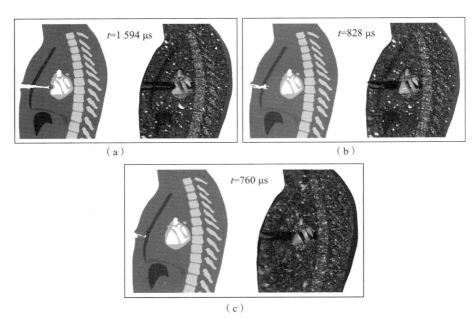

图 9.12　不同形状的破片在人体躯干中的运动状态
（a）S-78-228-3-0.69；（b）C-78-228-3-0.60；（c）F-78-228-3-0.55

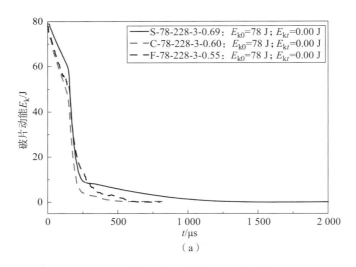

图 9.13　破片形状对破片运动规律的影响
（a）破片动能变化曲线

第9章 破片对人体的损伤

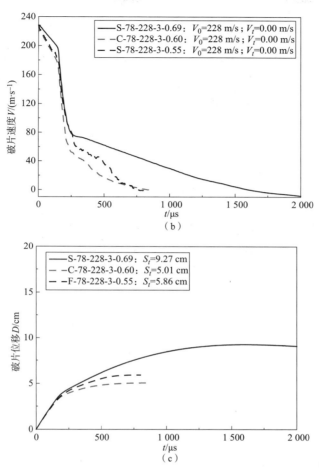

(b)

(c)

图9.13 破片形状对破片运动规律的影响（续）

(b) 破片速度变化曲线；(c) 破片位移变化曲线

表9.7 破片形状对人体躯干损伤的影响

代号	破片初始条件					击穿心脏/运动停止			心脏	
	形状	动能/J	质量/g	尺寸/cm	速度/(m·s^{-1})	剩余速度/(m·s^{-1})	剩余能量/J	空腔长度/cm	是否击穿	击入深度/cm
S-78-228-3-0.69	球形	78	3	直径0.69	228	0	0	9.27	否	0.63
C-78-228-3-0.60	柱形	78	3	直径/高0.60	228	0	0	5.01	否	0
F-78-228-3-0.55	方形	78	3	边长0.55	228	0	0	5.86	否	0

和方形破片，其在人体躯干组织中的速度衰减快，传递给组织的能量也就越多，但其穿透性差，造成的空腔短。形状系数越大的破片，其稳定性越差。相对于球形破片，柱形破片和方形破片会产生非常明显的失稳现象，从而形成更为复杂的伤道。尽管造成的空腔长度比球形破片小，但空腔开口尺寸却比球形破片大，故形状系数大的破片在击入人体躯干组织的较短距离上能释放大量能量，并形成浅而宽的伤道。

通常来说，人体躯干损伤程度随空腔容积的增大而增大，如果只考虑破片是否击入心脏和空腔长度，而不考虑空腔开口尺寸，则球形破片对人体躯干造成的损伤较大，但从破片稳定性和空腔开口尺寸的角度看，则柱形破片和方形破片造成的损伤更大。

柱形破片和方形破片在射击人体躯干的过程中均产生了明显的失稳，其失稳现象主要是由破片运动方向的变化造成的，并且主要产生在人体躯干软组织中。从图9.12中的空腔形状可以看出，在破片侵彻人体躯干组织的初期，球形破片、柱形破片和方形破片均没有明显的失稳现象，运动轨迹较为平稳；但破片击穿胸骨后，由于破片运动方向的变化，柱形破片和方形破片开始产生明显的失稳现象，运动轨迹发生偏移，并在人体躯干肌肉组织中产生明显的翻滚现象，而球形破片则继续保持较为稳定的运动状态，其运动轨迹没有发生太大的偏移，近似为一条直线。

图9.13显示了不同形状的破片在人体躯干中的运动规律。球形破片、柱形破片和方形破片均不能击穿心脏，但球形破片可以击入心脏0.63 cm，剩余速度和剩余动能均为0，空腔长度分别为9.27 cm、5.01 cm和5.86 cm。由此可以得出，破片形状系数越小，则破片越容易击穿心脏，击穿心脏后的剩余动能和剩余速度越大，人体躯干组织中形成的空腔长度也越大。

数值模拟结果表明，当破片动能、质量、速度、尺寸和命中部位一定时，破片形状会显著影响人体躯干的损伤程度，影响规律为破片形状系数越大，则破片能量衰减越快，造成的空腔长度越小，故破片对人体躯干造成的损伤越轻。

9.2.6 破片命中部位对人体躯干损伤程度的影响

当保持破片动能（78 J）、质量（3 g）、密度（17.56 g/cm^3）、速度（228 m/s）、形状（球形）和尺寸（直径0.69 cm）不变时，研究破片命中部位对人体躯干的损伤，即破片击中骨骼、破片不击中骨骼，并获得破片未击中骨骼时造成人体躯干致命损伤的临界动能，数值模拟结果如图9.14、图9.15和表9.8所示。

图 9.14 显示了不同破片命中部位下,破片正向运动速度衰减为 0 后停留在人体躯干中的位置或击穿心脏后的位置。如果破片击中人体躯干前侧的骨骼,则破片可以击入心脏但不会击穿,击入心脏的深度为 0.63 cm,破片最终于 1 594 μs 时停留在肌肉和心脏接触面处;如果破片只击中软组织而未击中骨骼,则破片于 966 μs 时击穿心脏。因此,破片的命中部位(是否击中骨骼)也将显著影响破片击入人体躯干的深度以及对人体躯干造成的损伤程度。从图 9.14(c)中可以看出,当破片未击中骨骼时,动能为 20 J 的破片刚好不击入心脏,因此,如果以破片击入心脏为人体致命损伤的条件,则质量为 3 g、直径为 0.69 cm 的球形破片对人体躯干造成致命杀伤的临界动能为 20 J。

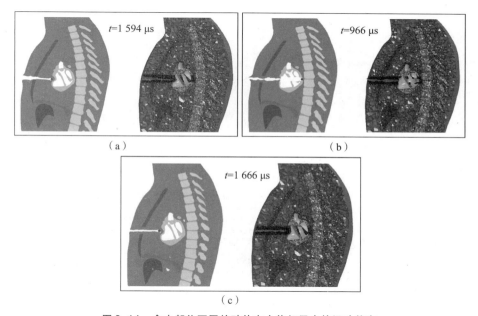

图 9.14　命中部位不同的破片在人体躯干中的运动状态
(a) S-78-228-3-0.69(有骨骼);(b) S-78-228-3-0.69
(无骨骼);(c) S-20-115-3-0.69(无骨骼)

图 9.15 显示了不同破片命中部位下,破片在人体躯干中的运动规律。击中骨骼的破片可以击入心脏但不会击穿,其速度和能量衰减较快,击入心脏后的剩余速度和剩余动能均为 0,空腔长度于为 9.27 cm。然而,未击中骨骼的破片可以击穿心脏,其速度和能量衰减较慢,击穿心脏后的剩余速度为 129.12 m/s,剩余动能为 25.31 J。由此可以得出,未击中骨骼的破片更容易击穿心脏,其击穿心脏后的剩余动能、剩余速度和空腔长度较大。

■ 爆炸危险性评估及进展

数值模拟结果表明，当破片动能、质量、速度、形状和尺寸一定时，破片命中部位会显著影响其杀伤效果，其中，骨骼是最主要的影响因素。破片未击中骨骼时造成的空腔长度更大，对人体躯干的杀伤作用更强。质量为 3 g、直径为 0.69 cm 的球形破片未击中骨骼时对人体躯干造成致命杀伤的临界动能为 20 J。因此，在破片杀伤判据的制定中，不能只考虑破片特征参数对其杀伤效果的影响，还应考虑破片命中部位的影响。

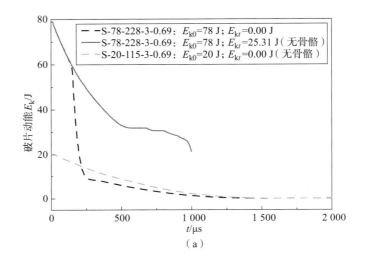

（a）

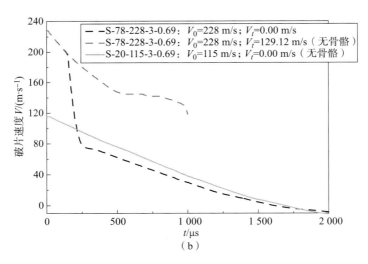

（b）

图 9.15　破片命中部位对破片运动规律的影响
（a）破片动能变化曲线；（b）破片速度变化曲线

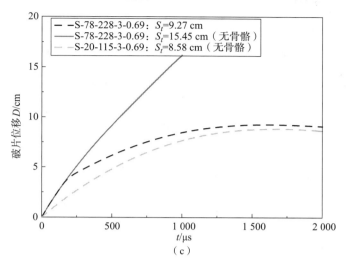

图 9.15 破片命中部位对破片运动规律的影响（续）

（c）破片位移变化曲线

表 9.8 破片命中部位对人体躯干损伤的影响

代号	命中部位	破片初始条件					击穿心脏/运动停止				心脏	
		动能/J	质量/g	尺寸/cm	速度/(m·s^{-1})	剩余速度/(m·s^{-1})	剩余能量/J	空腔长度/cm	是否击穿	击入深度/cm
S-78-228-3-0.69	有骨骼	78	3	0.69	228	0	0	9.27	否	0.63
S-78-228-3-0.69	无骨骼					129.12	25.31	15.45	是	7.06
S-20-115-3-0.69	无骨骼	20			115	0	0	8.58	否	0

9.2.7 手枪弹对人体躯干损伤程度的影响

为研究手枪弹在人体躯干中的运动规律以及对人体躯干损伤的影响，采用 1951 年式 7.62 mm 手枪弹从心脏正前方垂直入射，数值模拟结果如图 9.16、图 9.17 和表 9.9 所示。

图 9.16 显示了不同时刻手枪弹在人体躯干中的运动状态。手枪弹于 492 μs 时击穿心脏，并且在人体躯干组织中产生了翻滚。通过与以上破片对人体躯干损伤的研究进行对比，可以发现，手枪弹对人体躯干的杀伤力更强，

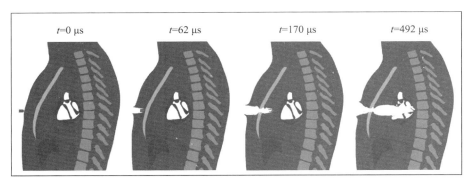

图 9.16　不同时刻下手枪弹在人体躯干中的运动状态

其造成的空腔更大，损伤程度越严重，一方面是由于手枪弹的动能要比破片大很多，另一方面是由于手枪弹稳定性较差，在人体躯干组织中产生了明显的翻滚。当手枪弹射击人体躯干组织时，由于人体躯干组织对其产生的阻力作用，手枪弹会在与人体躯干组织接触区产生明显的应力集中，使手枪弹产生墩粗、变形和破碎。手枪弹的变形方式主要有：①依靠骨骼的高抗拉强度和高硬度使手枪弹发生变形而破碎；②人体躯干软组织对手枪弹的挤压作用；③手枪弹射击人体躯干组织的过程中，会在接触面上产生高速压缩应力波，应力波分别向手枪弹和人体躯干组织传播，从而使手枪弹和人体躯干组织产生变形。在手枪弹变形过程中，由于钢被甲的硬度较大，而铅芯硬度较小，当受到应力的作用后，铅芯很容易发生屈服，从而导致铅芯与钢被甲之间发生相对滑动。因此，相对于钢被甲，铅芯会产生严重的磨蚀和消耗，其质量亏损较大，侵彻过程结束后，铅芯质量全部亏损掉，只剩下"环状"的钢被甲，这与张明等得到的穿甲子弹侵彻陶瓷复合装甲烧蚀阶段弹心质量损失结论相符。

根据手枪弹在人体躯干中的运动状态，可以将其分为 4 个阶段：手枪弹平稳衰减阶段、手枪弹翻滚阶段、手枪弹侵彻完成阶段和瞬时空腔膨胀收缩阶段。在 $0\sim62~\mu s$ 内，手枪弹射击皮肤和肌肉，运动轨迹较为平稳，没有发生明显的失稳现象，此阶段为手枪弹平稳衰减阶段。在 $62\sim170~\mu s$ 内，由于手枪弹倾斜射击胸骨，且胸骨硬度较大，手枪弹在射击胸骨时开始产生失稳而偏向，运动方向发生变化，速度急剧减小，并释放大量能量，此阶段为手枪弹翻滚阶段。手枪弹要发生翻滚，必须具备两个条件：①要有一定距离；②要有黏滞作用的组织持续对手枪弹施加不均匀作用力。因此，翻滚阶段主要发生在肌肉等黏弹性的软组织中。正是由于手枪弹运动的不稳定，其造成的损伤要比单纯的破片伤更严重，并且在射击人体躯干过程中出现严重变形，产生的碎片会残留在人体内，如果有铅残留，则会导致铅中毒。手枪弹在人体躯干内运动结束后的阶段称为手枪弹侵彻完成阶段。侵彻过程结束后，空腔会继续膨胀，并在某一时刻出现最大空腔，之后开始收缩，此阶段称为瞬时空腔膨胀收缩阶段。

图9.17显示了手枪弹在人体躯干中的运动规律。手枪弹击穿心脏后的剩余速度为200.73 m/s，剩余能量为70.14 J，其中剩余动能为43.57 J。由

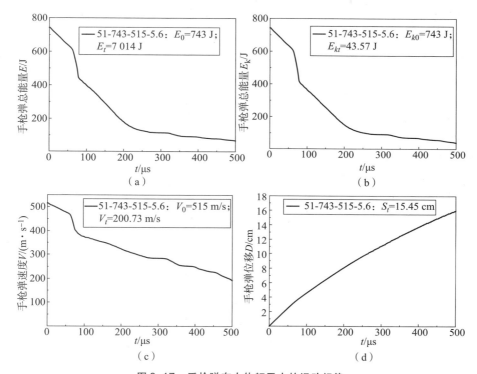

图 9.17　手枪弹在人体躯干中的运动规律
（a）手枪弹总能量变化曲线；（b）手枪弹动能变化曲线；
（c）手枪弹速度变化曲线；（d）手枪弹位移变化曲线

表 9.9　手枪弹对人体躯干损伤的影响

代号	手枪子弹初始条件				击穿心脏后				心脏	
	动能/J	质量/g	速度/(m·s^{-1})	手枪弹类型	剩余速度/(m·s^{-1})	剩余能量/J	剩余动能/J	空腔长度/cm	是否击穿	击入深度/cm
51-743-515-5.6	743	5.6	515	1951年式	200.73	70.14	43.57	15.45	是	7.06

于将手枪弹作为变形体进行研究，因此，手枪弹在射击人体躯干组织的过程中，会有动能和内能的变化，一部分动能会传递给人体躯干组织，而另一部分动能会转化为自身的内能。而刚体破片作为非变形体，在射击人体躯干的过程中，只会有动能的变化，并没有内能的变化。

数值模拟结果表明，手枪弹可以击穿心脏，并且在人体躯干组织中产生了明显的翻滚和失稳现象，导致手枪弹造成的空腔尺寸要比破片造成的空腔大得多，伤道也更复杂。同时，手枪弹在射击人体躯干的过程中，出现了严重的墩粗、变形和破碎，产生的钢碎片和铅碎片停留在人体躯干内。因此，手枪弹对人体躯干的损伤更为严重。

总体来说，破片动能、速度、质量、尺寸、形状和命中部位均会显著影响人体的损伤程度，影响趋势表现为人体损伤程度随着破片动能、速度和质量的增大而增大，随着破片尺寸和形状系数的增大而减小，而破片只击中软组织所造成的损伤要大于击中硬组织所造成的损伤。因此，以动能、比动能、速度和质量等单一的特征参数作为破片杀伤判据来评价破片对人体的损伤并不准确和全面。另外，尽管以人员丧失战斗力的条件概率为破片的杀伤判据考虑了破片速度、质量和形状的影响，但并未考虑破片命中部位的影响，也无法真实、科学、全面地反映破片对人体的实际损伤情况。

9.3　人体躯干组织器官的力学响应

以 S-78-228-3-0.69 破片的计算结果为例，选取人体组织器官中距离弹着点最近的位置为测量点，骨骼和内脏器官的应力、压力、加速度及速度变化曲线如图 9.18 和图 9.19 所示。同时，根据图 9.18 和图 9.19 将组织器官力学响应参数的最大值列于表 9.10。

根据图 9.18 和图 9.19，胸骨和心脏的应力及压力曲线在达到峰值后突然降为 0，原因是胸骨和心脏受到破片的射击后，变形过大的失效单元会被删除。同时，由于破片在人体躯干中运动状态的复杂性，以及组织器官对应力波和压力波的反射作用，造成组织器官力学响应曲线随时间不断振动。

根据表 9.10，骨骼系统中，胸骨的力学响应参数要远大于肋骨和肋软骨，而内脏器官中，心脏的力学响应参数也要大于肺脏和肝脏，并且胸骨的力学响应参数又大于心脏。这是因为破片击入了胸骨和心脏，并且胸骨的硬度和刚度较大，故胸骨和心脏的力学响应参数远大于未受破片命中的组织器官，从而反

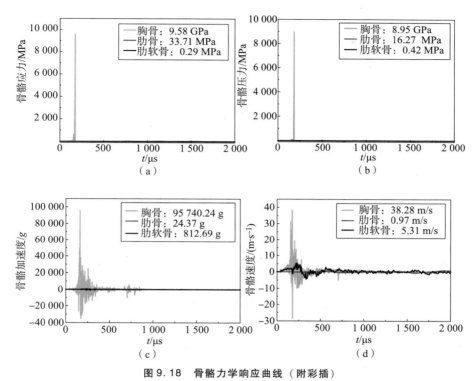

图 9.18 骨骼力学响应曲线（附彩插）

（a）骨骼应力；（b）骨骼压力；（c）骨骼加速度；（d）骨骼速度

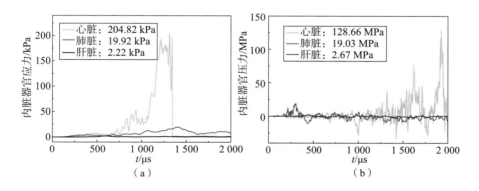

图 9.19 内脏器官力学响应曲线（附彩插）

（a）内脏器官应力；（b）内脏器官压力

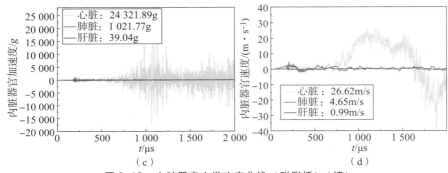

图9.19 内脏器官力学响应曲线(附彩插)(续)
(c)内脏器官加速度;(d)内脏器官速度

表9.10 S-78-228-3-0.69破片对应的各组织器官力学响应参数

力学参数	胸骨	肋骨	肋软骨	心脏	肺脏	肝脏
应力峰值	9.58 GPa	33.71 MPa	0.29 MPa	204.82 kPa	19.92 kPa	2.22 kPa
压力峰值	8.95 GPa	16.27 MPa	0.42 MPa	128.66 MPa	19.03 MPa	2.67 MPa
最大加速度/g	95 740.24	24.37	812.69	24 321.89	1 021.77	39.04
最大速度/(m·s^{-1})	38.28	0.97	5.31	26.62	4.65	0.99

映出破片损伤方式是局部的,其损伤效应主要集中于破片命中区域的组织器官,而对远离弹着点的组织器官的损伤很小。不同组织器官的力学响应参数具有很大的差异性,除材料属性的影响外,组织器官与弹着点的距离是主要影响因素,距弹着点越近的组织器官,以及组织器官中距弹着点越近的位置,其力学响应参数越大。如果肺脏和肝脏均未受到破片射击,但肺脏距弹着点较近,而肝脏距弹着点较远,故肺脏的力学响应参数均大于肝脏。

另外,由于人体结构和力学响应的复杂性,各组织器官的力学响应参数并没有呈现出完全一致的变化趋势。如肋骨应力和压力均大于肋软骨与心脏,而肋骨加速度和速度却小于肋软骨与心脏;肋软骨、心脏、肺脏和肝脏的压力均大于应力,而胸骨和肋骨的压力却小于应力。

9.4 破片对人体躯干的损伤机理

9.4.1 破片的直接损伤

破片直接损伤是指在破片射击作用下,人体组织器官会产生挤压、撕裂、贯穿等现象，是破片伤的主要形式。图9.20为S-78-228-3-0.44破片对人体躯干的贯通过程。

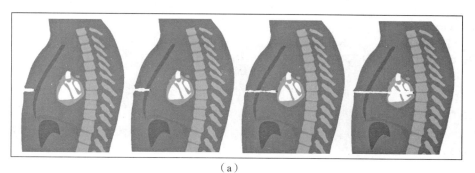

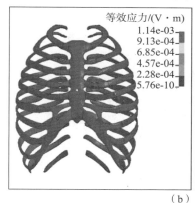
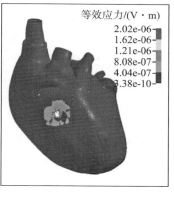

图9.20　S-78-228-3-0.44破片的贯穿性损伤过程
(a) 破片对人体躯干的贯通过程；(b) 破片对胸骨和心脏造成的贯通伤道

从图9.20可以看出，在破片的直接射击下，胸骨和心脏均出现贯通伤，心脏的伤道要大于胸骨，并且人体躯干入口处的伤道也要大于出口处的伤道。当破片击入肌肉、胸骨和心脏后，弹着点处的组织器官产生明显的应力集中，应力以弹着点为中心不断向四周传播扩散；同时，弹着点处的组织获得一定的初速度后，开始向弹着点外侧运动，使弹着点处的伤道不断扩大，最终造成组织器官的撕裂和穿透等现象。相对于肌肉和心脏等软组织，破片穿过胸骨等骨骼后造成的伤道较小，并且伤道很稳定，不会发生明显的扩张或收缩；而破片穿过肌肉和心脏等软组织后造成的伤道却较大，并且伤道会出现持续的扩张和收缩。同时，由于骨骼对肌肉的拉扯作用，胸骨附近的肌肉的伤道较小，没有出现明显的扩展和收缩，这是由于骨骼的硬度要远大于肌肉和心脏等软组织的硬度。当破片能量传递给骨骼后，伤道附近的骨骼即使获得一定的初速度，也不会对周围的骨骼产生较大的挤压作用，也就不会致使伤道产生明显的扩张和收缩。然而，破片贯通伤只有出现在心脏等关键器官时才会造成致命损伤，如果出现于其他非关键器官，在不考虑失血过多的情况下，破片造成致命损伤的概率很小。

9.4.2 瞬时空腔损伤效应

瞬时空腔效应是造成人体组织器官严重创伤的一个重要原因，又是破片穿过后人体组织内部发生的一种变化迅速的物理现象。

根据图9.20（a），当破片击入人体组织后，会在人体组织中形成数倍破片直径大小的瞬时空腔，并且瞬时空腔主要产生于肌肉和心脏等软组织中。对于形状系数较大的破片，在空腔形成过程中，破片会在组织中不断翻滚，并且牵拉和撕裂组织，从而对人体造成更严重的损伤。在破片穿过人体组织的极短时间内，空腔将首先出现扩张的趋势，而随着破片在人体组织中的运动，远离破片的空腔在扩张后出现收缩的趋势，并最终保持稳定以形成永久空腔。破片造成的空腔大小一般取决于破片速度和稳定性，以及人体组织的力学性能。破片速度越高，稳定性越差，组织密度越大，则瞬时空腔效应造成的损伤越严重。

9.4.3 远达效应

在破片射击人体躯干组织器官时，部分破片能量会以应力波和压力波的形式传递给空腔附近和远离空腔的组织器官，即使破片没有直接击入组织器官，但应力波和压力波的作用也会致其损伤，如果该应力超出组织器官损伤的应力阈值，就可能对人体躯干造成间接的致命损伤，即远达损伤。图9.21显示了S-78-228-3-0.90破片对心脏、肺脏和肝脏的间接损伤。

从图9.21可以看出，S-78-228-3-0.90破片只击入了肌肉和胸骨，并未击入心脏、肺脏和肝脏，但心脏、肺脏和肝脏却出现了应力，最大应力分别为19.10 kPa、10.50 kPa和2.03 kPa。因此，在破片未直接击入人体躯干组织器官的情况下，破片仍会对人体躯干造成一定程度的损伤。同时，从应力分布图中还可以看出，距弹着点越近的组织器官，其应力值越大，因而损伤越严重。

第 9 章 破片对人体的损伤

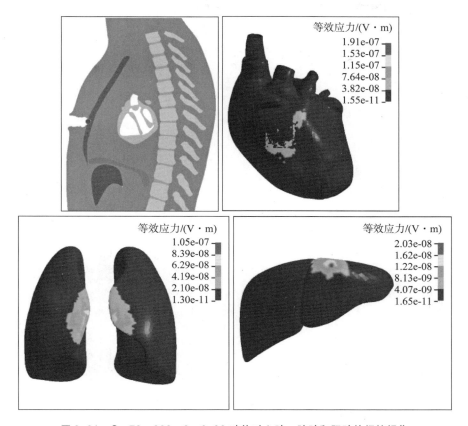

图 9.21　S-78-228-3-0.90 破片对心脏、肺脏和肝脏的间接损伤

第 10 章

冲击波和破片对人体躯干的联合损伤

> **本**章基于时间差法研究冲击波和破片对人体躯干的联合损伤过程,并与冲击波和破片单独损伤情况进行比较,最终得出冲击波和破片对人体躯干的联合损伤规律。具体内容包括:冲击波和破片联合损伤模型的建立;冲击波和破片对人体躯干的联合损伤过程;冲击波和破片作用次序(冲击波先于破片、破片先于冲击波、冲击波和破片同时)对人体躯干损伤程度的影响;冲击波和破片联合作用下人体躯干组织器官的力学响应;冲击波和破片对人体躯干的联合损伤机理。

10.1 冲击波和破片联合损伤模型

关于冲击波和破片联合损伤的研究，常用的方法是基于杀爆战斗部产生的冲击波和破片来模拟冲击波和破片的联合作用，但该方法存在以下缺点。

（1）破片速度、质量、形状和飞散角难以控制，破片对人体躯干的命中部位也难以预估，因此在数值模拟中不能只对人体躯干进行局部网格加密，而需要对整个人体躯干网格进行加密，这就会导致整个计算规模非常庞大。

（2）冲击波并非理想 Friedlander 冲击波，会影响与冲击波单独损伤的比较性，并且在传播过程中也会受到破片的干扰；同理，破片运动规律也会受到冲击波的影响，从而影响与破片单独损伤的比较性。

（3）由杀爆战斗部爆炸形成的冲击波和破片，其初始速度和速度衰减率的差异性会造成作用次序的不同，在近距离处，冲击波先作用于目标，冲击波压力和破片速度较大；在某一特定位置，冲击波和破片同时作用于目标，冲击波压力和破片速度次之；在远距离处，破片先作用于目标，冲击波压力和破片速度是最小的。因此，三个位置处的冲击波压力和破片速度的差异性很大，冲击波和破片次序影响的比较性不强。

下面以理想冲击波和单个破片为研究对象，基于时间差法（通过改变 TNT 装药的起爆时间以及破片与人体躯干之间的距离来实现两种毁伤元作用于人体躯干的时间差）模拟不同冲击波和破片作用次序对人体躯干的联合损伤。以

0.2 ms 为时间差模拟冲击波先于破片作用人体躯干以及破片先于冲击波作用人体躯干，以 0 ms 为时间差模拟冲击波和破片同时作用于人体躯干时的损伤情况。

冲击波和破片联合损伤模型结合了冲击波损伤模型和破片损伤模型的所有设置，由冲击波生成域、空气域、破片和人体躯干 3 部分组成，以 cm - g - μs 单位制建立有限元分析模型，如图 10.1 所示。冲击波生成域、空气域与人体躯干之间进行流固耦合 *CONSTRAINED_LAGRANGE_IN_SOLID 以实现冲击波对人体躯干的损伤过程，同时，为防止冲击波影响到破片的运动，破片与空气之间不进行流固耦合。因此，在冲击波和破片联合损伤模型中，冲击波和破片两种毁伤元是相互独立的，不会互相影响，可以很好地反映出冲击波和破片对人体躯干的联合损伤，与冲击波和破片的单独损伤具有较好的比较性。

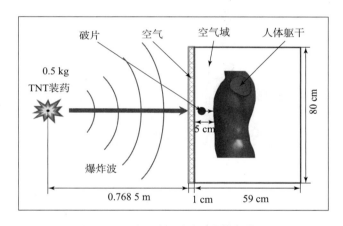

图 10.1　冲击波和破片联合损伤模型

关于冲击波和破片联合损伤模型，在冲击波对人体躯干的损伤模型中，人体躯干正面朝向爆源，采用 0.5 kg TNT 装药和 0.768 5 m 爆距模拟爆炸产生的冲击波，获得入射冲击波压力及冲量变化曲线，其超压峰值为 1 000.68 kPa，冲量峰值为 143.01 kPa·ms，如图 10.2 所示。在破片对人体躯干的损伤模型中，破片形状为球形，直径为 0.69 cm，动能为 78 J，质量为 3 g，速度为 228.04 m/s，从心脏正前方垂直入射。

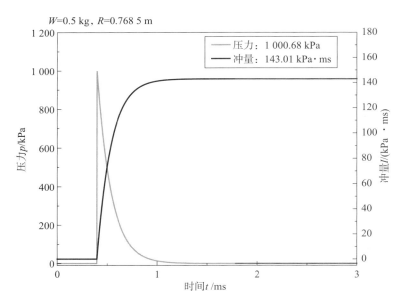

图 10.2　入射冲击波压力和冲量曲线

10.2　冲击波和破片对人体躯干的联合损伤

通过研究冲击波和破片作用次序对人体躯干损伤的影响，并对比冲击波和破片单独作用和联合作用下的人体躯干损伤情况，获得冲击波与破片单独作用和联合作用对人体躯干的损伤规律。不同冲击波和破片作用次序的参数设置如表 10.1 所示。

表 10.1　不同冲击波和破片作用次序的参数设置

毁伤元	计算参数	冲击波先作用	破片先作用	冲击波和破片同时作用
冲击波	爆距/m	0.768 5		
	起爆时间/ms	0	−0.198	−0.3
	作用时间/ms	0.398	0.2	0.098
	超压峰值/kPa	1 000.68		

续表

毁伤元	计算参数	冲击波先作用	破片先作用	冲击波和破片同时作用
破片	与人体躯干距离/m	0.136 4	0	0.022 3
	开始运动时间/ms	0	0	0
	作用时间/ms	0.598	0	0.098
	初速度/(m·s^{-1})	228.04		
	时间差/ms	-0.2	0.2	0

10.2.1 冲击波先于破片作用对人体躯干损伤程度的影响

当冲击波先于破片 0.2 ms 作用于人体躯干时，人体躯干的损伤变形情况和应力响应曲线如图 10.3 和图 10.4 所示。同时，将组织器官的应力响应参数列于表 10.2。

根据图 10.3（a），当人体躯干首先受到冲击波的损伤作用时（0～0.2 ms），整个人体躯干均产生明显的凹陷变形，损伤变形情况与冲击波单独作用时相同。根据图 10.3（b）和图 10.3（c），当破片开始作用于人体躯干时（0.2 ms～），人体躯干开始受到破片的射击而在弹着点处的局部区域形成空腔，并且空腔尺寸随破片侵彻深度的增大而增大。此时，冲击波能量已经产生较大衰减，损伤效应弱于冲击波刚作用时，但对人体躯干的损伤过程仍在持续。因此，冲击波会进入空腔内而对空腔产生扩张效应，但由于冲击波能量较

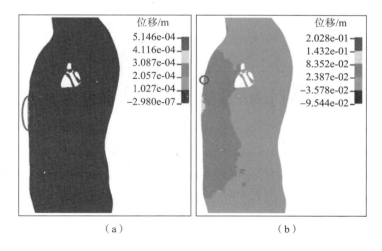

图 10.3　冲击波先于破片作用时人体躯干的损伤过程
（a）$t = 0.002$ ms；（b）$t = 0.200$ ms

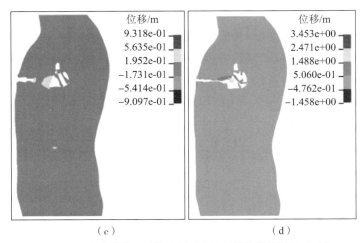

图 10.3　冲击波先于破片作用时人体躯干的损伤过程（续）

(c) $t=0.500$ ms；(d) $t=1.400$ ms

小，空腔扩张效应并不明显。根据图 10.3（d），破片已经击入心脏，并且击入深度要大于破片单独损伤（破片刚接触到心脏），这是由于破片对人体组织器官侵彻以及冲击波对人体组织器官挤压的联合作用，致使破片更容易击入心脏。

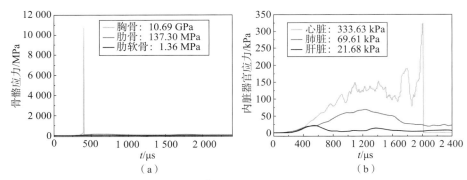

图 10.4　冲击波先于破片作用时组织器官的应力响应曲线（附彩插）

(a) 骨骼应力；(b) 内脏器官应力

10.2.2　破片先于冲击波作用对人体躯干损伤程度的影响

当破片先于冲击波 0.2 ms 作用于人体躯干时，人体躯干的损伤变形情况和力学响应曲线如图 10.5 和图 10.6 所示。同时，将组织器官的力学响应参数列于表 10.2 中。

第 10 章 冲击波和破片对人体躯干的联合损伤

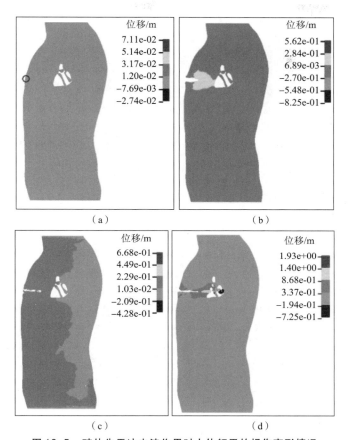

图 10.5 破片先于冲击波作用时人体躯干的损伤变形情况

（a）$t = 0.002$ ms；（b）$t = 0.200$ ms；（c）$t = 0.500$ ms；（d）$t = 1.400$ ms

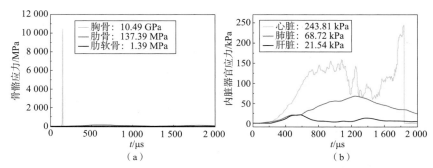

图 10.6 破片先于冲击波作用时组织器官的应力响应曲线（附彩插）

（a）骨骼应力；（b）内脏器官应力

根据图 10.5（a），当人体躯干首先受到破片的损伤作用时（0~0.2 ms），破片于 0.002 ms 时击入人体躯干，产生了一个非常小的伤道（图中圆圈所示），人体躯干损伤变形情况与破片单独作用时相同。根据图 10.5（b），随着破片对人体躯干的侵彻，人体躯干内的空腔不断扩大，并且空腔只出现在弹着点处的局部区域，故该区域的损伤最为严重。随后冲击波开始作用于人体躯干（0.2 ms～），并且冲击波刚开始作用时的能量最大。因此，破片先作用时，冲击波对空腔的扩张效应的影响非常明显，其损伤效应要大于冲击波先作用而破片后作用时的损伤。根据图 10.5（c），由于冲击波在人体躯干中的传播以及对人体躯干的挤压作用，弹着点外的区域开始出现凹陷变形，并不断从人体躯干正面向背面扩展。根据图 10.5（d），破片最终击入心脏。

10.2.3　冲击波和破片同时作用对人体躯干损伤程度的影响

当冲击波和破片同时作用于人体躯干时，人体躯干的损伤变形情况和力学响应曲线如图 10.7 和图 10.8 所示。同时，将组织器官的力学响应参数列于表 10.2 中。

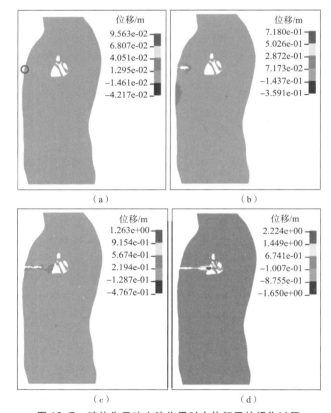

图 10.7　破片先于冲击波作用时人体躯干的损伤过程
（a）$t = 0.002$ ms；（b）$t = 0.2$ ms；（c）$t = 0.5$ ms；（d）$t = 1.4$ ms

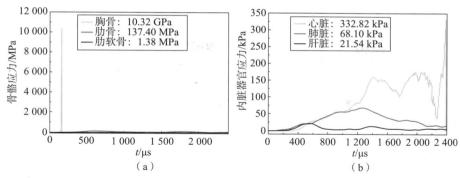

图 10.8　冲击波和破片同时作用时组织器官的应力响应曲线（附彩插）
（a）骨骼应力；（b）内脏器官应力

根据图 10.7，当人体躯干同时受到冲击波和破片的损伤作用时，心脏被破片击穿，整个人体躯干均产生了凹陷变形，并且在破片弹着点处的局部区域出现空腔，损伤变形情况表现为冲击波与破片单独作用时的耦合。当人体躯干刚受到冲击波的损伤作用时，冲击波能量最大，由于破片已经对人体躯干造成了较大的空腔，进入到空腔内的冲击波对空腔的扩张效应非常明显，其损伤效应要大于冲击波先作用而破片后作用时的损伤。因此，在不同冲击波和破片作用次序下，人体损伤情况具有显著的差异性。

另外，根据不同冲击波和破片作用次序下人体躯干的损伤变形过程，可以得到，冲击波和破片联合损伤作用下，人体损伤加重的区域主要位于破片弹着点处的局部区域，而远弹着点处的组织器官损伤情况主要由冲击波决定，受破片的影响较小。

10.3　不同冲击波和破片作用次序下人体损伤的比较

根据图 10.4、图 10.6 和图 10.8 所示的不同冲击波和破片作用次序下人体组织器官的力学响应曲线，将各组织器官的应力峰值列于表 10.2 中。

通过对比表 10.2 中不同冲击波和破片作用次序下人体组织器官的力学响应参数，可以看出，冲击波和破片作用次序会影响人体组织器官的力学响应参数，从而影响到人体的损伤情况，但影响程度并不明显。

表 10.2　不同冲击波和破片作用次序下人体组织器官的力学响应参数

损伤类型	力学参数	胸骨	肋骨	肋软骨	心脏	肺脏	肝脏
冲击波先作用	应力峰值	10.69 GPa	137.30 MPa	1.36 MPa	333.63 kPa	69.61 kPa	21.68 kPa
破片先作用		10.49 GPa	137.39 MPa	1.39 MPa	243.81 kPa	68.72 kPa	21.57 kPa
同时作用		10.32 GPa	137.40 MPa	1.38 MPa	332.82 kPa	68.10 kPa	21.54 kPa

如果从心脏应力进行考虑，则冲击波先作用时的人体损伤最严重，冲击波和破片同时作用的人体损伤次之，而破片先作用的人体损伤最轻。如果从冲击波对空腔扩张效应的影响看，破片先作用时的人体损伤最严重，冲击波和破片同时作用时的人体损伤次之，而冲击波先作用时的人体损伤最轻。两种结论的差异性是由冲击波和破片能量作用方式的不同以及人体组织器官力学性能、组织结构和空间位置的复杂性所造成的，在以往的结构毁伤研究中，也存在这样的矛盾。

10.4　冲击波及破片单独损伤与联合损伤的比较

通过比较冲击波及破片单独损伤与联合损伤下人体组织器官的力学响应参数，可以发现冲击波单独作用、破片单独作用以及冲击波和破片联合作用下，人体组织器官的损伤效应具有非常显著的差异性。

破片弹着点和冲击波最先作用位置（冲击点）均位于心脏附近，通过对表 10.3 所示数据进行对比分析可以发现，破片对近弹着点的组织器官的损伤要远大于冲击波的损伤，而破片对远弹着点的组织器官的损伤要小于冲击波的损伤。如胸骨是距破片弹着点和冲击波冲击点最近的组织器官，破片损伤下的胸骨应力高于冲击波损伤；肝脏是距破片弹着点和冲击波冲击点最远的组织器官，破片损伤下的肝脏应力低于冲击波损伤。这种现象是由冲击波和破片能量作用方式的不同造成的。

表 10.3 冲击波及破片单独损伤与联合损伤下各组织器官的力学响应参数的比较

损伤类型	力学参数	胸骨	肋骨	肋软骨	心脏	肺脏	肝脏
冲击波损伤	应力峰值	123.91 MPa	86.12 MPa	1.07 MPa	124.06 kPa	45.22 kPa	16.68 kPa
破片损伤		9.58 GPa	33.71 MPa	0.29 MPa	204.82 kPa	19.92 kPa	2.22 kPa
联合损伤		10.32 GPa	137.40 MPa	1.38 MPa	332.82 kPa	29.61 kPa	21.54 kPa

冲击波对人体的损伤形式主要表现为人体组织器官的挤压损伤,球形 TNT 装药爆炸产生的球形冲击波会以波阵面的形式作用于人体躯干,其作用面积较大。虽然人体躯干各部位受到的冲击波能量各不相同,但冲击波能量会作用于整个人体躯干,从而对整个人体躯干组织器官均具有明显的损伤效应。破片对人体的损伤形式主要表现为人体组织器官的瞬时空腔,破片以单点形式作用于人体躯干,损伤能量集中在破片命中区域,其作用面积较小,故破片只对其命中部位的组织器官具有明显的致伤效应,而对远弹着点的组织器官的致伤效应较小。因此,冲击波和破片对人体躯干的损伤机理表现出很大的差异性。

由于冲击波和破片损伤机理的差异性,在冲击波和破片的联合损伤下,人体损伤形式和损伤机理更为复杂,与冲击波和破片单独损伤作用时的人体躯干损伤效应有着非常明显的区别。通过对比表 10.3 中冲击波及破片单独损伤与联合损伤下人体组织器官力学响应参数,可以看出,冲击波和破片联合损伤作用下人体组织器官的力学响应参数要大于冲击波和破片的单独损伤,且大于冲击波和破片单独损伤之和,联合损伤效果也并不等于冲击波和破片单独损伤效果的简单叠加。如冲击波单独损伤时的心脏应力为 124.06 kPa,破片单独损伤时的心脏应力为 204.82 kPa,冲击波和破片单独损伤时的心脏应力之和为 328.88 kPa,而冲击波和破片联合损伤时的心脏应力为 332.82 kPa。

第 11 章

爆炸对人体损伤的防护

爆炸会对人体造成损伤，为了防止或减轻损伤要采取合理的防护，本章主要研究个人防护。爆炸对人体的主要损伤为冲击波损伤和破片损伤，对不同的损伤采用不同的防护方法，对冲击波防护采用防爆服，破片防护采用防弹衣。本章主要从防爆服对冲击波的衰减规律、人体躯干穿防爆服时组织器官的力学响应、防爆服后钝性损伤的产生机制等方面研究冲击波的防护；从复合防弹结构的防弹性能及防弹机理、有防弹结构防护时组织器官的力学响应、防弹后钝性损伤的产生机制等方面研究破片的防护。

11.1 防爆服后钝性损伤

防爆服通常是由多层高性能软质纤维复合而成的,外层材料采用环保无毒的高强涂层面料,各防护层部件的耐高温性能、耐刺穿性能、抗冲击性能、能量吸收性能以及阻燃性能均满足相关规范标准。国际上比较通用的防爆服结构层次如图 11.1 所示。本书将防爆服模型简化为防冲击层,只建立人体躯干部分的防爆服模型,并以超高分子量聚乙烯纤维(UHMWPE)为防爆材料。

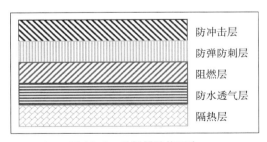

图 11.1 防爆服结构层次

软质防爆服对冲击波的防护机理主要体现在纤维拉伸和剪切作用下产生的大变形,从而达到吸收冲击波能量的目的,同时将冲击波的能量分散开,以提高软质防爆服对冲击波能量的衰减能力,但软质防爆服大变形的后果则是对人体造成较大的钝性损伤。另外,冲击波也会通过软质防爆服的孔隙传播到防爆服后,从而对人体造成一定程度的损伤。

11.1.1 防爆服后钝性损伤模型

防爆服后钝性损伤模型需要在人体躯干外添加软质防爆服模型,软质防爆服与人体之间的接触方式为面面侵蚀接触(*CONTACT_ERODING_SURFACE_TO_SURFACE)。一般情况,其他设置均与冲击波损伤模型相同。TNT 装药质量为 0.5 kg,爆距为 0.768 5 m,为分析软质防爆服与人体躯干之间的空气间隙对人体躯干损伤程度的影响,空气间隙分别设置为 0 和 5 mm。防爆服后钝性损伤模型如图 11.2 所示,由软质防爆服模型、人体躯干模型、冲击波生成域和空气域四部分组成。

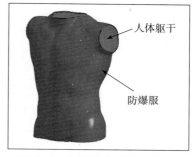

图 11.2 防爆服后钝性损伤模型

当研究软质防爆服对冲击波能量的衰减能力以及对人体躯干的冲击作用时,需要监测软质防爆服后的透射冲击波以及人体组织器官的力学响应。由于不必考虑透射冲击波对人体躯干的损伤作用,故只在软质防爆服与空气之间进行流固耦合,并通过定义软质防爆服与人体躯干的接触来模拟软质防爆服对人体躯干的冲击作用。当研究软质防爆服对人体躯干的钝性损伤过程时,需要考虑透射冲击波和软质防爆服对人体躯干的共同作用,故必须在软质防爆服、人体躯干与空气之间进行流固耦合,并定义软质防爆服与人体躯干之间的接触。

软质防爆服属于层合结构,层与层之间相互粘接。基于 *SECTION_SHELL 和 *INTEGRATION_SHELL 关键字将软质防爆服模型建模为 SHELL 单元。基于 *SECTION_SHELL 关键字设置 SHELL 单元的厚度(软质防爆服总厚度),以及沿厚度方向的积分点数量(软质防爆服的层数)。基于 *INTEGRATION_SHELL 关键字设置各积分点的 Normalized 坐标、各层厚度和材料。软质防爆服模型的建模方法如图 11.3 ~ 图 11.5 所示。

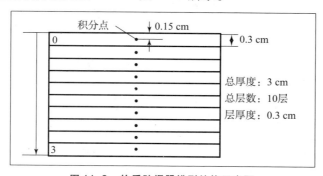

图 11.3 软质防爆服模型结构示意图

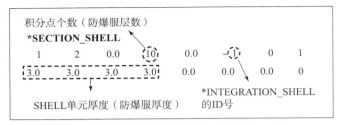

图 11.4 软质防爆服模型属性、层数及总厚度的定义

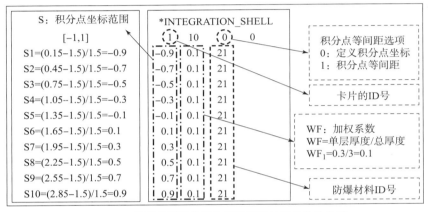

图 11.5 软质防爆服模型各层厚度及材料参数的设置

软质防爆服模型由 75 层 UHMWPE 纤维复合而成，单层厚度为 0.2 mm，总厚度为 15 mm，总重量（总质量）为 8.81 kg。采用 *MAT_COMPOSITE_DAMAGE 复合材料模型和 Chang-Chang 准则对 UHMWPE 进行描述，其破坏强度与材料性能、受载后的应力状态及应变状态有关。Chang-Chang 准则是以应力失效准则为基础的，根据材料拉伸和压缩产生的不同失效准则，将纤维和基体两者失效再细分为拉伸和压缩失效，材料参数如表 11.1 所示。

表 11.1 UHMWPE 材料参数

E_a/GPa	杨氏模量		泊松比			剪切模量		
	E_b/GPa	E_c/GPa	v_{ba}	v_{ca}	v_{cb}	G_{ab}/GPa	G_{bc}/GPa	G_{ca}/GPa
40.6	40.6	2.6	0.008	0.044	0.044	1.75	1.6	1.6
密度 ρ /(g·cm^{-3})	失效材料体积模量 KFAIL /GPa	剪切强度 S_c /GPa	纵向拉伸强度 X_t /GPa	横向拉伸强度 Y_t /GPa	横向压缩强度 Y_c /GPa	法向拉伸强度 SN /GPa	横向剪切强度 S_{yz} /GPa	S_{zx} /GPa
0.97	2.2	0.5	3.6	3.6	3.0	0.9	0.9	0.9

11.1.2 软质防爆服的防爆性能

图 11.6 为软质防爆服前后的冲击波压力和冲量曲线。根据软质防爆服前后的冲击波超压峰值和冲量峰值，基于冲击波压力和冲量梯度判定软质防爆服的防爆性能。

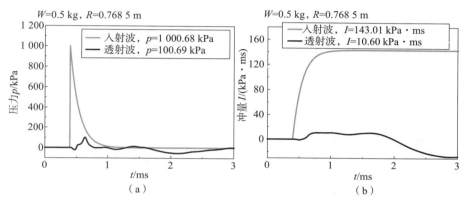

图 11.6　软质防爆服前后入射冲击波与透射冲击波的比较
（a）冲击波压力；（b）冲击波冲量

根据图 11.6，软质防爆服前的入射冲击波超压峰值为 1 000.68 kPa、冲量峰值为 143.01 kPa·ms、平均速度为 1 930.95 m/s，而软质防爆服后的透射冲击波超压峰值为 100.69 kPa、冲量峰值为 10.60 kPa·ms，因此，软质防爆服对冲击波压力和冲量的衰减率分别为 89.94% 和 92.59%。单从冲击波压力和冲量的角度看，基于超压准则和 Bowen 损伤曲线得到无软质防爆服防护时的人体损伤概率分别为 50% 和 99%，而有软质防爆服防护时的损伤概率分别为 0 和 0，因此，软质防爆服可以有效降低冲击波能量。

11.1.3 冲击波对人体躯干的钝性冲击过程

尽管透射冲击波对人体躯干的损伤较小，但软质防爆服产生了较大的变形，人体躯干仍会出现严重的防爆服后损伤，称为后钝性损伤。图 11.7 显示了软质防爆服的变形情况。

根据图 11.7，冲击波作用于软质防爆服后，软质防爆服产生了较大位移，其位移分布是不均匀的，并且最大位移要大于空气间隙。因此，软质防爆服会对人体躯干产生强烈的冲击作用，并将部分能量传递给人体躯干，从而造成人体躯干的损伤。

■ 爆炸危险性评估及进展

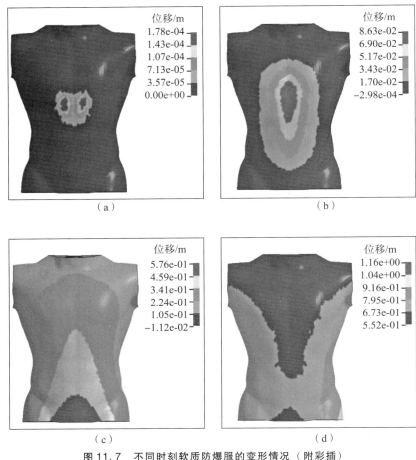

图 11.7 不同时刻软质防爆服的变形情况（附彩插）
(a) $t=0.4$ ms；(b) $t=0.5$ ms；(c) $t=1.0$ ms；(d) $t=1.5$ ms

在冲击波强烈的冲击作用下，软质防爆服与人体躯干之间的间隙内的空气形成的高压也是造成防爆服后钝性损伤的重要原因，但本书只对该空气压力进行定性分析，主要考虑到：①软质防爆服与人体躯干之间的空气间隙很小，需要对这部分空气网格进行细化，会极大降低计算速度；②空气网格采用ALE算法，不会产生位移，而软质防爆服和人体躯干网格采用Lagrange算法，在冲击波的作用下会产生位移，则软质防爆服和人体躯干之间的间隙位置和尺寸是不断变化的，即软质防爆服未作用于人体躯干前，间隙内的空气单元位于软质防爆服后方，而软质防爆服作用于人体躯干后，间隙内的空气单元位于软质防爆服前方。因此，该空气单元的压力既包括间隙内的空气压力，也包括软质防爆服前的冲击波压力，从而造成间隙内的空气压力难以准确测量。

根据理想气体状态方程 $pV = nRT$，当气体物质的量 n、气体常量 R 和气体温度 T 一定时，气体压力 p 随气体体积 V 的减小而增大。由于入射冲击波压力较高、传播速度较快，当软质防爆服受到冲击波的作用后，软质防爆服与人体躯干之间的间隙内的空气会受到强烈的压缩作用，导致间隙内的空气体积急剧减小，而空气压力急剧升高。同时，软质防爆服和人体躯干对透射冲击波的反射也会导致间隙内空气压力的升高。

11.2 有无防爆服人体躯干组织器官的力学响应

图 11.8 和表 11.2 分别显示了有无软质防爆服防护情况下人体组织器官的力学响应曲线和力学响应参数。

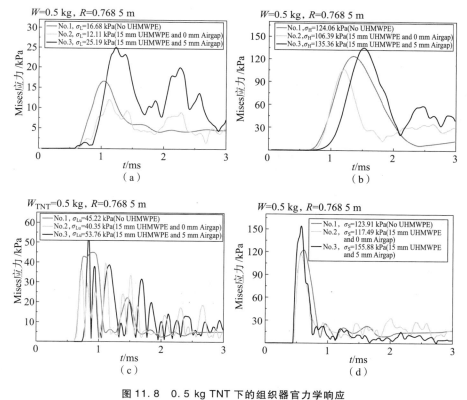

图 11.8　0.5 kg TNT 下的组织器官力学响应
(a) 肝脏应力；(b) 心脏应力；(c) 肺脏应力；(d) 胸骨应力

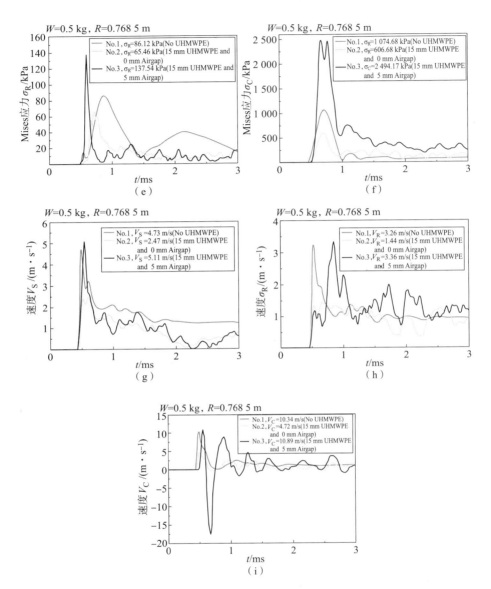

图 11.8　0.5 kg TNT 下的组织器官力学响应（续）

(e) 肋骨应力；(f) 肋软骨应力；(g) 胸骨速度；
(h) 肋骨速度；(i) 肋软骨速度

表 11.2　冲击波直接损伤和钝性损伤下各组织器官的力学响应参数

损伤类型	空气间隙/mm	力学参数	胸骨	肋骨	肋软骨	心脏	肺脏	肝脏
直接	—	应力峰值/kPa	123 912.25	86 122.57	1 074.68	124.06	45.22	16.68
	0		117 492.20	65 459.67	606.68	106.39	40.35	12.11
钝性	5		155 877.76	137 542.63	2 494.17	135.36	53.76	25.19
直接	—	最大速度/(m·s^{-1})	4.73	3.26	10.34	2.00	2.00	2.70
	0		2.47	1.44	4.72	1.29	1.22	1.54
钝性	5		5.11	3.36	10.89	1.39	1.45	1.70

通过对比表 11.2 中人体躯干有无软质防爆服防护情况下组织器官的力学响应参数，可以得到，当软质防爆服与人体躯干之间存在空气间隙时，冲击波钝性损伤下的人体组织器官力学响应参数大于冲击波的直接损伤；当软质防爆服与人体躯干之间无空气间隙时，冲击波钝性损伤下的人体组织器官力学响应参数小于冲击波的直接损伤，这与 Thom 得到的研究结论吻合。这种现象是由软质防爆服与人体躯干之间的空气受到强烈压缩作用后产生的高压，以及软质防爆服对人体躯干产生的强烈的冲击作用而造成的。根据 Axelsson 损伤模型，人体躯干无软质防爆服防护时的损伤概率为 30%，有软质防爆服防护时，空气间隙为 0 和 5 mm 对应的人体损伤概率为 30% 和 1%。总的来说，从软质防爆服对冲击波能量衰减的角度看，软质防爆服可以有效降低冲击波对人体的损伤。从有软质防爆服防护时人体组织器官力学响应来看，如果软质防爆服与人体之间存在空气间隙，则软质防爆服不仅不会降低冲击波对人体的损伤，反而对人体损伤具有加重效应；如果软质防爆服与人体之间不存在空气间隙，则软质防爆服可以有效降低冲击波对人体的损伤。然而，在实际应用中，防爆服与人体之间是存在空气间隙的。因此，软质防爆服的使用必然会加重人体的钝性损伤。

Thom 重点研究了空气间隙对人体损伤的影响，以及不同厚度 Kevlar 防爆纤维对人体躯干全防护（对整个人体躯干进行防护）和半防护（只在人体躯干正对爆源面进行防护）下肺脏的损伤情况。其研究结果表明，人体与 Kevlar 防爆纤维之间存在 10 mm 空气间隙时的人体损伤程度要大于人体无软质防爆服防护时的损伤程度；厚度较小的软质防爆服不仅不会降低冲击波对肺脏的损伤，反而会加重肺损伤，虽然厚度较大的软质防爆服可以降低肺损伤，但降低的效果并不明显，且软质防爆服厚度的增大会增加其重量，从而降低穿着的舒适性。同时，Thom 还发现人体躯干全防护情况下的肺损伤要大于半防护情况。

因此，本书得到的研究结论是可靠的。

通过分析防爆服后钝性损伤的产生机制，可以获得降低防爆服后钝性损伤的措施。

（1）如果要降低防爆服变形所造成的防爆服后钝性损伤，可以采用不易变形的防爆材料或防爆结构，或者在防爆服与人体躯干之间添加缓冲层以削弱防爆服对人体躯干的冲击作用。

（2）如果要降低防爆服与人体躯干之间的间隙内的高压空气所造成的防爆服后钝性损伤，可以对间隙内的空气进行泄压处理，如：①在保证透射冲击波压力和冲量不显著增大的情况下，对防爆服进行适当的打孔，使压力可以由孔卸载出去；②对人体进行半防护，即只在人体正对爆源面进行防护，使压力能够快速释放掉。

11.3　防弹衣后钝性损伤

以多层铝合金（$AlSi_{10}Mg$）和热塑性聚氨酯弹性体橡胶（TPU）复合而成的防弹结构为研究对象，对手枪弹钝性冲击作用下，人体躯干的力学响应过程进行数值模拟研究，并分析泡沫聚乙烯（EPE）缓冲层厚度对防弹结构后钝性损伤的影响。

11.3.1　防弹衣后钝性损伤模型

防弹衣后钝性损伤模型与破片损伤模型基本一样，只用在人体躯干模型外加上防弹结构模型，如图11.9所示。手枪弹弹着点位于心脏正前方的胸骨中心处，并且只建立部分复合防弹结构模型，对人体躯干前表面进行防护，其表面形状与人体躯干相同，紧贴于人体躯干。

防弹结构由5层$AlSi_{10}Mg$和5层TPU进行"硬－软－硬"复合（铝合金＋TPU＋铝合金）而成，总厚度为12 mm，除$AlSi_{10}Mg$面板厚度为3 mm外，其余各层厚度均为1 mm，防护面积为0.11 m^2，面密度为2.37 g/cm^2。防弹结构的复合方式如图11.10所示。

第11章 爆炸对人体损伤的防护

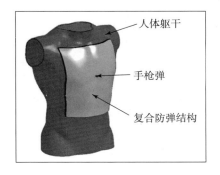

图 11.9　防弹衣后钝性损伤模型

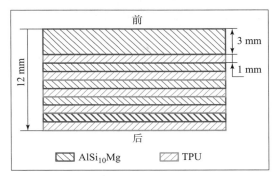

图 11.10　防弹结构的复合方式

同时，为研究 EPE 缓冲层对防弹衣后钝性损伤的影响，在人体躯干与复合防弹结构之间加 EPE，用于削弱复合防弹结构对人体躯干的冲击作用。复合防弹结构和 EPE 建模为六面体单元并采用 Lagrange 算法，对手枪弹弹着点处的复合防弹结构和 EPE 网格进行局部加密，加密网格尺寸为 0.5 mm，其余网格尺寸为 2 mm。

钢被甲与铅芯、手枪弹与复合防弹结构、EPE、人体躯干之间采用面面侵蚀接触 *CONTACT_ERODING_SURFACE_TO_SURFACE；$AlSi_{10}Mg$ 及 TPU 与人体躯干之间采用自动面面接触 *CONTACT_AUTOMATIC_SURFACE_TO_SURFACE；$AlSi_{10}Mg$、TPU 和 EPE 之间采用固连面面接触 *CONTACT_TIED_SURFACE_TO_SURFACE。为防止应力波影响计算结果，将复合防弹结构和 EPE 的边界设置为非反射边界。

$AlSi_{10}Mg$ 采用弹塑性材料模型 *MAT_PLASTIC_KINEMATIC，材料参数如表 11.3 所示。TPU 采用 *MAT_BLATZ – KO_RUBBER 材料模型，材料参数如表 11.4 所示。EPE 采用 *MAT_LOW_DENSITY_FOAM 材料模型，材料参数如表 11.5 所示。

表 11.3　$AlSi_{10}Mg$ 合金的材料参数

密度 $\rho/(g \cdot cm^{-3})$	杨氏模量 E/MPa	泊松比 ν	屈服应力 σ_y/MPa	切线模量 E_t/MPa	硬化指数 β	应变率常数 C		失效应变 f_s
						C	P	
2.65	70	0.32	251	1 350	0.7	6 000	4	0.77

表 11.4　TPU 的材料参数

密度 $\rho/(g \cdot cm^{-3})$	剪切模量 E/MPa
1.2	180

表 11.5 EPE 的材料参数

密度 ρ/(g·cm^{-3})	杨氏模量 E/MPa	泊松比 ν	应力-应变曲线
0.024	3.0	0.01	图 11.11

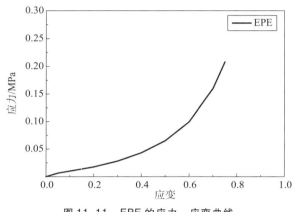

图 11.11 EPE 的应力-应变曲线

11.3.2 复合防弹结构的防弹性能

假设手枪弹以 515 m/s 的初速度射击人体躯干。图 11.12 所示为手枪弹对复合防弹结构的冲击过程，图 11.13 所示为手枪弹速度，以及复合防弹结构和人体躯干总能量变化曲线。

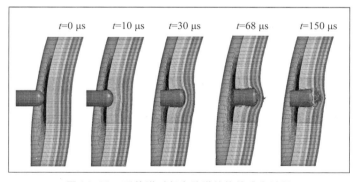

图 11.12 手枪弹对复合防弹结构的冲击过程

根据图 11.12 和图 11.13，手枪弹正向运动速度于 68 μs 时衰减为 0，随后开始进行反向运动，最大反向运动速度为 60.74 m/s。产生反向运动的原因是由于 TPU 属于弹性体橡胶，且皮肤和肌肉也具有弹性。当手枪弹速度衰减为 0 后，受压缩的 TPU、皮肤和肌肉会回弹，从而将部分能量传递给手枪弹，使手

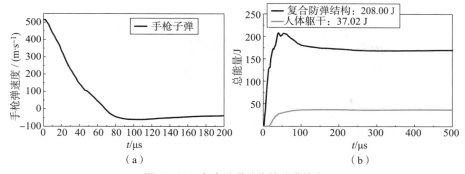

图 11.13 复合防弹结构的防弹性能

(a) 手枪弹速度变化曲线；(b) 复合防弹结构和人体躯干总能量变化曲线

枪弹获得动能而进行反向运动。

复合防弹结构吸收的最大总能量为 208.00 J，而人体躯干吸收的最大总能量为 37.02 J。复合防弹结构吸收的能量要比人体躯干吸收的能量大得多。一方面是复合防弹结构受到手枪弹的直接射击，承受了大部分的手枪弹能量，相反，人体未受到手枪弹的直接射击，吸收的能量较小；另一方面是由于复合防弹结构背板为 TPU，可以起到缓冲作用，从而削弱了复合防弹结构对人体躯干的冲击作用。因此，复合防弹结构吸收了较多的能量，而传递较少的能量给人体躯干，起到了防护作用。

防弹结构主要是通过自身的变形或碎裂来吸收手枪弹的部分能量，并将其转化为自身内能和动能。由图 11.12 可以看到，在手枪弹的冲击作用下，复合防弹结构产生变形并凹陷，甚至碎裂，其中 $AlSi_{10}Mg$ 主要以碎裂为主，而 TPU 则以压缩变形为主。

数值模拟结果表明，复合防弹结构未被手枪弹击穿，且皮肤的最大凹陷深度为 4.98 mm，小于标准规定的 25 mm 或 44 mm，则复合防弹结构可以有效降低手枪弹的杀伤力，并保护人体躯干免受损伤。同时，可以发现皮肤凹陷深度较小，这是由于人体躯干对复合防弹结构起到的支撑作用，尤其是骨骼，其刚度、阻尼较大。

11.3.3 手枪弹对人体躯干的钝性冲击过程

尽管手枪弹未直接击中人体躯干，但手枪弹能量仍通过复合防弹结构传递给人体躯干，从而造成人体躯干组织器官的损伤。图 11.14 为人体躯干组织器官的力学响应。

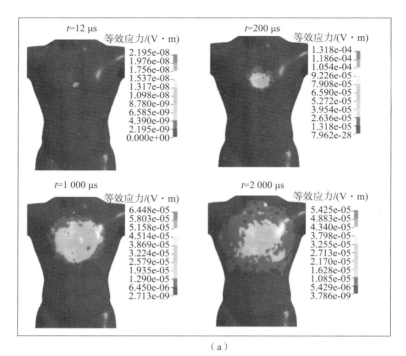

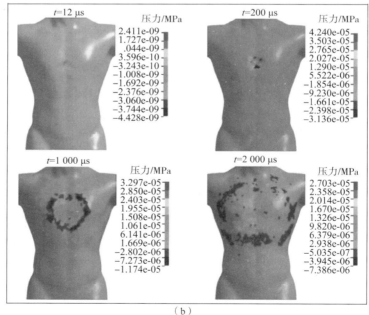

图 11.14 不同组织器官的力学响应（附彩插）

(a) 皮肤应力分布；(b) 皮肤压力分布

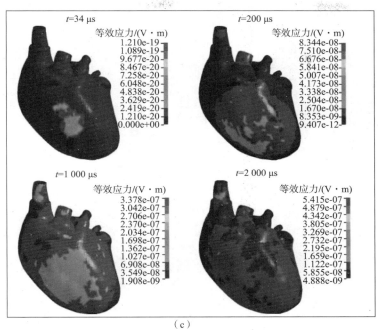

(c)

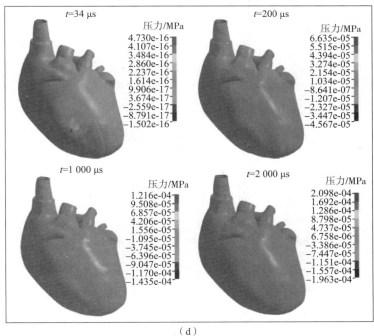

(d)

图 11.14　不同组织器官的力学响应（附彩插）（续）

（c）心脏应力分布；（d）心脏压力分布

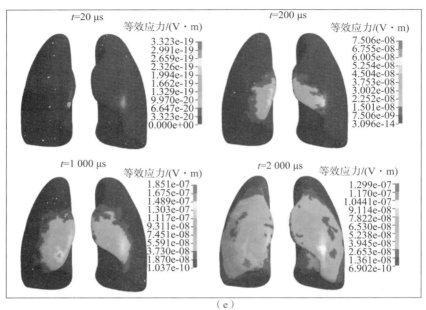

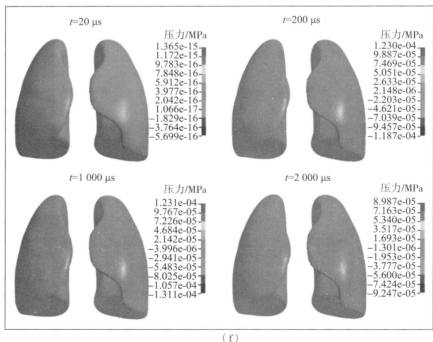

图 11.14 不同组织器官的力学响应（附彩插）（续）
(e) 肺脏应力分布；(f) 肺脏压力分布

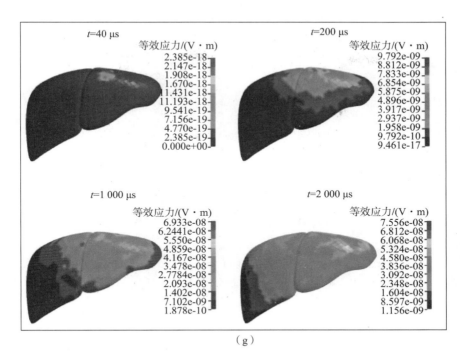

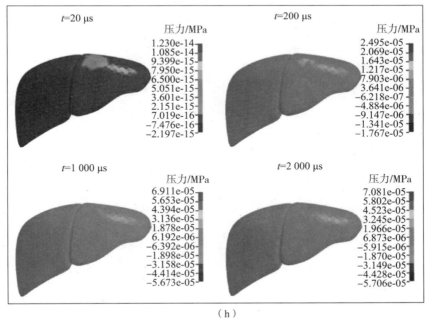

图 11.14 不同组织器官的力学响应（附彩插）（续）

(g) 肝脏应力分布；(h) 肝脏压力分布

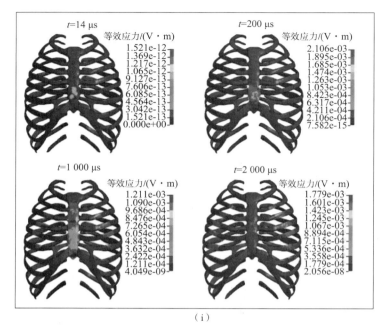

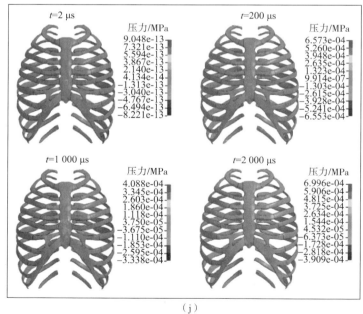

图 11.14 不同组织器官的力学响应（附彩插）（续）
(i) 骨骼应力分布；(j) 骨骼压力分布

根据图 11.14，应力首先出现在皮肤、骨骼、肺脏、心脏和肝脏前部，出现时间分别为 12 μs、14 μs、20 μs、34 μs、40 μs，因此不同组织器官的力学响应时间具有明显的差异性。弹着点处的皮肤最早出现应力且应力峰值最大，然后不断向弹着点四周传播，并通过肌肉逐渐传播到其他组织器官。随着应力波在组织器官中的传播，其能量将不断衰减，从而造成近弹着点的组织器官损伤最严重，而远弹着点的组织器官损伤最轻，如肺脏前部的最大应力为 12.79 kPa，而肺脏后部的最大应力为 1.95 kPa。肺脏应力波和压力波在 20 μs 时产生，于 200 μs、1 000 μs、2 000 μs 逐渐扩散至整个肺脏，体现了应力波和压力波由表及里、由近到远的传播规律。

对于同一种组织器官，其应力波和压力波的传播规律也具有非常显著的差异。如 20 μs、200 μs、1 000 μs 和 2 000 μs 时，肺脏应力主要集中于肺脏前部，而压力在该时刻已经扩散至整个肺脏。同时，在 200 μs 时，肺脏应力均为正值，且最大值和最小值相差 6 个量级，而压力同时存在正值和负值，相差 2 个量级。这种现象是由应力和压力产生机制的不同造成的，其本质区别是应力属于内力，而压力属于外力。当手枪弹射击带复合防弹结构的人体躯干时，部分手枪弹能量会以压力波的形式传递给组织器官，并在手枪弹前方形成高压冲击波，速度与组织器官中的声速相近，峰值可达到数十个大气压。因此，压力波的传播速度较快、影响范围较广。然而，应力只有在组织器官受到外力的作用产生变形后才能出现，其传播速度较慢、影响范围较小。

11.3.4 人体躯干组织器官的力学响应

选取组织器官距离弹着点最近的位置为测量点，获得骨骼和内脏器官的应力、压力、加速度和速度响应曲线，如图 11.15 和图 11.16 所示。

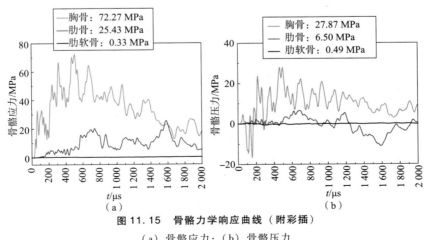

图 11.15 骨骼力学响应曲线（附彩插）
(a) 骨骼应力；(b) 骨骼压力

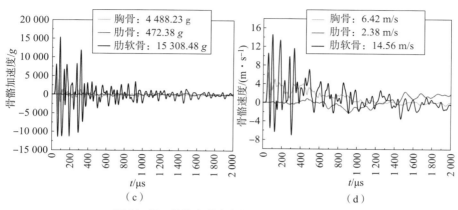

图 11.15 骨骼力学响应曲线（附彩插）（续）

（c）骨骼加速度；（d）骨骼速度

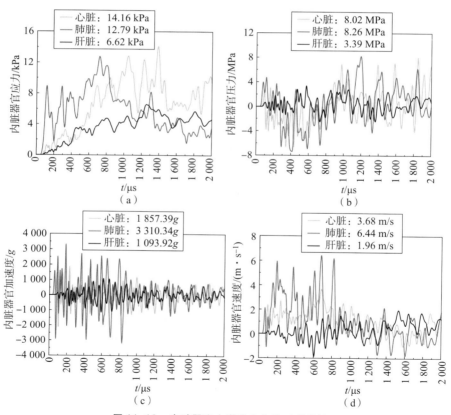

图 11.16 内脏器官力学响应曲线（附彩插）

（a）内脏器官应力；（b）内脏器官压力；（c）内脏器官加速度；（d）内脏器官速度

为直观比较手枪弹直接冲击和钝性冲击（无缓冲层）作用下，人体组织器官的损伤情况，将手枪弹直接损伤和钝性损伤下人体组织器官的应力和压力峰值，以及最大加速度和速度列于表 11.6 中。

表 11.6　手枪弹直接损伤和钝性损伤（无缓冲层）下各器官的力学响应参数

损伤类型	力学参数	胸骨	肋骨	肋软骨	心脏	肺脏	肝脏
直接	应力峰值	11.29 GPa	51.45 MPa	0.75 MPa	227.47 kPa	70.81 kPa	6.13 kPa
钝性		72.27 MPa	25.43 MPa	0.33 MPa	14.16 kPa	12.79 kPa	6.62 kPa
直接	压力峰值	16.55 GPa	21.36 MPa	0.77 MPa	874.47 MPa	61.93 MPa	5.27 MPa
钝性		27.87 MPa	6.50 MPa	0.49 MPa	8.02 MPa	8.26 MPa	3.39 MPa
直接	最大加速度/g	213 806.35	29.87	1 477.45	40 377.25	925.63	172.82
钝性		4 488.23	472.38	15 308.48	1 857.39	3 310.34	1 093.92
直接	最大速度/（m·s^{-1}）	88.64	0.42	9.26	62.30	9.21	1.58
钝性		6.42	2.38	14.56	3.68	6.44	1.96

通过对比表 11.6 中手枪弹直接损伤和钝性损伤下人体躯干组织器官的力学响应参数，可以发现：①手枪弹直接损伤时胸骨和心脏应力、压力、加速度、速度均大于钝性损伤；②手枪弹直接损伤时肋骨和肋软骨的应力、压力均大于钝性损伤，而加速度和速度均小于钝性损伤；③手枪弹直接损伤时肺脏的应力、压力和速度均大于钝性损伤，而加速度要小于钝性损伤；④手枪弹直接损伤时肝脏的应力、加速度和速度均小于钝性损伤，而压力要大于钝性损伤。

由于人体结构和力学响应的复杂性，手枪弹直接损伤和钝性损伤下各组织器官的力学响应参数也并没有呈现出完全一致的变化趋势。如手枪弹直接损伤时胸骨应力、压力、加速度和速度要远大于手枪弹钝性损伤，而手枪弹直接损伤时肋骨应力和压力大于手枪弹钝性损伤，但加速度和速度却小于手枪弹钝性损伤。总的来说，在手枪弹的直接损伤作用下，近弹着点的组织器官的力学响应参数要远大于手枪弹钝性损伤，如胸骨和心脏均位于弹着点处，直接损伤时的压力峰值分别为 16.55 GPa 和 874.47 GPa，钝性损伤时的压力峰值分别为 27.87 MPa 和 8.02 MPa。然而，手枪弹直接损伤时远弹着点的组织器官的力学响应参数却要小于手枪弹钝性损伤，如肝脏距弹着点较远，直接损伤时的压力峰值为 5.27 GPa，钝性损伤时的压力峰值为 27.87 MPa。这是由手枪弹对人体躯干的直接损伤和钝性损伤机理的不同所造成的。

手枪弹对人体躯干的直接损伤主要表现为手枪弹的贯通伤、瞬时空腔的扩张与收缩以及压力波致伤效应，其损伤部位集中于人体躯干受破片击中的区域，故人体躯干损伤最严重的区域主要发生在弹着点和空腔附近，且该区域的力学响应参数最大，而远弹着点的组织器官的损伤非常小。手枪弹对人体躯干的钝性损伤则表现为复合防弹结构对人体躯干的冲击以及传递给人体躯干的能量，并且复合防弹结构可以分散手枪弹的能量，使手枪弹能量不会过度集中于某一区域。因此，在手枪弹的钝性冲击下，远弹着点的组织器官的损伤程度要大于手枪弹直接损伤，而近弹着点的组织器官的损伤要小于手枪弹直接损伤。

由手枪弹的直接损伤和钝性损伤机理的差异性可以发现，人体穿防弹衣的致命损伤概率可能要大于不穿防弹衣的情况。对于无防弹衣防护的人员，如果手枪弹只击中人体非关键器官，且关键器官离弹着点较远，则人体关键器官不会受到太大的损伤，人体出现致命损伤的概率就很低。对于有防弹衣防护的人员，即使手枪弹只是间接击中了人体非关键器官，且关键器官离弹着点较远，但仍有较多的能量传递到人体关键器官，从而导致人体关键器官会受到较为严重的损伤，人体出现致命损伤的概率也就很高。总的来说，从心脏是否被击穿以及人体躯干力学响应参数的角度看，复合防弹结构可以有效降低手枪子弹对人体的杀伤力。

根据表 11.6 中的应力峰值，骨骼应力为 MPa 级，而内脏器官应力为 kPa 级，故骨骼受到的应力远大于内脏器官，这是因为骨骼的硬度和刚度远大于软组织，并承受了大部分能量。由于胸骨距弹着点最近，其次是肋软骨、肋骨，因此胸骨的应力（72.27 MPa）和压力（27.87 MPa）要大于肋软骨（0.33 MPa、0.49 MPa）和肋骨（25.43 MPa、6.50 MPa）。同时，肋软骨材质较软，受到的压力和应力又小于肋骨。根据文献［3］提出的胸骨骨折应力阈值为 75～137 MPa，则手枪弹钝性冲击不会造成胸骨骨折。

在手枪弹的冲击作用下，肺泡内的空气会受到周围组织器官强烈的压缩作用而导致肺泡内压力的迅速增大，从而出现肺泡破裂和呼吸困难等现象。由于肺脏紧挨着骨骼系统，且距弹着点最近，则肺脏受到的应力和压力最大。相对于肺脏，心脏位于两叶肺之间且距离弹着点较远，在骨骼和肺脏的保护下，其应力及压力较小，则损伤程度也较小。当心脏受到的冲击能量过大时，心脏也会产生钝性破裂，从而造成严重损伤甚至死亡，并且心脏内血压也会受到冲击作用的影响而迅速增大，从而出现心脏出血等现象。由于肝脏距离弹着点最远，故受到的应力和压力最小，其应力峰值为 6.62 kPa，根据文献［3］提到肝脏破裂的应力阈值为 127～192 kPa，则手枪弹钝性冲击作用下，肝脏不会出现破裂。

Axelsson 认为爆炸冲击波对人体躯干的损伤是由于人体躯干受到冲击波的作用时，胸壁会产生一定的向内运动速度，并压缩肺脏，从而造成严重的肺损伤，因此提出了爆炸冲击波损伤模型，以胸壁最大向内运动速度为评价标准。防弹结构后钝性损伤的实质正是由于防弹结构受到手枪弹的射击后对人体躯干产生一定的钝性冲击作用，致使胸壁产生向内运动速度，并压缩肺脏、心脏等胸部组织器官，从而造成一定程度的损伤，因此，可以将 Axelsson 损伤模型作为防弹结构后钝性损伤的主要评价指标。选取弹着点处的胸骨作为胸壁运动速度点，得到胸骨最大向内运动速度为 6.42 m/s，则防弹结构会对人体躯干造成轻伤 - 中伤。另外，肋骨、肋软骨、心脏、肺脏和肝脏最大速度的不同，分别为 2.38 m/s、14.56 m/s、3.68 m/s、6.44 m/s、1.96 m/s，也会造成组织器官接触面上的损伤。

根据 GA 141—2010《警用防弹衣》和 NIJ 0101.06 Ballistic Resistance of Body Armor 标准，皮肤的最大凹陷深度远小于标准规定的凹陷深度，故手枪弹不会对人体躯干造成损伤，但基于 Axelsson 损伤模型评价得到的人体损伤等级为轻伤 - 中伤。两种评价结论是明显不同的，主要是因为《警用防弹衣》和 Ballistic Resistance of Body Armor 标准只考虑了皮肤的凹陷深度，而没有考虑人体组织器官的力学响应。因此，现有防弹衣性能评价标准并不能准确评价防弹衣对人体的防护效果。

防弹结构后钝性损伤的产生机制：一方面与手枪弹冲击作用下防弹结构的瞬时变形对人体强烈的压缩作用而产生的压力波以及剪切力有关；另一方面与手枪弹和防弹结构传递给人体的能量有关。压力波能够对弹着点附近的组织器官形成冲击伤，并且可以通过血液、椎骨和皮下组织等途径传递到颅脑，造成远达脑损伤，而剪切力可以导致组织器官的挫裂伤。

除了压力波和剪切力外，防弹衣后瞬时形变产生的加速度也是导致防弹衣后钝性损伤的重要原因。根据牛顿第二定律，当组织器官质量一定时，加速度峰值越大，则组织器官受到的作用力越大，人体躯干损伤程度也就越大，故骨骼系统中软骨的损伤程度最大，内脏器官中肺脏的损伤程度最大。当人体组织器官受到的加速度超过人体损伤的加速度阈值时，就可能造成内脏、血液产生位移，从而导致组织器官接触面上产生拉伤、撕裂。随着手枪弹侵彻过程的结束，组织器官加速度逐渐趋于零并保持稳定。

将本书的数值模拟结果与 Roberts 的研究数据进行对比分析后，可以看出本书结果与 Roberts 的研究数据存在较大的差异性。如本书得到的心脏和肝脏距弹着点最近位置的压力峰值分别为 8.02 MPa、3.39 MPa，而 Roberts 得到的心脏和肝脏前部中心点的压力峰值分别为 0.743 MPa 和 0.130 MPa，故本书得到的结果要大于 Roberts 的结果，从而能够发现防弹衣后钝性损伤是受多种因素影响的，主要包括：①手枪弹类型和初速度的影响：Roberts 的研究表明组织器官的压力峰值随手枪子弹速度的增大而增大；②防弹衣的结构特征、材料和厚度的影响：Roberts 采用的 Kevlar 软质防弹衣本身就能起到一定的缓冲作用，从而降低了组织器官的压力峰值；③测量点位置的影响：Roberts 选取组织器官前部中心点进行测量，但该点可能并不是距弹着点最近的点，如肝脏距弹着点最近的部位位于下腔静脉附近，而肝脏前部中心点距下腔静脉 4 cm 左右，从而导致组织器官压力偏小；④人体模型结构特征的影响：对于体重较大的人体躯干模型，皮肤和肌肉较厚，可以起到较好的缓冲作用，从而减小手枪弹对人体组织器官的损伤。

11.4 缓冲层对防弹衣后钝性损伤的影响

缓冲层的主要作用是削弱复合防弹结构对人体躯干组织器官的钝性冲击作用，降低复合防弹结构对人体躯干造成的后钝性损伤。在实际应用中，常采用 EPE 等低密度泡沫材料作为缓冲层，其厚度有合理的取值范围，一般为 1~10 mm。缓冲层过薄，起不到保护人体躯干的作用，而过厚又会增加防弹结构的重量。选取厚度为 1.0 mm、2.5 mm 和 5.0 mm 的 EPE 缓冲层研究缓冲层对人体躯干组织器官力学响应的影响，如表 11.7 和图 11.17 所示。

表 11.7 不同缓冲层厚度下各器官力学响应参数的比较

特性	EPE 厚度/mm	胸骨	肋骨	肋软骨	肺脏	心脏	肝脏
应力峰值/kPa	0	72 270.70	25 432.80	333.40	12.79	14.16	6.62
	1.0	29 951.90	3 068.76	145.34	4.53	1.35	0.61
	2.5	10 159.20	706.97	37.08	1.40	0.28	0.13
	5.0	664.16	202.27	2.34	0.14	0.09	0.05
压力峰值/kPa	0	27 869.86	6 504.23	489.44	8 257.19	8 022.26	3 386.30
	1.0	11 979.00	1 254.64	159.69	4 389.46	3 509.66	1 287.32
	2.5	4 069.20	253.82	43.03	1 627.90	1 022.83	215.39
	5.0	235.03	51.67	4.56	66.88	41.10	26.24
最大加速度/g	0	4 488.23	472.38	15 308.50	3 310.34	1 857.39	1 093.92
	1.0	2 884.34	234.53	1 1231.60	2 268.53	1 403.04	356.75
	2.5	921.19	69.47	3 919.60	482.89	374.22	89.94
	5.0	47.85	3.04	172.22	25.38	16.13	5.53

续表

特性	EPE 厚度/mm	胸骨	肋骨	肋软骨	肺脏	心脏	肝脏
最大速度/(m·s⁻¹)	0	6.42	2.38	14.56	6.44	3.68	1.96
	1.0	3.94	0.18	8.80	2.92	1.51	0.39
	2.5	1.23	0.05	3.06	0.68	0.46	0.14
	5.0	0.04	0.005	1.94	0.05	0.04	0.009

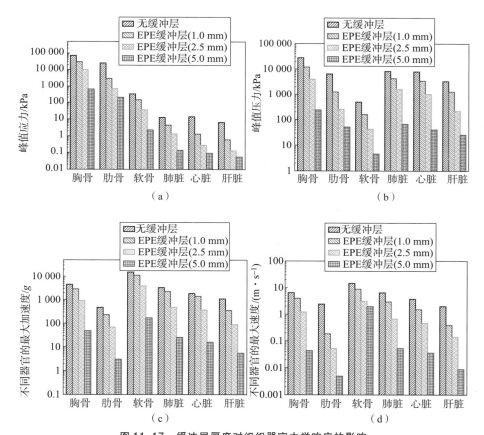

图 11.17　缓冲层厚度对组织器官力学响应的影响
(a) 峰值应力；(b) 峰值压力；(c) 最大加速度；(d) 最大速度

由数值模拟得到厚度为 1.0 mm、2.5 mm 和 5.0 mm 的 EPE 缓冲层对应的胸骨应力分别为 29.95 MPa、10.16 MPa、0.66 MPa，肝脏应力分别为 0.61 kPa、0.13 kPa、0.05 kPa，胸骨速度分别为 3.94 m/s、1.23 m/s、0.04 m/s。根据

■ 爆炸危险性评估及进展

胸骨和肝脏损伤应力阈值，添加缓冲层后不会造成胸骨骨折和肝脏破裂。根据 Axelsson 损伤准则，缓冲层厚度为 1.0 mm 时，会造成微伤 – 轻伤，而缓冲层厚度为 2.5 mm 和 5.0 mm 时不会造成防弹衣后钝性损伤。由此可以得出，缓冲层能显著降低防弹结构保护下手枪弹对人体躯干造成的钝性损伤，并且降低程度与缓冲层厚度有关。因此，选择合适的缓冲层对于降低防弹衣后钝性损伤具有非常重要的意义。虽然缓冲层在一定程度上可以减小防弹衣后钝性损伤，却难以完全消除。

参考文献

[1] 杨秀敏. 爆炸冲击现象数值模拟 [M]. 合肥：中国科学技术大学出版社，2010.

[2] 门建兵，蒋建伟，王树有. 爆炸冲击数值模拟技术基础 [M]. 北京：北京理工大学出版社，2015.

[3] 刘荫秋，保荣本，田惠民，等. 创伤弹道学概论 [M]. 北京：新时代出版社，1985.

[4] 北京工业大学八系《爆炸及其作用》编写组. 爆炸及其作用（上，下）[M]. 北京：国防工业出版社，1979.

[5] 罗兴柏，张玉玲，丁玉奎. 爆炸及其防护简明教程 [M]. 北京：国防工业出版社，2016.

[6] 罗兴柏，张玉玲，丁玉奎. 爆炸力学理论教程 [M]. 北京：国防工业出版社，2016.

[7] [美] 纳比尔. 爆炸与冲击相关损伤 [M]. 蔡继峰，张琳，离亚东，等译. 北京：人民卫生出版社，2011.

[8] 宁建国，王成，马天宝. 爆炸与冲击力学 [M]. 北京：国防工业出版社，2012.

[9] Beat P K, Robin M C, et al. Wound ballistics：basics and applications [M]. Berlin：Springer Science & Business Media, 2011.

[10] [俄] 奥尔连科. 爆炸物理学（上，下）[M]. 孙承纬，译. 北京：科学出版社，2011.

[11] 吕延伟，谭成文，晓东. 不同程度冲击波对兔生理系统的损伤效应 [J]. 爆炸与冲击，2012，32（1）：97-102.

[12] US Department of the Army, the Navy and the Air Force. Structures to resist the effects of accidental explosions [S]. TM5-1300, Washington, DC, 1990.

[13] 隋树元，王树山. 终点效应学 [M]. 北京：国防工业出版社，2000.

[14] 贾骏麒. 高速破片的创伤弹道学及其对颞下颌关节创伤的生物力学机制的研究 [D]. 西安：第四军医大学，2017.

[15] Yoshihisa M, Ben H, Yoshitaro M, et al. The characteristics of blast traumatic brain injury [J]. No Shinkei Geka, 2010, 38 (8)：695-702.

[16] Singh A K, Ditkofsky N G, York J D, et al. Blast injuries：from improvised explosive device blasts to the boston marathon bombing [J]. Radiographics A Review Publication of the Radiological Society of North America Inc, 2016, 36 (1)：295.

[17] Bouamoul A. Numerical study of primary blast injury to human and sheep lung induced by simple and complex blast loadings [R]. Quebec：Defence Research and Development Canada Valcartier, 2009.

[18] Greer A. Numerical modeling for the prediction of primary blast injury to the lung [D]. Waterloo：Waterloo University of Waterloo, 2007.

[19] Bellamy R F, Zajtchuk R, Buescher T M. Conventional warfare：ballistic, blast, and burn injuries [R]. Walter Reed Army Institute of Research, Walter Reed Army Medical Center, 1991.

[20] Avidan V, Hersch M, Armon Y, et al. Blast lung injury：clinical manifestations, treatment, and outcome [J]. The American Journal of Surgery, 2005, 190 (6)：945-950.

[21] Argyros G J. Management of primary blast injury [J]. Toxicology, 1997, 121 (1)：105-115.

[22] Chanda A, Callaway C. Computational modeling of blast induced whole-body injury：a review [J]. Journal of Medical Engineering and Technology, 2018, 42 (2)：1.

[23] Clemedson C J. Blast Injury [J]. Physiological Reviews, 1956, 36 (3)：336.

[24] Clemedson C J, Hultman H I S, Odont B. Air embolism and the cause of death in blast injury [J]. The Military Surgeon (United States), 1954, 114 (6)：424-437.

[25] Clemedson C J, Pettersson H. Genesis of respiratory and circulatory changes in blast injury [J]. American Journal of Physiology-Legacy Content, 1953, 174 (2): 316-320.

[26] Clemedson C J. Respiration and pulmonary gas exchange in blast injury [J]. Journal of applied physiology, 1953, 6 (4): 213-220.

[27] Clemedson C J. An experimental study on air blast injuries [J]. Acta Physiologica Scandinavia, 1955, 33 (1): 14-18.

[28] De Candole C A. Blast injury [J]. Canadian Medical Association Journal, 1967, 96 (4): 207-214.

[29] Bowen I G, Fletcher E R, Richmond D R. Estimate of man's tolerance to the direct effects of air blast [M]. Albuquerque: Lovelace Foundation for Medical Education and Research. Albuquerque, NM, 1968.

[30] Bass C R, Rafaels K A, Salzar R S. Pulmonary injury risk assessment for short-duration blasts [J]. Journal of Trauma, 2008, 65 (3): 604.

[31] Rafaels K A. Pulmonary injury risk assessment for long-duration blasts: a meta-analysis [J]. Journal of Trauma, 2010, 69 (2): 368-374.

[32] Eyal G A. Correction for primary blast injury criteria [J]. Journal of Trauma, 2006, 60 (6): 1284-1289.

[33] Voort M M V D, Holm K B, Kummer P O, et al. A new standard for predicting lung injury inflicted by Friedlander blast waves [J]. Journal of Loss Prevention in the Process Industries, 2016, 40: 396-405.

[34] Stuhmiller J H. Biological response to blast overpressure: a summary of modeling [J]. Toxicology, 1997, 121 (1): 91.

[35] Stuhmiller J H, Ho H H, Vorst M J V, et al. A model of blast overpressure injury to the lung [J]. Journal of Biomechanics, 1996, 29 (2): 227-234.

[36] Cooper C, Dudley H, Gann D. Scientific Foundations of Trauma [M]. Oxford UK: Butterworth-Heinemann, 1997.

[37] Axelsson H, Yelverton J T. Chest wall velocity as a predictor of nonauditory blast injury in a complex wave environment [J]. Journal of Trauma, 1996, 40 (3): S31-S37.

[38] Johnson D L, Yelverton J T, Hicks W, et al. Blast overpressure studies with animals and man: biological response to complex blast naves [M]. New Mexico: Albuquerque, EG and G INC, 1993.

[39] D'Yachenko A I, Manyuhina O V J J O B. Modeling of weak blast wave propa-

gation in the lung [J]. Journal of Biomechanics, 2006, 39 (11): 2113 - 2122.

[40] Lashkari M H. Numerical modeling of primary thoracic trauma because of blast [R]. Annals of Military Health Sciences Research, 2015.

[41] Lichtenberger J P, Kim A M, Fisher D, et al. Imaging of Combat-Related Thoracic Trauma-Blunt Trauma and Blast Lung Injury [J]. Military Medicine, 2018, 183 (3 - 4): e89 - e96.

[42] Jönsson A, Clemedson C, Sundqvist A, et al. Dynamic factors influencing the production of lung injury in rabbits subjected to blunt chest wall impact [J]. Aviation, Space, Environmental Medicine, 1979, 50 (4): 325 - 337.

[43] Josey T. Investigation of Blast Load Characteristics on Lung Injury [D]. Waterloo: University of Waterloo, 2010.

[44] Thom C. Soft materials under air blast loading and their effect on primary blast injury [D]. Waterloo: University of Waterloo, 2009.

[45] Richmond D R, Yelverton J T, Fletcher E R. New airblast criteria for man [R]. New Mexico: LOS ALAMOS NATIONAL LAB NM LIFE SCIENCES DIV, 1986.

[46] 王正国. 冲击伤 [M]. 北京: 人民军医出版社, 1983.

[47] 周杰. 爆炸冲击波作用下的人体创伤及泡沫材料对冲击波的衰减机理研究 [D]. 南京: 南京理工大学, 2014.

[48] 康建毅. 复杂冲击波的生物效应与数值模拟研究 [D]. 重庆: 重庆大学, 2010.

[49] 秦俊华. 爆炸冲击波对人体创伤效应评估软件设计 [D]. 南京: 南京理工大学, 2017.

[50] 陈炜. 基于耳蜗微循环变化的听器爆炸冲击波损伤效应评估及影响机制研究 [D]. 重庆: 第三军医大学, 2013.

[51] 王新颖, 王树山, 卢熹, 等. 空中爆炸冲击波对生物目标的超压 – 冲量准则 [J]. 爆炸与冲击, 2018, 38 (1): 106 - 111.

[52] 陈渝. 爆炸冲击波对人体胸部力学响应有限元数值模拟研究 [D]. 重庆: 重庆大学, 2013.

[53] 杨春霞. 羊肺脏有限元模型的建立及其在冲击波作用下的仿真分析 [D]. 重庆: 重庆大学, 2010.

[54] 王慧玲, 唐虹, 高强. 防爆服的防护性能及其研究进展 [J]. 纺织报告, 2016 (5): 33 - 37.

[55] Wood G W, Panzer M B, Shridharani J K, et al. Attenuation of blast pressure behind ballistic protective vests [J]. Injury Prevention, 2013, 19 (1): 19 - 25.

[56] 张志江, 王立群, 许正光, 等. 爆炸物冲击波的人体防护研究 [J]. 中国个体防护装备, 2009 (1): 8 - 11.

[57] Gibson P W. Response of clothing materials to air shock waves [R]. New Jersey: US Army Natick RDE Centre, 1989.

[58] 倪君杰, 李剑. 搜排爆防护装备的效能评价 [J]. 中国安全防范认证, 2016 (6): 53 - 56.

[59] 倪君杰, 李剑, 唐剑兰. 搜爆服评测方法研究 [J]. 警察技术, 2016 (4): 87 - 89.

[60] Phillips Y Y. Primary blast injuries [J]. Annals of emergency medicine, 1986, 15 (12): 1446 - 1450.

[61] Phillips Y Y, Mundie T G, Yelverton J T, et al. Cloth ballistic vest alters response to blast [J]. Journal of Trauma, 1988, 28 (1 Suppl): S149.

[62] Rodríguez-Millán M, Tan L B, Tse K M, et al. Effect of full helmet systems on human head responses under blast loading [J]. Materials & Design, 2017, 117: 58 - 71.

[63] Bircher H. Die Wirkung der Artilleriegeschosse [M]. Amsberg: HR Sauerländer, 1899.

[64] Journée F A. Rapport entre la force vive des balles et la gravité des blessures qu'elles peuvent causer, par M. Journée [M]. Limonest: Berger - Levrault, 1907.

[65] BEYER J C. Wound ballistics [M]. Washington: Office of the Surgeon General, Department of the Army, 1962.

[66] Sperrazza J, Kokinakis W. Ballistic limits of tissue and clothing [J]. Annals of the New York Academy of Sciences, 1968, 152 (1): 163 - 167.

[67] Kneubuehl B P. Wound ballistics: basics and applications [M]. Berlin: Springer Science & Business Media, 2011.

[68] Zhen T, Zhou Z, Gang Z, et al. Establishment of a three - dimensional finite element model for gunshot wounds to the human mandible [J]. Journal of Medical Colleges of Pla, 2012, 27 (2): 87 - 100.

[69] Huelke D F, Harger J, Buege L J, et al. An experimental study in bio - ballistics: Femoral fractures produced by projectiles—II Shaft impacts [J]. Jour-

nal of Biomechanics, 1968, 1 (4): 313 – 321.

[70] Huelke D F, Harger J, Buege L J, et al. An experimental study in bio – ballistics: Femoral fractures produced by projectiles [J]. Journal of Biomechanics, 1968, 1 (2): 97 – 102.

[71] Mota A, Klug W, Ortiz M, et al. Finite – element simulation of firearm injury to the human cranium [J]. Computational Mechanics, 2003, 31 (1 – 2): 115 – 121.

[72] 许川, 李兵仓. 爆炸破片伤的机制、特点及早期外科处理 [J]. 创伤外科杂志, 2011, 13 (1): 86 – 89.

[73] 卢海涛, 王覃, 金永喜. 低速钢球对人体模拟靶标作用研究 [C]. 中华医学会第十一届全国创伤学术会议, 2017.

[74] 陈渝斌. 下颌骨火器伤有限元仿真及生物力学机制的初步研究 [D]. 重庆: 第三军医大学, 2010.

[75] 张金洋. 面向损伤评估的数字化人体建模研究 [D]. 南京: 南京理工大学, 2016.

[76] 雷涛. 猪下颌骨枪弹伤三维有限元仿真模拟 [D]. 重庆: 第三军医大学, 2009.

[77] Vinson J R, Zukas J A. On the ballistic impact of textile body armor [J]. Journal of Applied Mechanics, 1975, 42 (2): 263.

[78] 张启宽. 步枪弹对带复合防护人体靶标作用的数值模拟 [D]. 南京: 南京理工大学, 2012.

[79] Merkle A, Ward E C, et al. Assessing behind armor blunt trauma (BABT) under NIJ standard – 0101.04 conditions using human torso models [J]. The Journal of Trauma – Injury, Infection, and Critical Care, 2008, 64 (6): 1555 – 1561.

[80] Vavalle, Moreno, Rhyne, et al. Lateral impact validation of a geometrically accurate full body finite; Element model for blunt injury prediction [J]. Annals of Biomedical Engineering, 2013, 41 (3): 497 – 512.

[81] Cannon L. Behind armour blunt trauma—an emerging problem [J]. Journal of the Royal Army Medical Corps, 2001, 147 (1): 87 – 96.

[82] Bir C. Ballistic injury biomechanics [M]. New York: Springer New York, 2015.

[83] Thota N, Epaarachchi J, Lau K T. Development and validation of a thorax surrogate FE model for assessment of trauma due to high speed blunt impacts [J].

Journal of Biomechanical Science and Engineering,2014,9(1):1-22.

[84] Suppitaksakul C. A measuring set for visualization of ballistic impact on soft armor [C]. Proceedings of the International Symposium on Communication Systems Networks & Digital Signal Processing,2010.

[85] Golovin K,Phoenix S L. Effects of extreme transverse deformation on the strength of UHMWPE single filaments for ballistic applications [J]. Journal of Materials Science,2016,51(17):8075-8086.

[86] Porwal P K,Phoenix S L. Modeling system effects in ballistic impact into multi-layered fibrous materials for soft body armor [J]. International Journal of Fracture,2005,135(1-4):217-249.

[87] Cronin D,Worswick M,Ennis A,et al. Behind Armour Blunt Trauma for ballistic impacts on rigid body armour [C]. Proceedings of the 19th Int Symp Ballistics,International Ballistics Society,Interlaken,Switzerland,2001.

[88] Zhang T,Ma T,Li W. Preparation of ultrahigh molecular weight polyethylene/WS2 composites for bulletproof materials and study on their bulletproof mechanism [J]. Journal of Macromolecular Science Part B,2015,54(8):992-1000.

[89] 邵贤忠. 多层复合防护结构抗超高速碎片侵彻特性研究 [D]. 合肥：中国科学技术大学,2009.

[90] 卫恒吉. 复合式防弹衣对人体胸部防护性能的仿真研究 [D]. 上海：上海交通大学,2006.

[91] Mohotti D,Ngo T,Mendis P,et al. Polyurea coated composite aluminium plates subjected to high velocity projectile impact [J]. Materials & Design,2013,52(24):1-16.

[92] 公安部装备财务局. 警用防弹衣 [S]. 北京：中国标准出版社,2010.

[93] Office of law Enforcement Standards(OLES)United States of America,America USO. Ballistic Resistance of Body Armor NIJ Standard-0101.06 [S]. Bureau of Justice Statistics,2012.

[94] 董萍. 手枪弹对带软体防弹衣人体躯干靶标钝击作用的建模与仿真研究 [D]. 南京：南京理工大学,2012.

[95] 刘海. 胸部钝性弹道冲击致间接脑损伤的力学响应数值模拟研究 [D]. 重庆：第三军医大学,2014.

[96] Roberts J C,Merkle A C,Biermann P J,et al. Computational and experimental models of the human torso for non-penetrating ballistic impact [J]. Journal

of Biomechanics, 2007, 40 (1): 125 – 136.

[97] Roberts J C, O'Connor J V, Ward E E. Modeling the effect of nonpenetrating ballistic impact as a means of detecting behind – armor blunt trauma [J]. Journal of Trauma and Acute Care Surgery, 2005, 58 (6): 1241 – 1251.

[98] Kang J, Chen J, Dong P, et al. Numerical simulation of human torso dynamics under non – penetrating ballistic impact on soft armor [J]. International Journal of Digital Content Technology and its Applications, 2012, 6 (22): 843.

[99] Kunz S N, Arborelius U P, DAN G, et al. Cardiac changes after simulated behind armor blunt trauma or impact of nonlethal kinetic projectile ammunition [J]. Journal of Trauma & Acute Care Surgery, 2011, 71 (5): 1134 – 1143.

[100] Carr D J, Horsfall I, Malbon C. Is behind armour blunt trauma a real threat to users of body armour? A systematic review [J]. Journal of the Royal Army Medical Corps, 2016, 162 (1): 8 – 11.

[101] 任丹萍. 破片和冲击波复合作用下对导弹的毁伤 [D]. 南京: 南京理工大学, 2006.

[102] Leppänen J. Experiments and numerical analyses of blast and fragment impacts on concrete [J]. International Journal of Impact Engineering, 2005, 31 (7): 843 – 860.

[103] Nyström U, Gylltoft K. Numerical studies of the combined effects of blast and fragment loading [J]. International Journal of Impact Engineering, 2009, 36 (8): 995 – 1005.

[104] 董秋阳, 宋述稳, 张学民, 等. 基于时间差法破片和冲击波毁伤靶板数值模拟 [J]. 机电产品开发与创新, 2016, 29 (3): 69 – 71.

[105] 杨志焕, 黄建钊. 冲击伤复合高速破片致伤的损伤特点和冲击伤防护研究 [J]. 爆炸与冲击, 1998, 18 (2): 162 – 166.

[106] 王昭领. 颌面部高速破片+冲击波复合伤致伤机制实验研究 [D]. 西安: 第四军医大学, 2002.

[107] 胡双启, 张景林. 燃烧与爆炸 [M]. 北京: 兵器工业出版社, 1992.

[108] 周杰, 陶钢, 张洪伟, 等. 模拟不同爆炸冲击波的计算方法研究 [J]. 兵工学报, 2014, 35 (11): 1846 – 1850.

[109] 王正国. 原发冲击伤的发生机制 [J]. 解放军医学杂志, 1995, 20 (4): 316 – 317.

[110] 王正国. 原发肺冲击伤 [J]. 中华肺部疾病杂志 (电子版), 2010, 3

(4)：1-3.

[111] 王德文，刘雪桐. 现代火器伤基础理论与战伤救治 [J]. 解放军医学杂志，1990，4：212.

[112] 王林，李彤华，李晓辉，等. 人员目标特性的战斗部杀伤威力评价方法 [J]. 兵器装备工程学报，2011，32（11）：122-124.

[113] 孙业斌. 爆炸作用与装药设计 [M]. 北京：国防工业出版社，1987.

[114] 总参兵种部. 钢质自然破片对人员的杀伤判据 [S]. 北京：中国标准出版社，1997.

[115] 总参兵种部. 小质量钢质破片对人员的杀伤判据 [S]. 北京：中国标准出版社，1997.

[116] Roberts S B, Chen P H. Elastostatic analysis of the human thoracic skeleton [J]. Journal of Biomechanics, 1970, 3 (6): 527-545.

[117] 周云波，郭启涛，佘磊，等. 基于 LBE 方法的驾驶室防护仿真 [J]. 北京理工大学学报，2016，36（3）：237-241.

[118] Christian A, Chye G O K. Performance of fiber reinforced high-strength concrete with steel sandwich composite system as blast mitigation panel [J]. Procedia Engineering, 2014, 95: 150-157.

[119] Tabatabaei Z S, Volz J S. A comparison between three different blast methods in LS-DYNA: LBE, MM-ALE, coupling of LBE and MM-ALE [C]. Proceedings of the 12th International LS-DYNA Users Conference, 2012.

[120] Schwer L. A brief introduction to coupling load blast enhanced with multi-material ALE: the best of both worlds for air blast simulation [C]. Proceedings of the LS-DYNA Forum Bamberg, 2010.

[121] Hallquist J O. LS-DYNA keyword user's manual [R]. Livermore Software Technology Corporation, 2007.

[122] Neuberger A, Peles S, Rittel D. Scaling the response of circular plates subjected to large and close-range spherical explosions. Part I: Air-blast loading [J]. International Journal of Impact Engineering, 2007, 34 (5): 859-873.

[123] Henrych J. Blasting dynamic and its applications [M]. Beijing: Science Press, 1987.

[124] Sato M. Mechanical properties of living tissues [J]. Iyō Denshi to Seitai Kōgaku Japanese Journal of Medical Electronics & Biological Engineering, 1986, 24 (4): 213-219.

[125] Axelsson H, Hjelmqvist H, Medin A, et al. Physiological changes in pigs exposed to a blast wave from a detonating high – explosive charge [J]. Military Medicine, 2000, 165 (2): 119 – 126.

[126] Dancewicz R, Barcikowski S, Ceder A, et al. Lung injuries caused by explosion in rabbits. 1. The experimental model of the injury [J]. Zeitschrift Fur Experimentelle Chirurgie, Transplantation, and Kunstliche Organe: Organ der Sektion Experimentelle Chirurgie der Gesellschaft Fur Chirurgie der DDR, 1988, 21 (2): 85.

[127] Cheng J, Gu J Y, Yang T, et al. Development of a rat model for studying blast – induced traumatic brain injury [J]. Journal of the Neurological Sciences, 2010, 294 (1): 23 – 28.

[128] Richmond D. Blast criteria for open spaces and enclosures [J]. Scandinavian Audiology Supplementum, 1991, 34: 49 – 76.

[129] Babaei B, Shokrieh M M, Daneshjou K. The ballistic resistance of multi – layered targets impacted by rigid projectiles [J]. Materials Science and Engineering: A, 2011, 530: 208 – 217.

[130] Johnson G, Beissel S, Cunniff P. A computational model for fabrics subjected to ballistic impact [C]. Proceedings of the 18th International Symposium on Ballistics, San Antonio, 1999.

[131] Wu J, Wang L, An X. Numerical analysis of residual stress evolution of Al-Si10Mg manufactured by selective laser melting [J]. Optik – International Journal for Light and Electron Optics, 2017, 137: 65 – 78.

[132] Schaffler M B, Burr D B. Stiffness of compact bone: effects of porosity and density [J]. Journal of Biomechanics, 1988, 21 (1): 13 – 16.

[133] Kaseda S, Tomoike H, Ogata I, et al. End – systolic pressure – volume, pressure-length, and stress-strain relations in canine hearts [J]. Am. J. Physiol, 1985, 249 (2): 648 – 654.

[134] Ruan J, El-Jawahri R, Chai L, et al. Prediction and analysis of human thoracic impact responses and injuries in cadaver impacts using a full human body finite element model [J]. Stapp Car Crash J, 2003 (47): 299 – 321.

[135] Tamura A, Omori K, Miki K, et al. Mechanical characterization of porcine abdominal organs [J]. Stapp Car Crash Journal, 2002, 46 (46): 55.

[136] Palta E, Fang H, Weggel D C. Finite element analysis of the Advanced Combat Helmet under various ballistic impacts [J]. International Journal of Impact

Engineering, 2018, 112: 125 – 143.

[137] Cai Z H, Bao Z, Wang W, et al. Simulation of non – penetrating damage of head due to bullet impact to helmet [J]. Acta Armamentarii, 2017, 38 (6): 1097 – 1105.

[138] Guler K A, Kisasoz A, Karaaslan A. A study of expanded polyethylene (EPE) pattern application in aluminium lost foam casting [J]. Russian Journal of Non – Ferrous Metals, 2015, 56 (2): 171 – 176.

[139] Nunes L M, Paciornik S, D'Almeida J. Evaluation of the damaged area of glass – fiber – reinforced epoxy – matrix composite materials submitted to ballistic impacts [J]. Composites Science & Technology, 2004, 64 (7): 945 – 954.

索 引

0～9

0.005 kg TNT 230～253
    各组织器官的峰值应力（图） 247
    各组织器官的最大速度（图） 249
    人体躯干的损伤概率（图） 251
    入射冲击波冲量变化曲线（图） 233
    入射冲击波压力变化曲线（图） 231
    组织器官力学响应（图） 239～241

0.05 kg TNT 230～253
    各组织器官的峰值应力（图） 247
    各组织器官的最大速度（图） 249
    人体躯干的损伤概率（图） 251
    入射冲击波冲量变化曲线（图） 233
    入射冲击波压力变化曲线（图） 231
    组织器官力学响应（图） 241、242

0.5 kg TNT 230～253
    各组织器官的峰值应力（图） 248
    各组织器官的最大速度（图） 250
    人体躯干的损伤概率（图） 252
    入射冲击波冲量变化曲线（图） 233
    入射冲击波压力变化曲线（图） 232
    组织器官力学响应（图） 243、244

1 kg 梯恩梯爆炸后在 5 m 远处的 $\Delta p(t)$ 曲线（图） 22

2 发战斗部殉爆（图） 132

4.0 kg TNT 234、244～246
    入射冲击波冲量变化曲线（图） 234
    组织器官力学响应（图） 244～246

4 发战斗部 128～133
    同时起爆（图） 130
    殉爆（图） 133

8 发战斗部 129～135
    同时起爆（图） 131
    殉爆方式（图） 134、135

9 mm 手枪弹的结构图 263

A～Z

A – S 杀伤判据 177

AIS 150、151
    评分原则（表） 151

ALE 方法 226

$AlSi_{10}Mg$ 合金的材料参数（表） 317

ANSYS/LS – DYNA 界面（图） 201

ANSYS/LS‑DYNA 软件　200、219
　　进行计算求解　219
　　计算路径和计算文件设置界面（图）　219
Axelsson 损伤模型　164、164（图）253
　　动力学方程　164
Bowen 损伤曲线　144、156～162
　　人体躯干受侧面压力时　159、159（图）
　　人体躯干受反射压力时　160、161（图）
　　人体躯干受正面压力时　157、157（图）
　　推导　157
EPE　317、318
　　材料参数（表）　318
　　缓冲层　317
　　应力‑应变曲线（图）　318
FRAGHAZ 计算机程序　47
　　缺陷　47
Friedlander　16、227
　　冲击波　16
　　方法　227
Fringe Component 界面（图）　222
GA 141—2010《警用防弹衣》标准　148、261
GJB 1160—1991 钢质球形破片　169、170
　　对人员的杀伤判据　169
　　破片速度和质量对损伤概率的影响规律（图）　170
GJB 2936—1997 钢质自然破片　171、172
　　对人员的杀伤判据　171
　　破片速度和质量对损伤概率的影响规律（图）　171、172
GJB 4808—1997（GJBz 20450—1997）小质量钢质破片对人员的杀伤判据　172
Held 破片质量分布　54
History 界面（图）　223

HyperMesh　200、202
　　界面（图）　200
　　软件进行前处理　202
JOHNSON‑COOK 损伤模型　261
K 文件　218、220
　　导出界面（图）　218
　　求解参数设置界面（图）　220
Kevlar 材料参数（表）　263
LBE 方法　227、228
　　爆炸载荷计算公式　228
LS‑PrePost　200～202、221
　　界面（图）　201
　　软件　200
　　软件创建几何模型　202
　　软件进行后处理　221
McClescky 垂直风洞试验　90
Mott 破片　50
　　分布　50
N　51、52
　　随 m_f 的立方根变化曲线（图）　52
　　随 m_f 的平方根变化曲线（图）　51
Payman 破片质量分布　53
P_{damage}　126、127
　　等值线（图）　127
　　随距离的变化曲线（图）　126
Rhinoceros 软件转换模型（图）　196
Richmond 损伤准则　155
S‑78‑228‑3‑0.44 破片　291
　　贯穿性损伤过程（图）　291
S‑78‑228‑3‑0.69 破片　290
　　对应的各组织器官力学响应参数（表）　290
S‑78‑228‑3‑0.90 破片　293
　　对心脏、肺脏和肝脏的间接损伤（图）　293
S‑ALE 方法　226
Sadovskyi 超压值理论　235

计算公式　235
Segment 卡片　214
Shapiro 公式　69
Softplus 函数　94、95（图）
Stuhmiller 损伤模型　162、163
　　动力学方程　163
　　基本观点　162
　　胸膜动力学模型（图）　162
Taylor 角关系式　69
TNT 主要理化参数（表）　187
TPU 的材料参数（表）　317
TRISS　152
　　参数的权重值（表）　152
　　分值计算方法　152
UHMWPE 材料参数（表）　310
User Profiles 界面（图）　203
Weibull 破片分布函数　55

B

爆轰波到达介质时的压力分布（图）　19
爆轰产物　20~25、58~64
　　膨胀　20、24（图）
　　与破片速度示意图　58
　　状态均布条件下的解析计算　59
　　状态轴对称起爆条件下的解析计算　60
　　总动能 E_g　63
　　总内能 E_e　64
爆距－TNT 药量损伤曲线（图）　165
爆炸　2、8、10、35、45、91、105、137、307
　　对人体损伤的防护　307
　　分类　8
　　风险评估　137
　　回收非规则破片建模过程（图）　91
　　破片场计算　45
　　特征　10
　　危险性评估　105

　　相似律　35
爆炸冲击波　164、187
　　对肺做功与肺组织创伤之间的联系（图）　164
　　损伤实验　187
爆炸伤的实验研究　179
爆炸损伤　3、11、143
　　类型　11
　　判定准则　143
爆炸载荷　218
　　参数的定义（图）　218
　　加载的定义（图）　218
爆炸载荷面的选取（图）　214
被定量　32
比冲量的计算　43
比动能杀伤判据　175
波　12、13
　　传播（图）　13
波速　13
玻璃破片侵彻腹腔的概率为 50% 时的撞击速度（表）　114
不同 TNT 药量　234~253
　　冲击波平均速度（图）　234
　　各组织器官的峰值应力（图）　247、248
　　各组织器官的最大速度（图）　249、250
　　人体躯干的损伤概率（图）　251、252
不同安全距离评价方法得到的安全距离（表）　128
不同尺寸的破片在人体躯干中的运动状态　276
不同冲击波　153、156
　　损伤准则的比较（表）　153
　　正压持续时间下人员死亡率超压阈值（表）　156
不同冲击波超压损伤判据（表）　154

不同冲击波超压作用　185、186
　　兔肺损伤表观照片（图）　185
　　兔肺显微组织（图）　186
不同冲击波和破片作用次序　298、304
　　参数设置（表）　298
　　人体组织器官的力学响应参数
　　（表）　304
不同动能（速度）的破片在人体躯干中的
　　运动状态（图）　265
不同动能（质量）的破片在人体躯干中的
　　运动状态（图）　269
不同缓冲层厚度下各器官力学响应参数的比
　　较（表）　330
不同距离破片命中体单元动能统计
　　（图）　122
不同类型的靶板统计破片示意图　118
不同类型风险代号表　137
不同马赫数下阻力系数与球形度的关系
　　（图）　93
不同平均方法对比（表）　89
不同球形度破片模型预测阻力系数与数值模
　　拟结果对比（图）　98
不同伤害等级对应的命中动能-伤害概率的
　　关系（图）　123
不同时刻人体躯干表面入射冲击波压力分布
　　（图）　237
不同时刻软质防爆服的变形情况
　　（图）　312
不同时刻组织器官应力分布（图）　254～
　　256
不同损伤等级对应的ASII值和胸壁最大向
　　内运动速度（表）　164
不同危险判据计算得到的安全距离
　　（表）　127
不同形状的破片在人体躯干中的运动状态
　　（图）　280
不同形状破片模拟结果与垂直风洞试验结果
比较（图）　92
不同质量（速度）的破片在人体躯干中的
　　运动状态（图）　273
不同组织器官的力学响应（图）　320～324

C

参考文献　333
测量方法与数据处理　72
常见破片飞散计算模型对比（表）　75
常用规则破片 C_d-Ma 曲线（图）　82
常用金属材料动载荷和静载荷下的破坏应变
　　和破坏能（表）　65
超压准则　154
持续时间 3～5 ms 空气爆炸冲击波对人体的
　　不同部位的损伤（表）　155
持续压力作用下人体的损伤情况
　　（表）　154
冲击波　11、15～17、22、29、30、144、
　　153、183、225、235～238、251、254、
　　297～311
　　波阵面后压力分布示意图　22
　　冲击波绕过障壁物后的环流（图）　30
　　对人体的损伤　144、225
　　对人体的损伤机理　17
　　对人体的损伤准则　153
　　对人体躯干的钝性冲击过程　311
　　对人体躯干的损伤机理　254
　　对人体损伤的评估　251
　　和破片联合损伤模型（图）　297
　　和破片同时作用对人体躯干损伤程度的
　　影响　302
　　和破片同时作用时组织器官的应力响应
　　曲线（图）　303
　　及破片单独损伤与联合损伤下各组织器
　　官的力学响应参数的比较（表）　305
　　损伤实验　183
　　特征参数　15

索 引

特征参数理论值与模拟值的比较（图） 235
  压力场分布 236
  与声波的不同点 17
  与声波的共同点 16
  与障壁下反射的初始情况（图） 29
  在人体躯干周围的绕流现象（图） 238
  主要特征 15
冲击波超压 139、154、230、253
  对人体的损伤（表） 154
  对应危险概率图 139
  和冲量对人体躯干损伤程度的影响 230
  计算工况 230
  准则 253
冲击波损伤 230
  计算工况（表） 230
冲击波损伤模型 226~229、228（图）
  建立 226
  验证 229
  组成 228
冲击波先于破片作用 299
  对人体躯干损伤程度的影响 299
  人体躯干的损伤过程（图） 299
  组织器官的应力响应曲线（图） 300
冲击伤 11
冲量—时间曲线（图） 16
冲量准则 155
创伤与损伤严重度评估 152

D

大白鼠 183
大尺度堆垛实验 101
单发殉爆 131
单发战斗部 124
  破片危险性分析 124
单面侵蚀接触参数定义界面（图） 213

单元属性和材料属性赋值界面（图） 212
弹体不可压缩流体模型 57
  数值计算 57
弹体动载响应固体模型 62
弹丸 49、125
  爆轰过程示意图 49
  几何参数及破片初始参数（表） 125
弹药库工作人员 140、141
  个人风险 140
  局部个人风险 141
  全局个人风险 141
弹药自然破片 48
低、中、高速破片射击肥皂创伤弹道（图） 190
第二级爆炸伤 11
第三级爆炸伤 11
第四级爆炸伤 12
第一级爆炸伤 11
典型破片的形状（图） 78
动能杀伤判据 174
动态爆炸时破片束的飞散（图） 71
"短粗"、可压扁破片的无量纲挠度与无量纲速度的关系曲线（图） 108
"短粗"、无变形破片的无量纲极限速度与无量纲厚度的关系曲线（图） 109
堆垛战斗部破片危险性分析 128
  同时起爆 128
对有隔离层的人体和山羊皮肤作的弹道极限速度与 A/M 的关系曲线（图） 112

E~F

二十面体的俯仰角和旋转角（表） 79
二维网格模型 196
反舰多P战斗部的 M_{0B}、B、λ 值（表） 55
防爆服 146、308
  分类 146
  结构层次（图） 308

349

研究　146
防爆服后钝性损伤模型　309、309（图）
防弹结构后钝性损伤的产生机制　329
防弹衣　148
防弹衣后钝性损伤　148、316、317
　　　模型　316、317（图）
　　　研究　148
防跳挡板　73
非反射边界　215
　　　定义界面（图）　215
　　　面的选取（图）　215
非侵彻破片　114、115
　　　间接冲击作用暂行标准（表）　115
非球形破片迎风方向示意图　87
非生物体模拟物　180
　　　选择　180
肥皂　181
肺脏　194～196
　　　结构（图）　194
　　　三维实体模型（图）　196
　　　三维有限元模型（图）　196
　　　网格（图）　195
肺脏超压　155
　　　与作用时间损伤准则（图）　155
分布密度杀伤判据　177
负压与肺泡扩张效应　18
复合防弹结构　318、319（图）
　　　防弹性能　318

G

肝脏结构（图）　194
钢球射击后产生的空腔（图）　180
格尼解析计算方法　62
各国采用的破片动能杀伤判据（表）　174
各种爆炸装药的 A 值（表）　52
各种典型破片的平均迎风面积（表）　78
各种动物的特点　182

各种铸装和压装炸药的 A 值（表）　53
各组织器官的单元数和节点数（表）　198
狗　182
骨骼力学响应曲线（图）　289、325、326
惯性效应　18
锅炉爆炸　8

H

核爆炸　9
后钝损伤　146、148
化学爆炸　9
　　　分类　9
缓冲层　330、331
　　　对防弹衣后钝性损伤的影响　330
　　　厚度对组织器官力学响应的影响（图）　331
　　　主要作用　330
回收破片　102、103
　　　形状分布规律（图）　103
　　　质量分布规律（图）　102
回收箱　72

J

机械波　12、13
　　　形成　13
基本测量单位　31
　　　系统　31
基本物理量　31
激波管　184
　　　产生的典型冲击波波形图　184
　　　工作原理图　184
激波管冲击波损伤实验　184、185
　　　动物分组及制备　185
　　　结果　185
　　　装置　184
极限速度 V_{50} 的定义　108
急性肺损伤　185

几种弹丸的 M_{0B}、B、λ 值（表） 55

计算进度显示界面（图） 220

简化危险品生产园区示意图 141

简明损伤定级 150

    标准 150

静爆场试验立式靶和地面靶的示意图 117

K

壳体周围介质吸收的能量 Ei 65

壳体总变形能 E_M 65

空气材料参数定义界面（图） 210

空气冲击波 19

    爆炸相似律与参数计算 30

    产生示意图 24

    传播 24

    传播过程（图） 25

    峰值超压的计算 40

    环流作用 29

    形成 19

    形成过程 19

    压力 38

    在刚性壁面上的反射 25

    正压区作用比冲 39

    正压区作用时间 38

空气冲击波参数 37、40

    工程计算 40

    理论分析 37

空气的材料参数（表） 228

空气和人体躯干模型图像显示界面（图） 205

空气几何模型（图） 202

空气网格复制/移动界面（图） 206

空气域尺寸 237

空气中爆炸冲击波 12

空气状态方程参数定义界面（图） 211

空中爆炸时不同位置的 $p(t)$ 曲线（图） 28

L

立方体破片模拟结果与试验对比（图） 89

立方体三类迎风状态示意图 87

立式弹丸中心起爆 $P_{\text{damage}}(\alpha, R)$ 的等值线（图） 126

联合损伤 149、296~298

    模型 296

两发战斗部同时起爆（图） 129

量纲 31、32

    基本定律 32

    理论基础知识 31

    相关性 32

流固耦合 213

    参数定义界面（图） 214

六面体网格 196

M~N

马和牛 182

美国军用装备国际试验操作规程 ITOP4－2－813 88

美军大尺度堆垛试验远场设置示意图 101

美军静爆实验近场设置示意图 100

美军小尺度堆垛试验速度统计（图） 102

面面固连接触参数定义界面（图） 213

明胶 181

命中部位不同的破片在人体躯干中的运动状态（图） 283

目标材料的性质（表） 109

内爆效应 18

内容安排 3

内脏器官力学响应曲线 289、290、326

黏弹性模型材料参数定义界面（图） 209

黏土 181

P

皮肤层厚度及材料模型定义界面（图） 208

皮肤单元属性定义界面（图） 207
皮肤积分方式定义界面（图） 208
皮肤结构（图） 193
破片 48、57、63、75、76、82、106、110、111、117、125、147、168、176、259、264、290
 比动能杀伤判据（表） 176
 初速分布 57
 对薄金属板的撞击作用 106
 对结构或结构元件的作用 106
 对人的毁伤作用 111
 对人体的损伤 147、259
 对人体的损伤判据 168
 对人体躯干的损伤 264
 对人体躯干的损伤机理 290
 对屋顶材料的撞击破坏（表） 110
 对屋顶材料的撞击作用 110
 飞散试验场的典型布局（图） 73
 飞散形式（图） 68
 飞行受力示意图 75
 角度分布典型曲线（图） 72
 近场信息（图） 125
 近场信息估计 48
 气动力模型 76
 束飞散角计算（图） 70
 统计单元 117
 危险性 106
 细长度 82
 形成 48
 迎风面积模型 76
 直接损伤 290
 总动能 E_c 63
破片场危险性 116~124
 分析 124
 估计 122
 评估 116
破片尺寸 276~278
 对破片运动规律的影响（图） 277
 对人体躯干损伤程度的影响 276
 对人体躯干损伤的影响（表） 278
破片动能 264~271
 （速度）对破片运动规律的影响（图） 266
 （速度）对人体躯干损伤程度的影响 264
 （速度）对人体躯干损伤的影响（表） 267
 （质量）对破片运动规律的影响（图） 270
 （质量）对人体躯干损伤程度的影响 268
 （质量）对人体躯干损伤的影响（表） 271
破片空间分布 67、74
 曲线（图） 74
破片命中部位 282~285
 对破片运动规律的影响（图） 284
 对人体躯干损伤程度的影响 282
 对人体躯干损伤的影响（表） 285
破片命中目标概率 117、120
 估计 117
 估计流程 117
 影响 120
破片命中情况随距离的变化曲线（图） 121
破片伤 11
破片速度与破片数目影响安全距离的数值拟合（图） 136
破片损伤模型 260、262
 建立 260
 验证 262
破片损伤实验 188、189
 材料 189
 结果 189

装置　188
　　速度和压力测量　189
破片先于冲击波作用　300~302
　　对人体躯干损伤程度的影响　300
　　人体躯干的损伤变形情况（图）　301
　　人体躯干的损伤过程（图）　302
　　组织器官的应力响应曲线（图）　301
破片形状　279~281
　　对破片运动规律的影响（图）　280
　　对人体躯干损伤程度的影响　279
　　对人体躯干损伤的影响（表）　281
破片远场分散　74、99
　　计算　74
　　计算方法　74
　　计算模型验证　99
破片正交射击肥皂高速摄影（图）　189
破片质量（速度）　272~275
　　对破片运动状态的影响（图）　274
　　对人体躯干损伤程度的影响　272
　　对人体躯干损伤的影响（表）　275
破片撞击　115、116
　　对人体的伤害（图）　115
　　对人员的伤害（图）　116
破片阻力系数数值模拟建模示意图　84
破片阻力系数研究现状　80、81
　　速度影响方面　80
　　形状影响方面　81

Q

侵彻金属薄板　107
参数表　107
　　无量纲项（表）　107
侵彻破片　111
求解时间设置界面（图）　216
球面冲击波示意图　38
球形破片模拟结果　86
　　与Chartes文章中记载的试验结果对比

（图）　86
　　与试验对比（表）　86
全局个人风险　139
全局整体风险　140
确定火球大小的参数（表）　33

R

人工神经网络　93、94
　　结构（图）　94
人体冲击波损伤数值模拟分析步骤　200
人体几何模型　192、193（图）
人体模型导入界面（图）　204
人体躯干材料模型　199
人体躯干模型　195、204
　　Components显示界面（图）　204
　　材料参数（表）　199
　　处理　195
　　图像显示界面（图）　205
人体躯干有限元计算模型（图）　197
人体躯干组织器官　288
　　力学响应　288、239、325
人体受正面压力时的损伤曲线（图）　156
人体损伤　303
　　比较　303
　　加重的区域　303
人体有限元模型　191、194
　　建立　194
人员的危险标准　116
入射冲击波　231、233、298
　　冲量变化曲线（图）　233
　　特征参数　231
　　压力变化曲线（图）　231
　　压力和冲量曲线（图）　298
软质防爆服　308、311
　　防爆性能　311
　　前后入射冲击波与透射冲击波的比较
（图）　311

对冲击波的防护机理 308
软质防爆服模型 309、310
　　各层厚度及材料参数的设置（图） 310
　　结构示意图 309
　　属性、层数及总厚度的定义（图） 310

S

三维网格划分 196
　　质量优化 196
神经网络 97、98
　　泛化能力 98
　　阻力系数模型训练结果（图） 97
神经元（图） 94
生物力学效应 18
声波 14
声强度（声阻抗）效应 19
时间步长设置界面（图） 216
实体模型 196
实验动物的选择 182
　　一般原则 182
使用不同阻力模型数值计算的破片运行轨迹对比（图） 99
手枪弹 261~319、327
　　材料参数（表） 261
　　对复合防弹结构的冲击过程（图） 318
　　对人体躯干的钝性冲击过程 319
　　对人体躯干损伤程度的影响 285
　　对人体躯干损伤的影响（表） 287
　　在人体躯干中的运动规律（图） 287
　　在人体躯干中的运动状态（图） 286
　　直接损伤和钝性损伤（无缓冲层）下各器官的力学响应参数（表） 327
数值分析步骤（图） 195
数值模拟 91、103、264
　　计算得到的落点与试验回收的对比（图） 103
　　结果与Roberts得到的心脏压力的比较

（图） 264
　　破片外形统计（表） 91
数值预测模型对于安全距离的预测效果比较（图） 137
水 180
瞬变火球 33
　　成长研究 33
瞬时空腔损伤效应 292
碎裂效应 17
损伤定级 150
损伤概率 166、168
　　为50%时所需冲击波超压与体重的关系（图） 168
　　与特征因子的对应关系（图） 166
损伤类型 144
损伤评分 150
损伤严重度评分 151
损失函数 95
　　变化曲线（图） 96

T~W

体单元统计方法示意图 119
同时起爆 128~131
兔和猫 183
危险概率随距离的变化曲线（图） 124
无量纲量 31
无限空中爆炸 40
物理爆炸 8
物体表面微元的确定和投影（图） 77

X

稀疏波 14、14（图）
线弹性流体模型材料参数定义界面（图） 209
线弹性模型材料参数定义界面（图） 210
小尺度堆垛实验 100
小质量钢质平行六面体破片对人员的杀伤判

据 174
小质量钢质球形破片 172、173
    对人员的杀伤判据 172
    速度和质量对损伤概率的影响规律（图） 173
斜反射 28
心脏结构（图） 193
胸部骨骼结构（图） 194
修正 Bowen 损伤曲线 156、156（图） 253
修正创伤评分 151、152
    表 152
绪论 1
血液动力效应 18
训练得到的不同球形度下阻力系数与马赫数的关系（图） 97
训练样本的空间分布（图） 96

Y

压力差效应 18
压力—时间曲线（图） 16
压力云图显示界面（图） 222
压缩波 14
压缩材料的压力定义 262
羊 182
一般的破片场风险评估流程（图） 47
一级轻气炮 188
引言 2、46
应力－应变曲线（图） 65
影响破片阻力系数的参数 93
由动物实验和计算公式得到的损伤概率的比较（表） 167
有量纲量 31
有无软质防爆服防护情况 313~315
    人体组织器官的力学响应参数（表） 315
    人体组织器官的力学响应曲线（图） 313、314
园区集体风险 141
原始人体模型格式的转换 195
圆柱体破片模拟结果与试验对比（图） 90
远达效应 292
运动场的集体风险 141

Z

炸药爆轰 68
    对金属板的抛射（图） 68
炸药爆炸 23
    传给冲击波的能量 23
炸药的定义方式 226
整个生产园区的集体风险 141
正二十面体 78、88
    平均方法示意图 88
    示意图 78
正反射 25、26
    反射波（图） 26
    入射波（图） 26
正压区 42、235
    比冲量理论计算公式 235
    作用时间的计算 42
直接损伤 144、145、147
    国内研究 145、147
    国外研究 144、147
直径 7 mm 球形破片压力云图 85
质量、速度杀伤判据 176
    致伤心脏（图） 186
猪 183
主定量 32
纵波与横波效应 19
阻力系数数值模拟方法及验证 83

彩 插

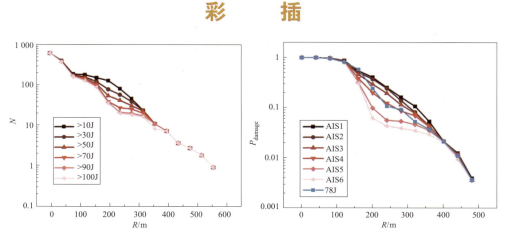

图 4.11　不同距离破片命中体单元动能统计　　　图 4.13　危险概率随距离的变化曲线

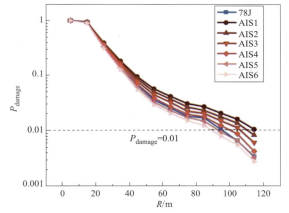

图 4.16　P_{damage} 随距离的变化曲线

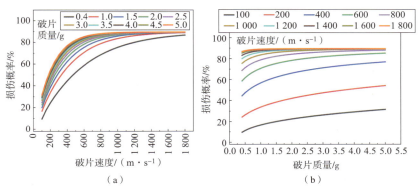

（a）　　　　　　　　　　　　　　　　（b）

图 5.14　进攻 5 min 条件下破片速度和质量对损伤概率的影响（GJB 1160—1991）

（a）损伤概率 – 破片速度曲线；（b）损伤概率 – 破片质量曲线

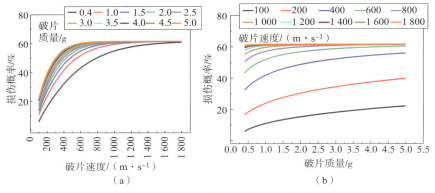

图 5.15 防御 30 s 条件下破片速度和质量对损伤概率的影响（GJB 1160—1991）
（a）损伤概率 – 破片速度曲线；（b）损伤概率 – 破片质量曲线

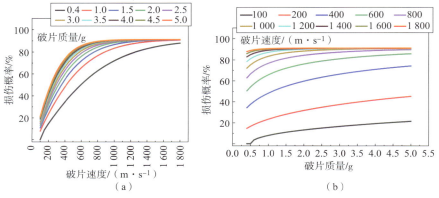

图 5.16 进攻 5 min 条件下破片速度和质量对损伤概率的影响（GJB 2936—1997）
（a）损伤概率 – 破片速度曲线；（b）损伤概率 – 破片质量曲线

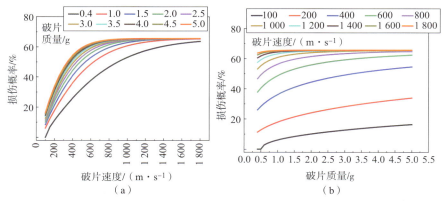

图 5.17 防御 30 s 条件下破片速度和质量对损伤概率的影响（GJB 2936—1997）
（a）损伤概率 – 破片速度曲线；（b）损伤概率 – 破片质量曲线

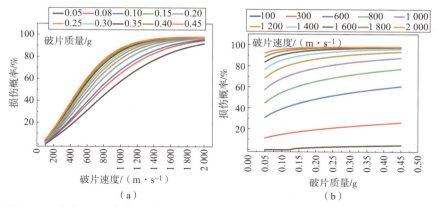

图 5.18 进攻 5 min 条件下破片速度和质量对损伤概率的影响（GJBz 20450—1997）
（a）损伤概率-破片速度曲线；（b）损伤概率-破片质量曲线

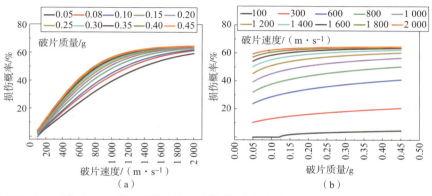

图 5.19 防御 30 s 条件下破片速度和质量对损伤概率的影响（GJBz 20450—1997）
（a）损伤概率-破片速度曲线；（b）损伤概率-破片质量曲线

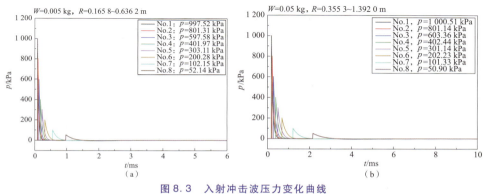

图 8.3 入射冲击波压力变化曲线
（a）0.005 kg TNT；（b）0.05 kg TNT

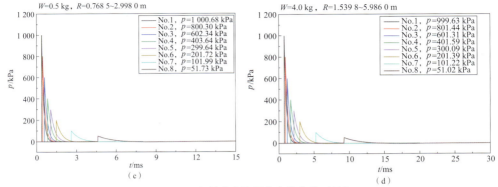

图8.3 入射冲击波压力变化曲线（续）

(c) 0.5 kg TNT; (d) 4.0 kg TNT

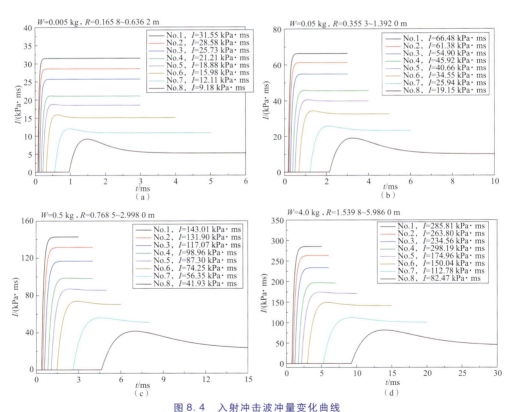

图8.4 入射冲击波冲量变化曲线

(a) 0.005 kg TNT; (b) 0.05 kg TNT; (c) 0.5 kg TNT; (d) 4.0 kg TNT

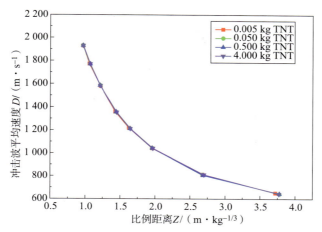

图 8.5 不同 TNT 药量下的冲击波平均速度

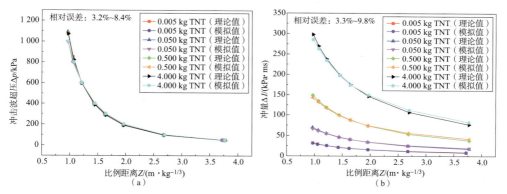

图 8.6 冲击波特征参数理论值与模拟值的比较
（a）冲击波超压；（b）冲击波冲量

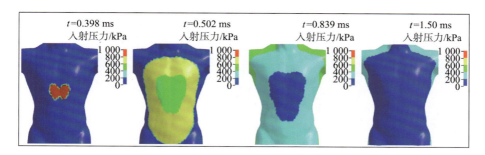

图 8.7 不同时刻人体躯干表面入射冲击波压力分布（0.5 kg TNT – No.1）

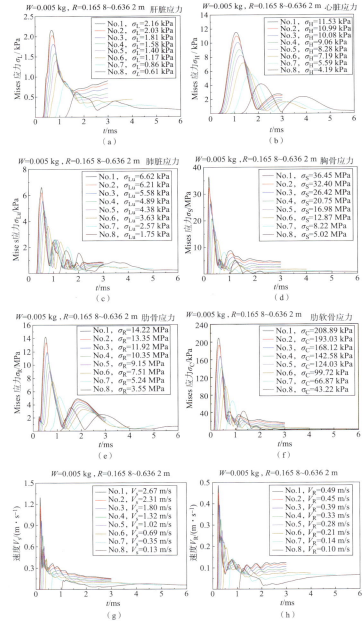

图 8.9 0.005 kg TNT 下的组织器官力学响应

(a) 肝脏的 Mises 应力随时间的变化;(b) 心脏的 Mises 应力随时间的变化;
(c) 肺脏的 Mises 应力随时间的变化;(d) 胸骨的 Mises 应力随时间的变化;
(e) 肋骨的 Mises 应力随时间的变化;(f) 肋软骨的 Mises 应力随时间的变化;
(g) 胸骨速度随时间的变化;(h) 肋骨速度随时间的变化

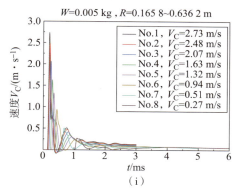

(i)

图 8.9　0.005 kg TNT 下的组织器官力学响应（续）
(i) 肋软骨速度随时间的变化

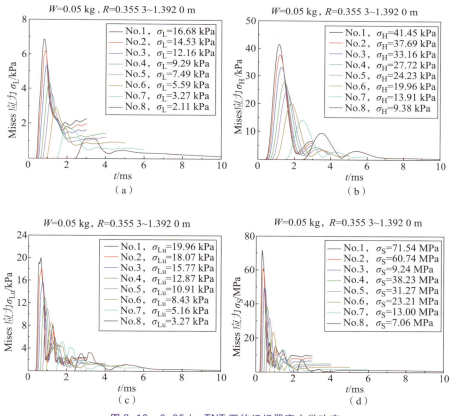

图 8.10　0.05 kg TNT 下的组织器官力学响应
(a) 肝脏应力；(b) 心脏应力；(c) 肺脏应力随时间的变化；
(d) 胸骨应力随时间的变化

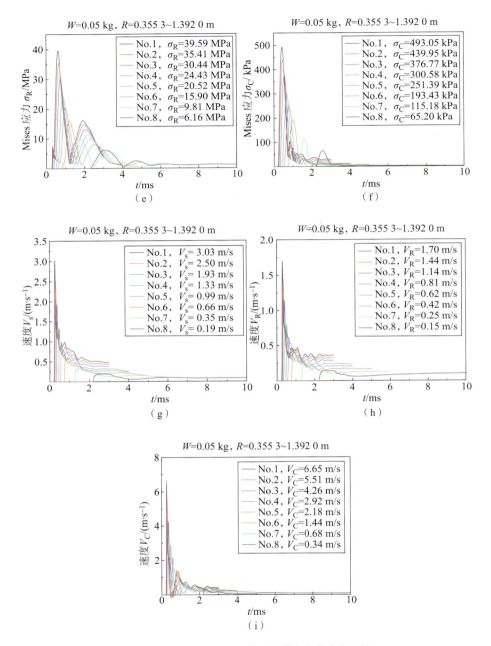

图 8.10　0.05 kg TNT 下的组织器官力学响应（续）

（e）肋骨应力随时间的变化；（f）肋软骨应力随时间的变化；（g）胸骨速度随时间的变化；（h）肋骨速度随时间的变化；（i）肋软骨速度随时间的变化

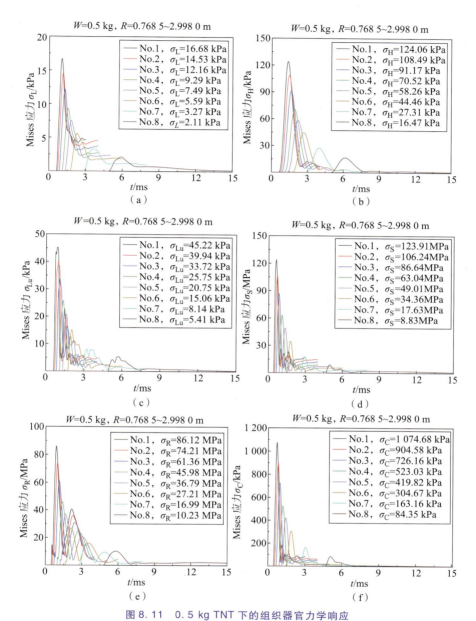

图 8.11 0.5 kg TNT 下的组织器官力学响应

（a）肝脏应力随时间的变化；（b）心脏应力随时间的变化；（c）肺脏应力随时间的变化；
（d）胸骨应力随时间的变化；（e）肋骨应力随时间的变化；（f）肋软骨应力随时间的变化；

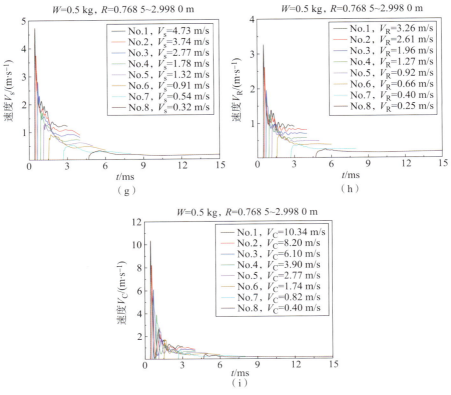

图 8.11　0.5 kg TNT 下的组织器官力学响应（续）

（g）胸骨速度随时间的变化；（h）肋骨速度随时间的变化；
（i）肋软骨速度随时间的变化

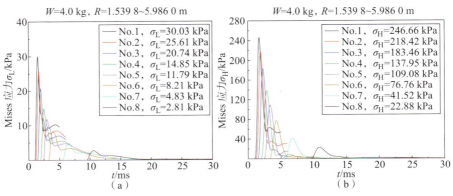

图 8.12　4.0 kg TNT 下的组织器官力学响应

（a）肝脏应力随时间的变化；（b）心脏应力随时间的变化

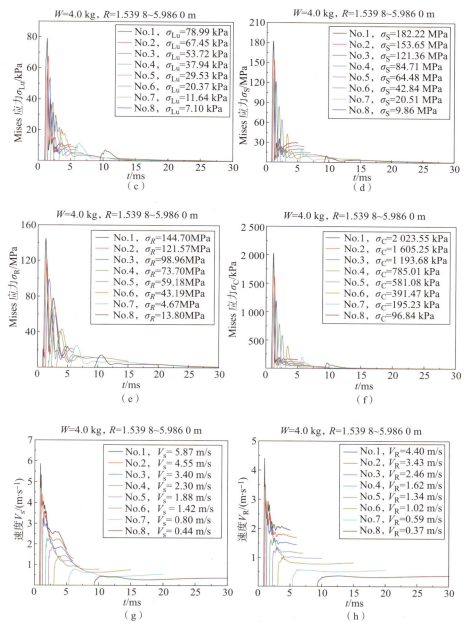

图 8.12　4.0 kg TNT 下的组织器官力学响应

（c）肺脏应力随时间的变化；（d）胸骨应力随时间的变化；（e）肋骨应力随时间的变化；（f）肋软骨应力随时间的变化；（g）胸骨速度随时间的变化；（h）肋骨速度随时间的变化

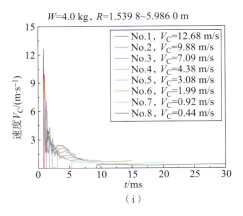

(i)

图 8.12 4.0 kg TNT 下的组织器官力学响应（续）

(i) 肋软骨速度随时间的变化

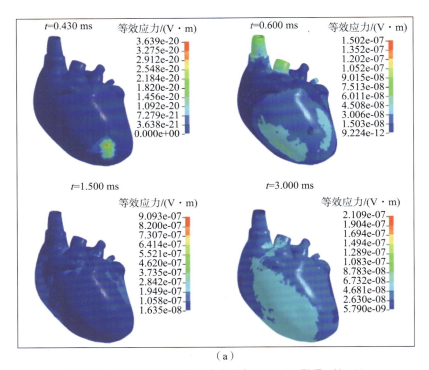

(a)

图 8.16 不同时刻组织器官应力分布（0.5 kg TNT – No.1）

(a) 心脏应力分布

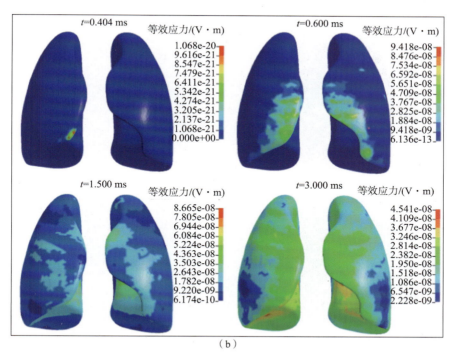

(b)

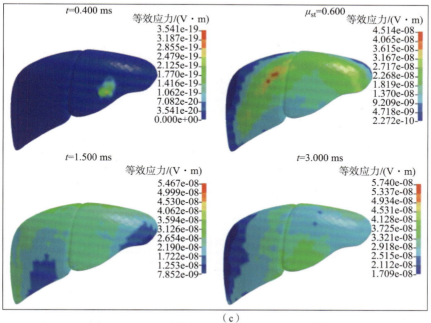

(c)

图 8.16 不同时刻组织器官应力分布（0.5 kg TNT – No.1）（续）
(b) 肺脏应力分布；(c) 肝脏应力分布

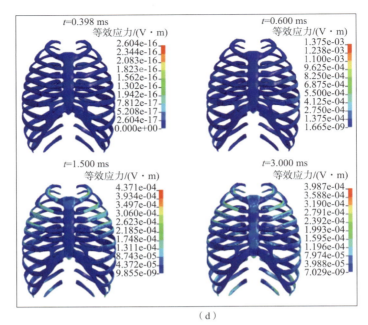

(d)

图 8.16 不同时刻组织器官应力分布（0.5 kg TNT – No.1）（续）

(d) 骨骼应力分布

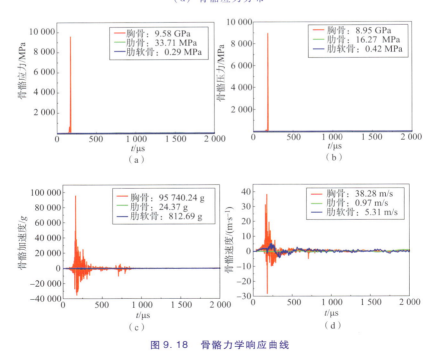

图 9.18 骨骼力学响应曲线

(a) 骨骼应力；(b) 骨骼压力；(c) 骨骼加速度；(d) 骨骼速度

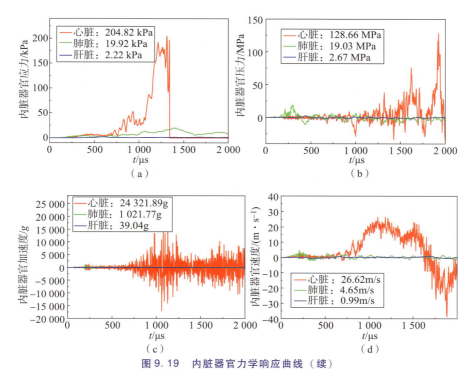

图9.19 内脏器官力学响应曲线（续）

（a）内脏器官应力；（b）内脏器官压力；（c）内脏器官加速度；（d）内脏器官速度

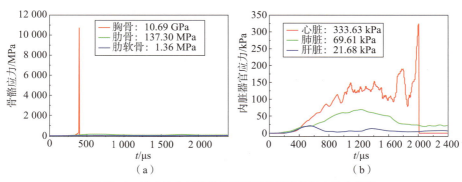

图10.4 冲击波先于破片作用时组织器官的应力响应曲线

（a）骨骼应力；（b）内脏器官应力

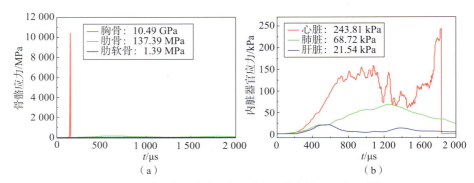

图 10.6 破片先于冲击波作用时组织器官的应力响应曲线
（a）骨骼应力；（b）内脏器官应力

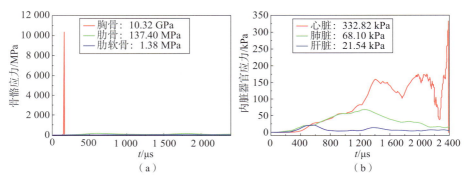

图 10.8 冲击波和破片同时作用时组织器官的应力响应曲线
（a）骨骼应力；（b）内脏器官应力

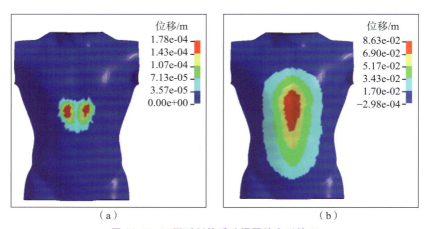

图 11.7 不同时刻软质防爆服的变形情况
（a）$t = 0.4$ ms；（b）$t = 0.5$ ms

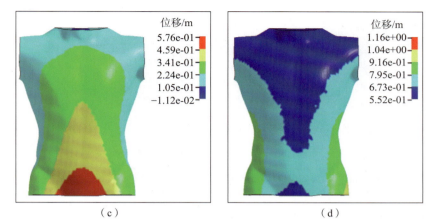

(c) (d)

图 11.7 不同时刻软质防爆服的变形情况（续）

(d) $t=1.5$ ms

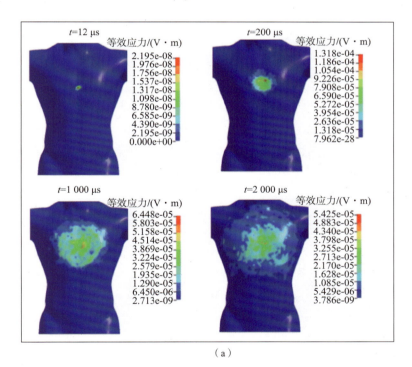

(a)

图 11.14 不同组织器官的力学响应

(a) 皮肤应力分布

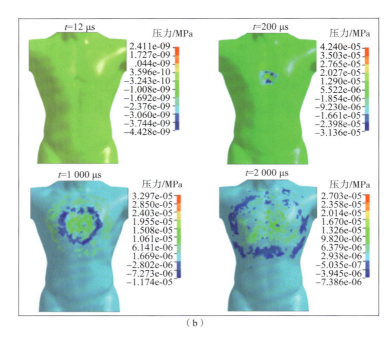

(b)

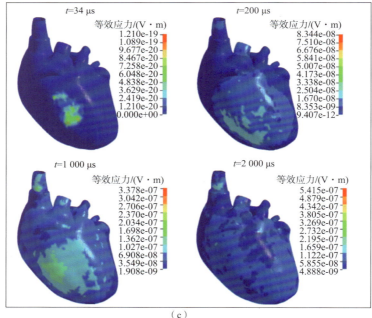

(c)

图 11.14 不同组织器官的力学响应（续）

(b) 皮肤压力分布；(c) 心脏应力分布

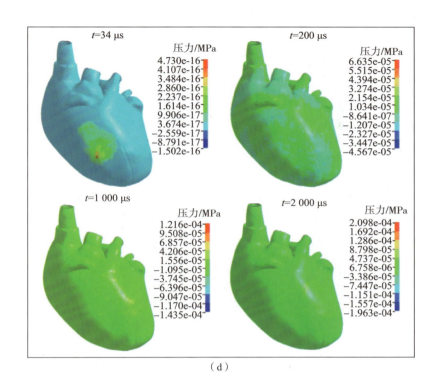

(d)

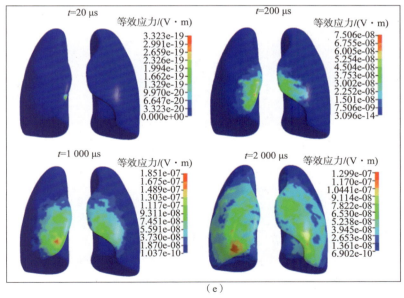

(e)

图 11.14 不同组织器官的力学响应（续）

(d) 心脏压力分布；(e) 肺脏应力分布

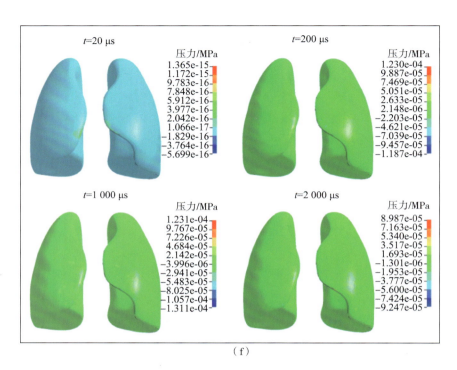

(f)

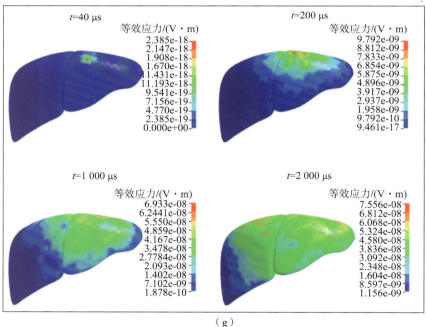

(g)

图 11.14 不同组织器官的力学响应（续）

（f）肺脏压力分布；（g）肝脏应力分布

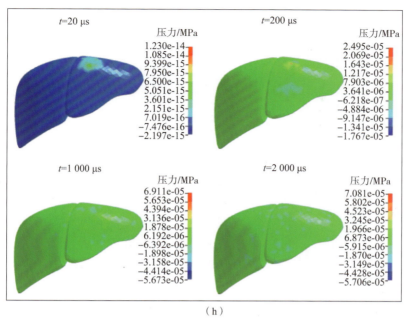

(h)

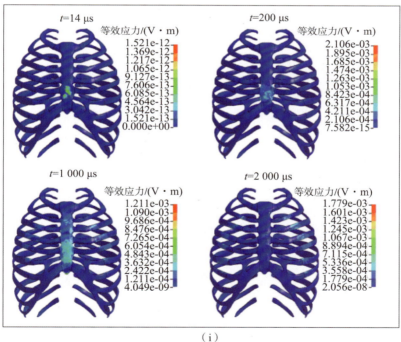

(i)

图 11.14　不同组织器官的力学响应（续）

(h) 肝脏压力分布；(i) 骨骼应力分布

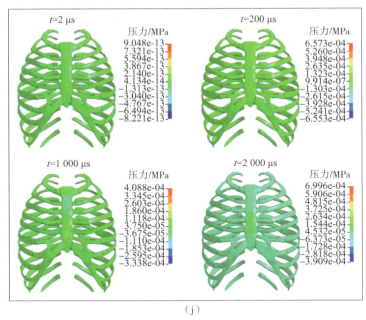

(j)

图 11.14 不同组织器官的力学响应（续）

(j) 骨骼压力分布

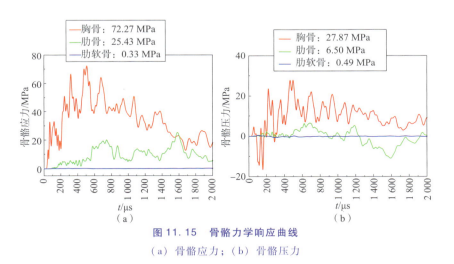

图 11.15 骨骼力学响应曲线

（a）骨骼应力；（b）骨骼压力

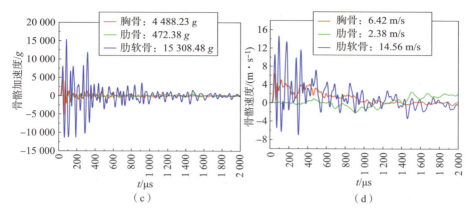

图 11.15 骨骼力学响应曲线（续）

（c）骨骼加速度；（d）骨骼速度

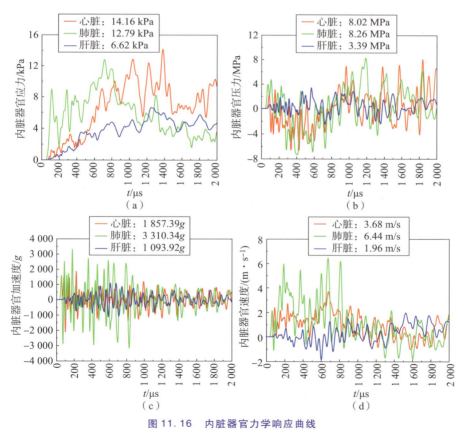

图 11.16 内脏器官力学响应曲线

（a）内脏器官应力；（b）内脏器官压力；（c）内脏器官加速度；（d）内脏器官速度

· 23 ·